Jogi Rippel | Scott Peltin

SINK FLOAT OR SWIM

Jogi Rippel | Scott Peltin

SINK FLOAT OR SWIM

Wie jeder dauerhaft Hochleistung erbringen kann

REDLINE | VERLAG

Bibliografische Information der Deutschen Nationalbibliothek:
Die Deutsche Nationalbibliothek verzeichnet diese Publikation in der Deutschen Nationalbibliografie; detaillierte bibliografische Daten sind im Internet über **http://d-nb.de** abrufbar.

Für Fragen und Anregungen:
lektorat@redline-verlag.de

1. Auflage 2015

ein Imprint der Münchner Verlagsgruppe GmbH,
Nymphenburger Straße 86
D-80636 München
Tel.: 089 651285-0
Fax: 089 652096

Die englische Originalausgabe erschien 2009 im Redline Verlag unter dem gleichnamigen Titel.

Übersetzung: Curtis Daniell, Waldems-Reichenbach
Redaktion: Bärbel Knill, Landsberg am Lech
Umschlaggestaltung: Janine Nemec
Gestaltung: Marko Puclin, Becklyn
Satz: Grafikstudio Foerster, Belgern
Druck: Konrad Triltsch GmbH, Ochsenfurt
Printed in Germany

ISBN Print 978-3-86881-271-8
ISBN E-Book (PDF) 978-3-86414-727-2
ISBN E-Book (EPUB, Mobi) 978-3-86414-726-5

Anmerkung

Dieses Buch dient als informativer Ratgeber und erhebt keinen Anspruch, Ersatz für mögliche Empfehlungen Ihres Arztes, Psychotherapeuten, Ernährungsberaters, Fitnesstrainers oder sonstiger qualifizierter Fachleute zu sein. Aktive körperliche Betätigung jeglicher Art und Nahrungsergänzungsmittel bergen gewisse Risiken in sich. Autoren, Lektoren und Verleger legen dem Leser deshalb nahe, die volle Verantwortung für die eigene Sicherheit zu übernehmen.

Genehmigungen

Die Autoren haben sich gewissenhaft bemüht, Abdruckgenehmigungen für alle Zitate und Forschungs- und Untersuchungsergebnisse zu beschaffen. Wir danken allen, die uns prompt geantwortet haben, und entschuldigen uns bei all denjenigen, die wir möglicherweise übersehen oder vergeblich zu kontaktieren versucht haben. Sollten wir in diesem Buch etwas inkorrekt zitiert oder irgendwelche Daten Ihrer Meinung nach falsch verwendet haben, erwarten wir gern Ihr Feedback, um eine möglichst exakte Datenwiedergabe zu gewährleisten.

Inhalt

Prolog

Im November 2008, kurz nach der US-Präsidentschaftswahl, stellte Anjali Rao, Korrespondent für CNN Talk Asia, dem Ex-Präsidenten Bill Clinton folgende Frage: »Wenn Sie dem designierten Präsidenten Obama einen Rat geben müssten, wie würde dieser lauten?«

Clinton hielt kurz inne und antwortete dann, dass er dem neuen Mann an der Weltspitze raten würde, stets auf genügend Entspannung zu achten und in seine eigene Vitalität zu investieren, damit er während seiner Präsidentschaft so energiegeladen, leidenschaftlich und fokussiert bleiben kann, wie er das über den ganzen Wahlkampf hinweg war.

Angesichts der Fülle guter Ratschläge, die ein Spitzenpolitiker dem anderen mit auf den Weg geben könnte, mag es verblüffen, dass Clinton ausgerechnet genügend Entspannung und Investition in die eigene Vitalität empfahl. Machte er sich ernsthaft Sorgen um die Gesundheit des neuen Präsidenten? Wohl kaum. Er gab ihm diesen Rat, weil er weiß, dass Energie, Leidenschaft und Fokus die High-Performance-Bausteine schlechthin sind. Die Kraftquelle für High Performer sozusagen.

Man könnte dies leicht als Wellness-Tipp abtun, so wie man dieses Buch unter der Sparte »Wellness« einordnen könnte. Das wäre jedoch grundfalsch. Es geht hier weder um Politik noch um Gesundheit oder Wellness, sondern um Sie. Um Ihre Gewohnheiten und Ihre Leistungen. Wir geben Ihnen einen High-Performance-Leadership-Ratgeber an die Hand, der Sie dabei unterstützen soll, Ihr volles Potenzial zu entfalten.

Wir sagen dies nicht ganz ohne Vorbelastung, denn wir in unserem Unternehmen Tignum konzentrieren uns mit ganzer Leidenschaft, unserer Fachkompetenz und unserer Mission darauf, Führungskräften beizubringen, wie wichtig Strategien zur Optimierung ihrer Energie, Resilienz und mentalen Leistungskapazität sind, damit sie High Performer werden und bleiben.

Sollte Ihnen der Terminus »Sustainable High Performance Habits«, also Gewohnheiten für nachhaltige Leistungsfähigkeit, nichts sagen, werden Sie sicher mit Interesse weiterlesen. Sind Ihnen einige dieser Strategien jedoch bereits bekannt, bietet Ihnen das Buch ein ganzheitlicheres Konzept, auf den Gewohnheiten aufzubauen, die Sie sich bereits angeeignet haben. Am Ende des Buches wird Ihnen nicht nur die Bedeutung von Sustainable High Performance Habits klar sein, sondern Sie werden auch einige praktische Strategien dazugelernt haben, wie Sie diese Gewohnheiten mühelos in ihrem Alltag umsetzen – sowohl beruflich als auch privat.

Tag für Tag nutzen Führungskräfte weltweit nur einen Bruchteil ihres vollen Leistungsvermögens. Nicht aus bewusster Entscheidung, sondern unbewusst infolge ihrer Gewohnheiten. Eine Tatsache, die deren Arbeitgeber viel Geld kostet und sie selbst unzufrieden macht. Diesen Typus Mensch bezeichnen wir als *Floater* und wir haben es uns zum Ziel gesetzt, den Floatern Zugang zu ihrem gesamten Leistungspotenzial zu ermöglichen und sie damit zu *Swimmern* zu machen.

Natürlich haben wir schon lange vor der weltweiten Rezession mit Kunden daran gearbeitet, ihre Energie und Resilienz zu steigern, um diese Art der bequemen Taubheit, das *Floaten*, zu beenden.

Es war in den guten Zeiten, in denen wir die Strategien und Techniken für Führungskräfte, zu Sustainable High Performern zu werden, entwickelten. In schwierigen Zeiten ist dieses Buch jedoch angesagter denn je.

Wenn Sie bereits vor den Krisen ein *Floater* waren, könnten Sie kurz davor sein, zum *Sinker* zu werden. Das heißt aber nicht, dass es schon zu spät ist. Jeder Tag ist eine neue Chance, eine alte Low Performance Habit abzulegen und sie durch eine neue High Performance Habit zu ersetzen (zum Beispiel *Mental Imagery* zu betreiben, um sich auf ein Meeting vorzubereiten, oder eine strategische Pause zur Förderung Ihrer Energie und Kreativität einzulegen). Nicht Ihre Talfahrt interessiert hier, sondern Ihre Möglichkeit, sich neues Potenzial zu erschließen, dessen Existenz Ihnen möglicherweise gar nicht mehr bewusst ist.

Als wir uns überlegten, ein Buch zu schreiben, kamen uns Bedenken, ob es uns gelingen würde, dem Leser die Dynamik und Begeisterung, die wir in der Zusammenarbeit mit unseren Kunden erleben, zu vermitteln. Erfahrbares Lernen zu Papier zu bringen ist keine einfache Sache und gelingt auch nicht immer zwangsläufig. Unser Anspruch, unsere Leidenschaft, ist die Leistungssteigerung von Menschen und deren Empowerment, ständig das Optimum in all ihrem Tun zu erbringen. Was könnte also für uns schlimmer sein, als diesem Anspruch in unserem Buch nicht gerecht zu werden?

Außerdem haben wir überlegt, ob es strategisch überhaupt klug ist, unsere Methodik mit anderen zu teilen. Schließlich kann sich dann jeder Konkurrent unserer Denkansätze bedienen beziehungsweise diese kopieren. Bisher waren wir die treibende Kraft, das Performanceteam hinter einer Reihe äußerst produktiver und erfolgreicher Businessteams. Unsere Arbeit wurde zwar in internen Strategie-Meetings ausführlich diskutiert, war jedoch der breiten Öffentlichkeit weitgehend unbekannt.

Das Gespräch mit einem unserer Kunden, Vorstandsmitglied in einem weltweit führenden Unternehmen der verarbeitenden Industrie, gab schließlich den Ausschlag für unsere Entscheidung, *Sink, Float or Swim* zu schreiben. Wir saßen in einer Hotellobby in London und er schilderte, wie enorm sich die Leistung seines Teams seit unserer Zusammenarbeit vor drei Jahren gesteigert hatte.

Trotz steigender Anforderungen, beschleunigtem Arbeitstempo, höheren Erfolgserwartungen und Erfolgsdruck sprühte sein Team geradezu vor Energie, Vitalität, Resilienz und Kapazität zur Bewältigung dieser Herausforderungen. Er betonte, dass die Zusammenarbeit mit Tignum der Anstoß für den positiven Bewusstseinswandel und die optimierte Nachhaltigkeit und Leistung seines Teams war.

Als wir unseren grünen Tee (auch in dieser Hinsicht wird Ihnen das Buch die Augen öffnen) ausgetrunken hatten, gab er uns die Hand, umarmte uns, schaute uns in die Augen und dankte uns für unsere Arbeit. Dann lächelte er und sagte: »Sie müssen unbedingt ein Buch schreiben. Der Bedarf ist riesig und wenn Sie wirklich positiven Einfluss auf das Leben der Menschen nehmen wollen, dann sollten Sie dies über den üblichen Arbeitsrahmen hinaus tun.«

Also packen wir's an ...

Vergessen Sie all Ihre vorgefassten Standpunkte über High Performance und Führungskompetenz und lernen Sie, wie leicht es ist, ein Swimmer zu werden.

Widmung

Dieses Buch ist allen unseren Kunden gewidmet, denen wir dabei helfen durften, ihr Leistungspotenzial auszuschöpfen. Sie (vor allem die Zyniker unter Ihnen) haben uns alle tief inspiriert, und wir hoffen, dass wir Sie in den präsentierten Fallbeispielen adäquat dargestellt haben.

Teil I
Aktive Dynamik: Ja. Passives Überleben: Nein

Zeitqualität bedeutet: Maximierung Ihrer Energie, Resilienz, mentalen Leistung und Kapazität zur Entwicklung zuverlässiger Zeitfenster, in denen Sie hoch konzentriert, leidenschaftlich und enorm produktiv agieren – sowohl beruflich als auch privat.

Kapitel 1
Angenehme Dumpfheit

Ende 2008 baten die CEOs der »Großen drei« US-Automobilhersteller im Rahmen einer Kongressanhörung um ein Rettungsdarlehen von 37 Milliarden Dollar. Der Kongress nahm die Topmanager in die Mangel. Sie wurden befragt, mit welchen Strategien sie gedenken, ihre Konzerne neu anzukurbeln und zu erneuern, ihre Werke umzurüsten und wie sie schließlich ihren Kreditgebern (den amerikanischen Steuerzahlern) garantieren wollten, dass dieses beträchtliche Darlehen tatsächlich das Überleben ihrer Unternehmen sichern und diese wieder in die Gewinnzone führen würde. Alles berechtigte und faire Fragen.

Die Fragen jedoch, die sie den CEOs Rick Wagoner von General Motors, Alan Mulally von Ford und Bob Nardelli von Chrysler nicht stellten, waren für den Erfolg ihrer Konzerne noch viel entscheidender: Nämlich Fragen über deren eigene Performance und die ihrer Führungsteams.

Wie steht es um Ihre persönlichen Sustainable-High-Performance-Strategien, die gewährleisten, dass Sie diese und zukünftige Herausforderungen mit Bestleistungen meistern?

Wie werden Sie Ihr Team fokussiert und in Schwung halten, damit es Ihnen Denkanstöße geben und wertvolle Hilfestellung bei der Bewältigung dieser und zukünftiger Herausforderungen im Unternehmen geben kann?

Wie werden Sie die Unternehmenskultur in Ihrem Betrieb ändern, um High Performance zu unterstützen, zu inspirieren, zu leben und zu atmen?

Was unternehmen Sie derzeit, um Ihre Energie und Resilienz zu steigern, Ihre mentale Performance zu verbessern und Ihre Kapazität für die Zukunft zu erhöhen?

Rezession des menschlichen Potenzials

Was wir derzeit zu beklagen haben, ist nicht nur eine finanzielle Rezession, sondern auch eine Rezession des menschlichen Potenzials. Nicht nur die Krise einer rückläufigen Wirtschaft, sondern auch die Krise rückläufiger Energie, Leidenschaft und innerer Kraft unter unseren Führungskräften. Wir haben nicht nur die Wirtschaft geschrumpft, sondern Unternehmen und Führungskräfte investieren auch nicht mehr so viel in diejenigen, die die heutigen Herausforderungen meistern müssen.

Die Burn-out-Rate unter Spitzenmanagern ist heute höher denn je. Berichten zufolge litten 30 bis 50 Prozent der Arbeitnehmer weltweit vor einigen Jahren an berufsbedingtem Stress oder Burn-out. Heute mehren sich die Burn-out-Fälle auf der ganzen Welt. Allein in den USA werden die Kosten, die Unternehmern durch arbeitsbedingten Stress entstehen, auf über 200 Milliarden Dollar pro Jahr geschätzt.

Das Phänomen »Präsentismus« (Anwesenheit am Arbeitsplatz, ohne wirklich präsent zu sein) – kostet die USA derzeit mehr als 150 Milliarden Dollar jährlich. Unternehmen gehen pleite, weil sie die steigenden Krankenversicherungskosten für Mitarbeiter nicht mehr schultern können. Führungskräfte erbringen nicht die erwarteten Leistungen aufgrund von Low Performance Habits, Erschöpfung, hoher Beanspruchung und angeschlagener Gesundheit.

Es wäre einfach, Wirtschaftskrisen für die Rezession des menschlichen Potenzials verantwortlich zu machen. Aber das entspräche nicht den Tatsachen. Die Entwicklung der Technologie über die letzten 20 Jahre hat sich in einem atemberaubenden Tempo vollzogen, und die Ansprüche, die an Topmanager und Führungskräfte gestellt werden, übersteigen die physiologischen Fähigkeiten des Menschen. Einfach ausgedrückt: Wir sind für unsere jetzige Arbeitsweise nicht geschaffen.

Erschwerend kommt hinzu, dass die derzeitigen Methoden zur Bewältigung der Nebeneffekte dieser enormen Herausforderungen, mit denen sich Führungskräfte konfrontiert sehen, ebenfalls unzureichend sind. Es gibt durchaus eine Reihe ausgezeichneter medizinischer und Wellness-Programme (obgleich viele davon als Erstes den Budgetkürzungen zum Opfer fallen werden), die jedoch eher die Symptome und nicht die Ursache behandeln. Diese Programme bewähren sich bei der Früherkennung von Krankheiten, der Aufklärung von Mitarbeitern über ungesunde Gewohnheiten und der Senkung von Krankenversicherungsleistungen – sehr wichtige Kriterien, keine Frage. Unser Bestreben ist es jedoch, dass Sie in größeren Dimensionen denken, denn Gesundheit alleine ist kein Garant für Ihre High Performance oder die Ihres Teams.

Die *Financial Times* veröffentlichte einen aufschlussreichen Artikel von Donald Sull unter dem Titel »Warum die schlimmsten Zeiten auch die besten sein können«, der wie folgt beginnt:

»Die Welt hat sich verändert. Nach Jahren des günstigen konjunkturellen Klimas ziehen die vier Reiter der Finanzapokalypse – Kreditkrise, Rezession, Volatilität und Unsicherheit – ihre zerstörerische Spur quer über den Globus.« Im Weiteren beschreibt der Artikel jedoch auch die großen Chancen, die sich durch derartige Turbulenzen ergeben. Und Führungskräfte, die bereit sind, diese Chancen zu nutzen, den Wandel zu beschleunigen, Klartext mit einer verunsicherten Belegschaft zu reden und Führungskräfte zu motivieren, werden enorm davon profitieren.

Fragt sich nur: Wer sind diese Führungskräfte? Schwächelt ihre Führungskompetenz oder sind sie energiegeladen und erfolgsorientiert? Lösen Budgetkürzungen und Druck der Aktionäre Erschöpfungs- und Überlastungszustände bei ihnen aus oder sind sie fokussiert, leidenschaftlich, voller Energie und bereit, sich selbst und ihr Unternehmen neu zu erfinden?

Der Erfolg von heute ist nicht zwangsläufig der Erfolg von morgen.
Es lohn sich, darüber nachzudenken, wie Sie Ihren Erfolg auch in Zukunft sichern.

Heute → 2015 → 2020 → 2025 →

Ihre zukünftige Performance

Die »unbequemste Wahrheit« ist nicht, dass die globale Erwärmung außer Kontrolle geraten ist. Die unbequemste Wahrheit ist vielmehr die, dass die Mehrzahl der politischen Führer, der Topmanager über keinen Plan zur Optimierung ihrer eigenen Sustainable High Performance verfügt.

In allen Gruppen-Meetings mit Führungskräften fragen wir die Teilnehmer:

Wer von Ihnen geht in den nächsten zwei Jahren in den Ruhestand?
Grundsätzlich hebt niemand die Hand.

Oder in den nächsten fünf Jahren?
Auch hier hebt üblicherweise keiner die Hand.

In den nächsten zehn Jahren?
Hier melden sich vielleicht zwei Teilnehmer.

Macht sich jemand von Ihnen Sorgen, dass seine Energie nicht ausreichen könnte, um über die nächsten zehn Jahre Spitzenleistungen zu erbringen?
Fast alle heben die Hand.

Dann folgen die Fragen:

Wer von Ihnen hat einen Finanzplan für den Ruhestand?
Fast alle heben die Hand.

Wer von Ihnen hat für seine persönliche Vitalität und Gesundheit vorgesorgt, damit er seinen Ruhestand genießen kann?
Hier heben nur wenige die Hand. Team für Team, Unternehmen für Unternehmen, Gruppe für Gruppe, die Reaktion ist dieselbe.

Schließlich stellen wir die unbequemste aller Fragen:

Wer von Ihnen glaubt, dass er in fünf Jahren leistungsfähiger ist als heute – dass er in fünf Jahren mehr Energie, Fokus, Leidenschaft, Konzentration, Klarheit, Resilienz und Kapazität aufbringen kann?
Bei dieser Frage hat noch nie irgendjemand die Hand gehoben.

Das ist wohl der traurigste Moment von allen – denn Fakt ist, dass diese Dinge nicht nur möglich, sondern auch viel einfacher erreichbar sind, als Sie sich vorstellen können!

Ihre Performance in den nächsten fünf Minuten hängt weitgehend von Ihren Gewohnheiten der letzten drei Monate ab. Ihre Performance in fünf Jahren hängt weitgehend von den Gewohnheiten ab, die Sie sich hier und heute aneignen. Sie sind ein Produkt Ihrer Gewohnheiten, und nichts spricht dagegen, dass Sie in den nächsten drei Monaten in allen Belangen Ihres Lebens zum Sustainable High Performer werden können.

Lassen Sie uns diese unumstößliche Tatsache noch einmal wiederholen:

Ihre Performance in fünf Jahren hängt von den Gewohnheiten ab, die Sie sich hier und heute aneignen. Sie können Ihre bisherigen Gewohnheiten ab heute ändern, sich besser fühlen, mehr Energie aufbauen, mehr Resilienz und Kapazität entwickeln und innerhalb von fünf Jahren zu einer effizienteren Führungspersönlichkeit werden.

Paradigmenwechsel

Es ist wirklich spannend, heute zu leben – gerade auch als Führungskraft. Martin Luther King jr. sagte einmal: »Der ultimative Maßstab für einen Menschen ist nicht, wie er sich in guten Zeiten verhält, sondern wie er sich in Zeiten großer Herausforderung und Kontroverse bewährt.« Dabei stellt sich die Frage: Was ist, wenn Sie zwar den Charakter und die Überzeugung zur Krisenbewältigung besitzen, jedoch schlichtweg erschöpft sind? Ihr Akku ist leer, Ihr Gehirn benötigt mehr Sauerstoff, Ihre Zellen hungern nach

Vitalstoffen, Ihr Arzt verschreibt Ihnen Medikamente gegen Schlafstörungen, Depression, Bluthochdruck, Erektionsstörungen und Magengeschwüre. Sie sind zum Opfer der neuen Unternehmenswelt mit ihren endlosen Meetings, Rund-um-die-Uhr-E-Mails und -SMS, unrealistischen Aktionärserwartungen und dem Konkurrenzkampf beim Erklimmen der Karriereleiter geworden. Ihr größtes Kapital sind Sie selbst, und Ihre Gewohnheiten werden bestimmen, ob Sie im Mittelmaß stecken bleiben oder Ihr volles Potenzial entfalten. Was aber, wenn die größte Krise, die Sie bewältigen müssen, Ihre eigene Energiekrise ist, die Krise der Energie, die Sie brauchen, um Dinge zu bewegen – in Ihrem Team, Ihrem Unternehmen, Ihrer Familie?

Fakt ist: Sie sind damit nicht allein. Wir leben in einer Zeit der brillanten Führungs-, Strategie- und Finanzberater. Ganze Buchläden sind voll von wohlbekannten Titeln, die dem Leser erklären, wie man zur besseren Führungspersönlichkeit, zum besseren Verhandlungsführer oder Projektmanager wird. Was sie jedoch allesamt vermissen lassen, sind die elementaren Werkzeuge, die Führungskräfte zur Optimierung ihrer eigenen Energie und Nachhaltigkeit brauchen.

Wir bei Tignum sind der festen Überzeugung, dass eine stabile Basis aus persönlicher Energie, Resilienz, mentaler Leistungsfähigkeit und Kapazität die Ausgangsplattform für Sustainable High Performance ist. Ohne diese Basis werden Sie alle anderen effektiven Geschäfts- und Führungsstrategien nicht voll nutzen können. Das trifft zwar in besonderem Maße auf instabile Zeiten zu, aber man kann gar nicht oft genug betonen, dass dies eine grundsätzliche Voraussetzung ist.

Warum wird in so vielen Büchern und Business Schools diese Grundvoraussetzung außer Acht gelassen?

Dafür gibt es zahlreiche Gründe, auf die wir später zurückkommen werden. Tatsache ist jedoch, dass die meisten Menschen ihre eigene Energie, Resilienz, mentale Leistungsfähigkeit und Kapazität für selbstverständlich halten. Erst eine Krise öffnet ihnen die Augen. Und selbst dann halten sie sich für unfehlbar. Dieses Paradigma muss sich ändern. Für die Zukunft geht es nicht ums Überleben, sondern darum, sein volles Potenzial zu leben. Wir könnten hier eine Million gängige Klischees anbieten, wie man das Leben voll auskostet, das Beste aus sich herausholt und bla, bla, bla, aber höchstwahrscheinlich würden Sie dann gar nicht mehr weiterlesen.

Zweifellos ist Ihnen – wie den vielen Tausend Führungskräften, mit denen wir gearbeitet haben – daran gelegen, etwas zu bewirken. Einfluss auszuüben in allem, was Sie tun, setzt jedoch Sustainable High Performance Habits voraus.

Unterm Strich heißt das:
Wollen Sie etwas bewirken?
Wollen Sie Ihr Leben genießen?
Wollen Sie ein Vermächtnis hinterlassen?

Hoffentlich sind Sie nicht zu erschöpft, um diese Fragen ehrlich zu beantworten. Sustainable High Performance bedarf – vielleicht entgegen Ihren Überzeugungen oder Erwartungen – keiner großartigen Veränderungen Ihrer Gewohnheiten. Im Gegenteil – sie baut auf einfachen, kleinen Veränderungsschritten auf. Uns geht es darum, Führungskräften grundlegende High-Performance-Strategien zu vermitteln. Der Schlüssel zum Erfolg liegt darin, diese einfachen Dinge regelmäßig und sorgfältig durchzuführen.

Freies Denken ist gefragt! Sagen Sie dem uralten Mythos, dass Sie morgen nicht besser sein können als heute, den Kampf an. Planen Sie Ihre eigene körperliche und mentale Performance und Nachhaltigkeit, genauso wie Sie Ihre finanzielle Performance planen. Entdecken Sie Ihr ungenutztes Potenzial und ändern Sie Ihre Gewohnheiten heute, damit Sie sofort, vor allem aber auch in Zukunft, voll in den Genuss der Vorteile optimaler Gewohnheiten gelangen.

Verwirklichen Sie Ihr Leistungspotenzial

Wir von Tignum sind der Überzeugung, dass das größte brachliegende Potenzial eines Unternehmens die Performance seiner Führungskräfte ist. In diesen Spitzenmanagern schlummert die erstaunliche Fähigkeit zu inspirieren, zu motivieren und die Leidenschaft und Innovationsfähigkeit einer ganzen Organisation zu entfachen. Damit dieses Potenzial freigesetzt werden kann, müssen diese Führungskräfte die Energie, die Resilienz, die mentale Performance und die Kapazitäten besitzen, um ihr Bestes geben zu können. Das ist das Fundament einer jeden Führungspersönlichkeit und eines jeden erfolgreichen Unternehmens. Wenn Sie nicht zuerst für sich selbst und für Ihr Unternehmen ein starkes Fundament zur Erzielung von Sustainable High Performance schaffen, riskieren Sie den Zusammenbruch.

Wenn Unternehmen und ihr Topmanagement Transformation, Innovation und Wandel predigen, aber versäumen, in die Nachhaltigkeit und Performance ihrer Führungsriege und Mitarbeiter zu investieren, senden sie eine gefährliche Botschaft aus. Sie messen damit dem menschlichen Kapital minimalen Wert bei und verlieren dadurch den Kampf um die besten Mitarbeiter, den Innovationswettlauf und scheitern schließlich am Darwin'schen Überlebenskampf. Gewinnen können nur die Unternehmen, die Zeit, Mühe und Geld investieren, um einen High-Performance-Arbeitsplatz zu gewährleisten (mit Führungskräften und einer Mitarbeiterbasis, die Sustainable High Performance erbringen).

In einer Studie, die Accenture (Anbieter von weltweiten Technologie- und Outsourcing-Leistungen und Managementberatung) vor Kurzem durchgeführt hat, machten immaterielle Vermögenswerte – zum Beispiel die Unternehmensreputation, das intellektuelle Kapital und andere nicht monetäre Dinge – rund 70 Prozent des Wertes der Unternehmen des S&P 500 aus. 1980 waren es nur 20 Prozent. Die Unternehmen, die diese immateriellen Vermögenswerte entsprechend pflegen, werden Krisen nicht nur überleben, sondern in den kommenden Jahren wirklich erfolgreich sein.

Jeder echte Wandel, jedes herausragende Unternehmen muss auf einem starken Fundament aus dynamischen Führungskräften, einer High-Performance-Kultur und einer Leidenschaft für die Nachhaltigkeit des Geschäfts, der Umwelt, der Welt als Ganzes und vor allem der Menschen aufbauen. Wenn Ihre Mitarbeiter Ihr größter Vermögenswert sind, dann beweisen Sie es. Wenn Sie eine Führungskraft sind, dann beginnen Sie damit, erst einmal sich selbst zu führen.

Treffen Sie Ihre Entscheidung

Der Spieltheoretiker Dr. Brian Sutton-Smith behauptet: »Das Gegenteil von Spiel ist nicht Arbeit, sondern Depression.« Und das Gegenteil von Erfolg ist nicht Misserfolg, sondern ein Leben, das in dem angenehmen Zustand angenehmer Dumpfheit gelebt wird. Sie kennen das – Menschen, die irgendwie durch den Tag kommen, kaum den Status quo erreichen und gar nicht merken, wie niedrig ihre Energie beziehungsweise ihre Produktivität ist. Schlimmer noch: Es ist ihnen nicht einmal bewusst, wie viel unerschlossenes Potenzial sie brachliegen lassen. Im krassen Gegensatz dazu stehen diejenigen, die energiegeladen, leidenschaftlich und produktiv sind und ständig Bestleistung zeigen.

Was ist Ihnen lieber? Angenehme Dumpfheit? Oder über das Wissen, die Strategien und Gewohnheiten zu verfügen, die Energie, Leidenschaft, Produktivität und Nachhaltigkeit mit sich bringen?

Viele Führungskräfte wären lieber Energiespender als Energieverbraucher, aber leider befinden sie sich oft im Überlebensmodus. Sie glauben, wenn sie es nur schaffen, die momentane Krise zu überstehen, dann werden sie bessere Gewohnheiten annehmen, die eine High Performance fördern. Das ist jedoch sehr unwahrscheinlich, weil es immer irgendeine Krise zu bewältigen gibt.

Nutzen Sie die Chance. Die derzeitigen wirtschaftlichen und Managementherausforderungen verlangen mehr denn je höchste Kompetenz. Nie zuvor wurden Sustainable High Performance Habits dringender benötigt als heute. Jetzt ist der Zeitpunkt, sie zu entwickeln.

Wirtschafts- und Finanzkrisen gab es in den Siebziger-, Achtziger-, Neunzigerjahren und zu Beginn und Ende der Zweitausenderjahre. Und heute sehen wir uns der »größten Krise seit der Großen Depression« (die von 1929 bis Ende der Dreißiger- und in einigen Ländern sogar bis Anfang der Vierzigerjahre dauerte) gegenüber.

Die Ölkrise von 1973, zusammen mit dem US-Börsenkrach von Januar 1973 bis Dezember 1974, traf alle großen Aktienmärkte der Welt. In den Achtzigerjahren hatten Schwellenländer weltweit mit wachsenden wirtschaftlichen und sozialen Problemen – verursacht durch zahlreiche Schuldenkrisen – zu kämpfen.

In den USA gingen im Rahmen der Krise der Spar- und Darlehenskassen in den Achtziger- und Neunzigerjahren 747 Bausparkassen pleite. Darauf folgte der Börsenkrach von 1987. Und der Einbruch der Finanzindustrie und des Immobilienmarktes dürfte zur US-Wirtschaftsflaute von 1990/91 beigetragen haben.

Im Jahr 1992 kollabierte der europäische Wechselkursmechanismus und 1994 der mexikanische Peso. 1997 geriet Thailand nach der starken Abwertung des Baht und dem Zusammenbruch des thailändischen Immobilienbooms in die Krise.

In diesem Jahrhundert haben wir bereits zwei Rezessionen erlebt. Die erste – 2001 bis 2003 – betraf hauptsächlich westliche Länder: die Europäische Union in den Jahren 2001 und 2002 und die USA in den Jahren 2002 und 2003. Die zweite erleben wir anhaltend seit 2008. Die Aktienmärkte in den USA, in Europa und Asien sind gleichermaßen betroffen und zeichnen sich durch hohe Volatilität aus.

Aber jede Krise bietet auch Chancen. Chancen für eine kritische Bewertung, Veränderung, Neuausrichtung und Innovation. Und die nahe Zukunft wird uns jede Menge weitere Chancen bieten. Um zu überleben, dabei auch noch Spaß zu haben und in Zukunft höchst erfolgreich zu sein, gibt es nur einen Weg – den des Sustainable High Performers.

Die entscheidende Frage lautet: Sind Sie ein Sustainable High Performer?

Kapitel 2
Die Führungsevolution

Sustainable High Performance ist ein Zustand höchster Motivation – geprägt durch hohes Selbstwertgefühl, enthusiastische Bereitschaft, jede Herausforderung souverän zu bewältigen, und ein Maximum an körperlicher Energie. Sustainable High Performer werden als präsent, geerdet, zugänglich und fokussiert empfunden. Sie handeln mit Augenmaß, initiieren innovative Lösungen und maximieren damit ihren Einfluss auf ihr Team, ihr Unternehmen, ihre Marke und die Welt. Kurz: Sie erbringen nachhaltige Höchstleistung.

Im Jahr 2001 führte das Magazin *Fast Company* ein Interview mit Jim Collins, dem Autor von *Der Weg zu den Besten. Die sieben Management-Prinzipien für dauerhaften Unternehmenserfolg*, durch. Dabei wurde Collins zu seinen Untersuchungen über die effektivste Art, dem Wirtschaftsabschwung zu begegnen, befragt. Collins antwortete: »Wenn ich heute ein Unternehmen zu leiten hätte, gäbe es für mich eine einzige zwingende Priorität: die besten Leute einzustellen – so viele wie irgend möglich. Alles andere wäre sekundär ... um mein Spitzenkräfte-Reservoir aufzufüllen. Denn die Dinge kommen auf uns selbst zurück. Mein Pendel wird Schwung aufnehmen, wobei der größte Bremsklotz für Wachstum und Erfolg meines Unternehmens ... ist, dass wir nicht genügend gute Leute rekrutieren und binden können.«

Diese Antwort verdeutlicht die Überzeugung, dass es Menschen (die richtigen Menschen) sind, die Unternehmen aus der Krise führen, und dass genau diese Menschen aus einem guten Unternehmen ein hervorragendes machen (und zwar auf Dauer). Dem können wir nur zustimmen! Wir würden die Collins'sche Auffassung jedoch noch um ein weiteres grundlegendes Element ergänzen: Es muss sichergestellt werden, dass Ihre wichtigsten Mitarbeiter energiegeladen, fokussiert, belastbar, leidenschaftlich und in Führungspositionen nachhaltig einsatzbereit sind.

High Performance = dauerhafte Höchstleistung

In einem Interview aus dem Jahr 2007 wurde Matthias Malessa, Personalvorstand von adidas, gebeten, die größten Herausforderungen im Personalmanagement zu nennen. Seine Antwort: »Wie jede gute Sportmannschaft müssen wir talentierte Spieler, Manager und Trainer anheuern. Wir müssen sie zu einem Team entwickeln, das hart trainiert, offensiv spielt und mit Leidenschaft für einen Sieg kämpft. Und das müssen wir in jedem Team, jeder Sparte, Funktion, Region ... und Marke erreichen ... Kurz gesagt, es bedarf der richtigen Leute mit den Fähigkeiten und der Leidenschaft, auf faire und verantwortliche Weise zu siegen.«

Auch hier liegt die Priorität auf den richtigen Mitarbeitern, aber noch wichtiger ist, dafür zu sorgen, dass diese Mitarbeiter energiegeladen, belastbar, leidenschaftlich und im richtigen Moment handlungsbereit und handlungsfähig sind.

Wir glauben – und das im gegenwärtigen Umfeld umso mehr – dass Führungskräfte Sustainable High Performer sein müssen. Sind sie das nicht, fahren selbst die fähigsten und qualifiziertesten Mitarbeiter mit angezogener Handbremse. Auch herausragende Führungspersönlichkeiten zeigen gelegentlich mittelmäßige Leistung, aber wenn ihr Energiepegel sinkt, ihre Leidenschaft erlahmt und ihr Fokus unscharf wird, leidet das gesamte Team.

Jedes Unternehmen kann einen leistungsschwachen Mitarbeiter verkraften (das kann allerdings sehr teuer werden, wenn es sich um einen A-Player handelt!), aber kein Unternehmen kann mit mittelmäßigen Teams erfolgreich sein. In anderen Worten, es ist ein MUSS, dass jede Führungskraft und jeder A-Player ein Sustainable High Performer ist!

Führungskräfte bestimmen die Unternehmenskultur. Wenn eine Führungskraft Sustainable High Performance lebt und atmet und eine High Performance fördernde Kultur schafft, ändert das alles.

Und alle – Aktionäre, Topmanager, Belegschaft und Kunden – gewinnen dadurch.

Es gibt eine Vielzahl von Führungstheorien (wie zum Beispiel Transformational Leadership, emotionale Intelligenz, authentische Führung). All diese Theorien bauen jedoch auf einem gemeinsamen Element auf – dass Sie in Bestform sind, ein effektiver Topmanager und Sustainable High Performer. Je ausgeprägter Ihre Selbstwahrnehmung ist, desto besser können Sie Ihre Stärken, Leidenschaften und Ihre Fähigkeit zur Selbst- und Teamsteuerung und zur Unternehmensführung erkennen und nutzen.

Das klingt einfach, ist es aber leider nicht. Es erfordert erstaunlich viel Arbeit, Energie und Hingabe, bis man sich selbst wirklich versteht, die eigenen Gefühle im Griff hat und jeden Tag Bestleistungen erbringen kann. Oft haben Führungskräfte dafür nicht die Energie. Allzu oft versuchen sie einfach, sich über Wasser zu halten, um den täglichen Anforderungen gerecht zu werden.

Das Tignum-Hochhaus für nachhaltigen Erfolg

Im heutigen konkurrenzbetonten Geschäftsklima investieren Unternehmen viel Zeit, Energie und Geld in die Entwicklung ihrer Führungskräfte, indem sie sich darauf konzentrieren, ihre Fähigkeiten in der Umsetzung von Strategien, in Kommunikation, Projektmanagement, Verhandlungen, Zeitmanagement und Führungskompetenz zu optimieren. Unternehmen visieren langfristige Ziele und Nachhaltigkeit an (üblicherweise mit Fokus auf Finanzen, Umwelt und die Kundenbasis), aber nur selten diskutieren sie die Nachhaltigkeit der Führungskräfte selbst oder deren Mitarbeiter.

Kern- und Angelpunkt der Führung eines jeden wettbewerbsfähigen Unternehmens sind Leidenschaft, Fokus und Kreativität. Sie sind die wichtigste Voraussetzung für die Schaffung eines erfolgreichen Unternehmens und von Sustainable-High-Performance-Ergebnissen. Leidenschaft, Fokus und Kreativität wiederum erfordern ein starkes Fundament aus persönlicher Energie, Resilienz, mentaler Performance und Kapazität, um wirklich nachhaltig zu sein. Während viele Unternehmen den verhängnisvollen Fehler begehen, diese Dinge als Incentive zu betrachten (wenn dafür genügend Zeit und Mittel vorhanden sind), sieht Tignum Energie, Resilienz, mentale Performance und Kapazität als den Grundpfeiler für dauerhafte High Performance. Darüber hinaus stützt sich diese Sustainable-High-Performance-Basis auf Performance Mindset (s. Teil II), Performance Nutrition (s. Teil III) Performance Movement (s. Teil IV) und Performance Recovery Habits auf (s. Teil V).

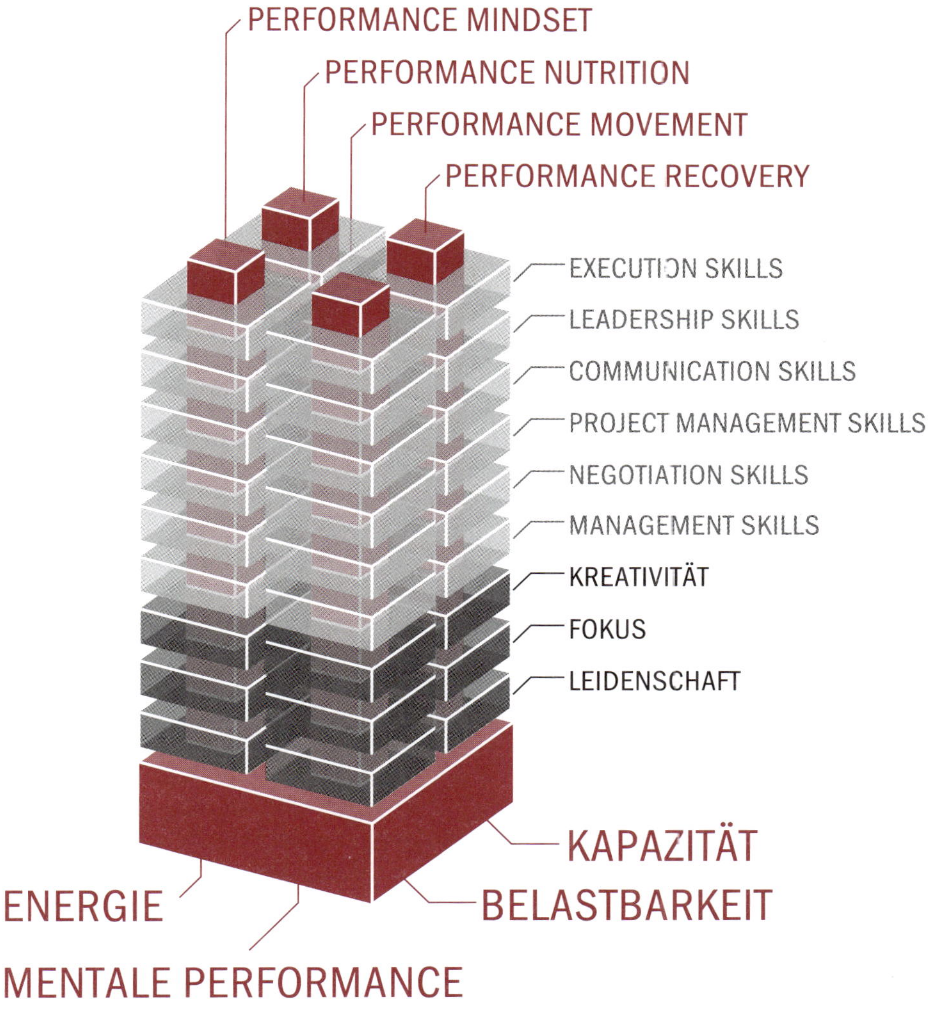

Das Tignum-Hochhaus für High Performance

Das fehlende Glied in der Führungskette

Zweifellos sind Energie, Resilienz sowie mentale Performance und Kapazität unerlässliche Bestandteile persönlicher Bestleistung. Wenn diese vier Kriterien also der Schlüssel zum nachhaltigen Erfolg einer Führungskraft sind, warum werden sie dann so stiefmütterlich behandelt und oft dem Zufall überlassen? Warum betrachten Führungskräfte Energie und Resilienz häufig als Wellness-Parameter anstatt als Basis für Bestleistung? Warum sehen Topmanager Energie und Resilienz meist als angenehmen Zusatznutzen anstatt als strategische Voraussetzungen? Warum halten Unternehmen betriebliches Gesundheitsmanagement für ausreichend? Warum glauben Unternehmen, die Fähigkeiten einer Führungskraft seien genetisch bedingt und nicht das Produkt ihrer Gewohnheiten und ihrer Umgebung?

Warum gehört es nicht zum Lehrstoff von Business Schools, Führungskräften zu vermitteln, wie sie ihre persönliche Energie, Resilienz, mentale Performance und Kapazität entwickeln können?

Warum sprechen Führungskräfte erst dann über Burn-out, wenn eines ihrer eigenen Teammitglieder davon betroffen ist?

Warum verlangen Aktionäre und Analysten von Führungskräften nicht, dass sie sowohl ihre eigene Energie, Resilienz, mentale Performance und Kapazität als auch die ihres Teams entwickeln und steigern?

Viele Fragen, viele Antworten, auf die wir später eingehen werden. Der Hauptgrund, weshalb Energie, Resilienz, mentale Performance und Kapazität dem Zufall überlassen werden, liegt wohl darin, dass jedes Verständnis dafür fehlt, wie Sustainable High Performance aussieht und sich anfühlt. Die meisten Menschen haben nicht die geringste Ahnung, wie viel besser und leistungsfähiger sie sein könnten.

Vielleicht ist es aber gar nicht so wichtig zu hinterfragen, warum dies bisher verpasst wurde, sondern eher darauf hinzuweisen, dass es in Zukunft auf keinen Fall verpasst werden sollte. Beantworten Sie sich dazu bitte folgende Fragen:

Möchten Sie den Tag mit Elan und Energie anpacken, mit Leidenschaft Ihre To-do-Liste abarbeiten, sich auf die Herausforderungen des Tages freuen und Ihre Umgebung motivieren?

Möchten Sie High-Performance-Meetings besuchen, in denen gut vorbereitete Teilnehmer wach, aufmerksam, leidenschaftlich und zielorientiert sind? Meetings, die kurz, prägnant und produktiv sind?

Möchten Sie die kollektive Energie spüren, die von einem High-Performance-Team positiver, lösungsorientierter, kreativer Denker ausgeht? Wo Negativität automatisch in positives Potenzial umformuliert wird und »Packen wir's an!« das Gebot der Stunde ist?

Möchten Sie am Ende des Tages nach Hause kommen und sich aufmerksam den Menschen widmen, die Ihnen am wichtigsten sind? Möchten Sie im Kreis der Familie diskutieren, glücklich und begeisterungsfähig sein, Freude an Spaß und Spiel haben? Und die Energie besitzen, leidenschaftlich Ihren Hobbys nachzugehen und Ihre Träume kreativ umzusetzen?

Die Antworten auf diese Fragen liegen wohl auf der Hand. Aber glauben Sie, dass Ihre derzeitigen Gewohnheiten Sie ans Ziel bringen?

Die Macht der Tignum-Strategien

Wenn es etwas gibt, was wir bei Tignum gelernt haben, dann dass die vollständige Integration von Performance Mindset, Performance Nutrition, Performance Movement und Performance Recovery Habits Power in sich birgt. Täglich sprechen wir mit Kunden, die andere Methoden zur Optimierung ihrer Energie, Resilienz oder Leistungsfähigkeit gewählt haben, indem sie sich auf nur ein Gebiet konzentrierten. Sie scheiterten damit. Und das nicht etwa, weil sie sich nicht genug angestrengt hätten, sondern weil ihre Anstrengungen nicht klug und integrativ genug waren.

Ganzheitliche Integration von PERFORMANCE-MINDSET -NUTRITION -MOVEMENT -RECOVERY®

»Ich halte mich eigentlich für einen ziemlich guten Performer, außer jeden Nachmittag zwischen 13.30 Uhr und 15 Uhr. Da habe ich meinen toten Punkt und kann kaum die Augen offen halten. Wenn es in Meetings nicht gerade um Gedeih-und-Verderb-Themen geht, kann ich mich schlichtweg nicht konzentrieren. Ich entwickle Heißhunger auf Kekse, Kaffee mit Zucker – alles, was süß ist. Natürlich versuche ich, dagegen anzukämpfen, aber diesen Kampf verliere ich regelmäßig. Ich versuche, Meetings um diese Uhrzeit zu vermeiden, aber das ist unmöglich. In letzter Zeit habe ich einige Kilo zugelegt und die Gewichtszunahme scheint alles nur noch schlimmer zu machen.«

Diese Geschichte hören wir häufig von unseren Kunden. Was ist die Wurzel des Problems? Liegen Schlafstörungen zugrunde? Oder Mangel an Bewegung? Ein Ungleichgewicht des vegetativen Nervensystems durch zu viel Stress und zu wenig Regeneration? Oder vielleicht ein Ernährungsproblem?

Die Antwort lautet: Ja. Alles. All diese Faktoren spielen eine Rolle. Dieses weitverbreitete Problem wird fast immer durch eine Kombination verschiedener Ursachen ausgelöst und lässt sich nur mit einem ganzheitlichen Ansatz lösen.

Schlafstörungen führen dazu, dass Ihr normales nachmittägliches Leistungstief extrem ausgeprägt ist und Ihr Gehirn dann nach der schnellsten Energiequelle greift, die es kennt – Zucker. Ähnlich ist es bei großem Stress. Dann haben Ihre Nebennieren schwer zu kämpfen, um Ihren Energiepegel über den ganzen Tag hinweg hoch zu halten. Bei starker Belastung signalisiert der erhöhte Cortisolspiegel Ihrem Gehirn, einen Heißhunger auf zucker-, fett- und salzhaltige Lebensmittel zu entwickeln. Das sind Regenerationsprobleme (auf die wir in Teil V zurückkommen). Wenn Sie ein zu kalorienhaltiges Mittagessen, zu viele leere Zuckerkalorien, zu wenig Eiweiß oder sogar zu wenig Fett zu sich nehmen, dann wird Ihr Blutzuckerspiegel zwischen 13.30 Uhr und 15 Uhr nachmittags unweigerlich absinken. Das kostet Energie, und auch Ihre Konzentration und Produktivität leiden darunter.

Wenn Sie nicht genügend Bewegung, speziell neurologisch stimulierende Bewegung, bekommen, wird Ihr Gehirn weder angeregt noch erhält es den für optimale Performance benötigten Sauerstoff.

Mit zunehmendem Gewicht laufen Sie außerdem Gefahr, ernährungsbedingten Diabetes, Bluthochdruck, einen hohen Cholesterinspiegel und sogar bestimmte Formen von Krebs zu entwickeln, was Ihnen das Leben noch schwerer macht. Erschöpfung, Gewichtszunahme und das Gefühl des Kontrollverlusts können schnell zu Apathie, Frustration und Depression führen.

Und diese Abwärtsspirale setzt sich fort. Das Problem dadurch lösen zu wollen, dass man sich nur ein Gebiet vorknöpft, funktioniert nicht. Der einzige Weg, ein solch komplexes Problem wirklich zu lösen (und nicht nur Flickwerk zu betreiben), ist eine integrierte Mindset-, Nutrition-, Movement- und Recovery-Methode.

Susteinable High Performance Leadership

Es mag im Moment unmöglich erscheinen, die gewünschte Energie, Resilienz oder Performance zu erreichen. Wir versichern Ihnen jedoch: Es ist möglich! Zusammen mit Führungskräften haben wir an der Umsetzung unserer High-Performance-Strategien gearbeitet. Das ist der Grundpfeiler der Tignum-Philosophie.

Dieses solide Fundament können Sie sich schaffen, indem Sie sich die ganzheitlichen Performance-Mindset-, Performance-Nutrition-, Performance-Movement- und Performance-Recovery-Strategien aneignen. Und zwar mit Tignum-Strategien, die Sie problemlos in Ihren viel beschäftigten Alltag einbauen können.

Wir sind zutiefst von dieser Methode überzeugt, da wir tagtäglich aus erster Hand deren unglaubliche Wirkung auf die Unternehmen unserer Kunden erleben. Wir haben Führungskräfte dabei unterstützt, den Blick nach vorn zu richten und die Voraussetzungen für Sustainable High Performance in einer im Wandel begriffenen Welt zu erkennen. Das folgende Fallbeispiel veranschaulicht die Ergebnisse:

»Früher waren drei- bis vierstündige Meetings mit meinem Team an der Tagesordnung. Gewöhnlich hetzte ich von einer Besprechung zur nächsten. Oft war ich hungrig, durstig und müde, aber das habe ich einfach so hingenommen. Obwohl wir häufig großartige Diskussionen führten, war der Frustrationslevel – einfach aufgrund ermüdungsbedingter Ungeduld – doch sehr hoch. Es gab nicht genug Mineralwasser für alle, keine gesunden Snacks und wir klebten Stunde um Stunde auf unseren Stühlen, ohne uns zu bewegen. Verrückt!

Ich hielt mich für eine gute Führungskraft, aber wenn ich zurückblicke, war ich selbst alles andere als energiegeladen und deshalb kaum in der Lage, mein Team zu motivieren und mit Energie aufzuladen. Irgendwann fiel es mir dann wie Schuppen von den Augen, dass mir überhaupt nicht bewusst war, wie weit entfernt ich von meiner persönlichen Bestform war. Schlimmer noch, ich hatte keine Ahnung, dass es auch anders geht.

Meine Einstellung hat sich seitdem grundlegend geändert, ich gehe ganz anders an die Dinge heran.

Nach wie vor bereite ich meine Agenda und Inhalte für ein Meeting vor. Aber – und das ist neu – ich stelle mich auch geistig und körperlich darauf ein. Ich sehe mich als High Performer, der Großes bewegen kann, wenn ich in jeder Hinsicht Bestleistung erbringe. Und mein Team spürt nicht nur den Unterschied, sondern zieht mit. Unsere Meetings sind wesentlich kürzer, trotzdem erledigen wir mehr und das Team geht motiviert und voller Elan an die Arbeit.«

Dazu weitere Fragen:

Wie sehen Ihre derzeitigen Strategien zur Wahrung Ihrer Energie und Resilienz aus?

Wie sehen Ihre derzeitigen Strategien zur Optimierung Ihrer mentalen Performance aus?

Wie sehen Ihre derzeitigen Strategien zur Erweiterung Ihrer Kapazitäten aus?

Wie können diese Strategien Sie dabei unterstützen, das Selbstbewusstsein, die Leidenschaft, den Fokus und die Kreativität zu entwickeln und zu wahren, die Sie benötigen, um die bestmögliche Führungskraft zu werden?

Kapitel 3
Energie, Resilienz, mentale Leistung und Kapazität

Am Anfang der Zusammenarbeit mit unseren Kunden bitten wir diese, ihre Erwartungen niederzuschreiben. Welche Ziele möchten sie zusammen mit uns erreichen? Die Listen sind oft lang, dennoch kristallisieren sich immer wiederkehrende Themen heraus: Führungskräfte wollen produktiver sein (Produktions-/Leistungssteigerung). Sie wollen stärkeren positiven Einfluss auf ihre Teams, Unternehmen, Kunden, ihre Familien und Kommunen ausüben.

Gleichzeitig wird ihnen klar, dass sie diese Ziele ohne optimierte Energie, Belastbarkeit, mentale Performance und Kapazität niemals erreichen werden. Haben sie diese Elemente erst einmal entwickelt, werden sie ein ungenutztes Potenzial entdecken, das bisher im Verborgenen schlummerte.

Die Tignum-Performance-Sphäre

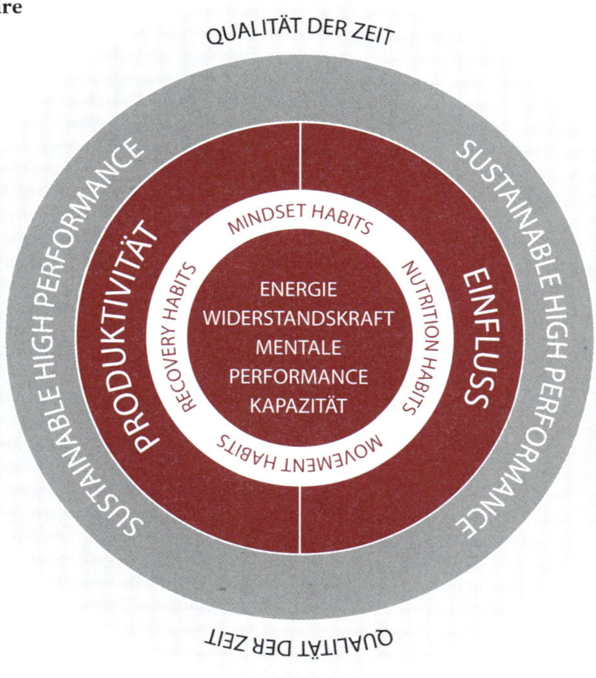

Energie erzeugt grenzenlose Möglichkeiten

Unsere Untersuchungen zeigten einen alarmierenden Trend unter Führungskräften. Nahezu alle unsere Kunden stellten fest, dass sie zu Hause weniger Energie haben als bei der Arbeit. Das bedeutet, sie verausgaben sich so bei der Arbeit, dass sie zu erschöpft sind, um sich noch intensiv mit ihrer Familie zu beschäftigen. Ihnen fehlt schlichtweg die Kraft, um die Dinge zu genießen, die ihnen eigentlich am meisten bedeuten – ihren Ehepartner, Kinder, Freunde, Hobbys und andere Leidenschaften, die nichts mit ihrer Arbeit zu tun haben.

»Die vier Pfeiler effizienter Führung: Ein High Performance Leader muss positive Energie besitzen, andere mit dieser Energie mitreißen können, durchsetzungsfähig sein (sprich: harte Entscheidungen treffen können) und die Dinge umsetzen können. Leidenschaft ist der fünfte wesentliche Faktor erfolgreicher Führung.«

Jack Welch, Autor und ehemaliger CEO von General Electric

Energie ist zwar ein häufig verwendeter, aber gar nicht so leicht zu definierender Begriff. Positive Energie hat mit Motivation, Freude und Begeisterung, Leidenschaft, Vertrauen und Optimismus zu tun. Negative Energie wird mit Wut, Spannung, Lethargie, Depression, Pessimismus und Selbstmitleid assoziiert. Es gibt Energiespender und Energiefresser. Und es gibt viele Dinge, die Ihnen Energie geben oder sie Ihnen rauben.

In den Teilen II bis V stellen wir zahlreiche Mindset-, Nutrition-, Movement- und Recovery-Strategien vor, mit denen Sie mehr positive Energie entwickeln können. Außerdem geben wir Ihnen Strategien an die Hand, mit denen Sie die Gefahr reduzieren, dass Sie sich verletzen, und Ihr Immunsystem in Schwung halten können. Verletzungen oder ein schlechter Gesundheitszustand sind wahre Energiekiller, und man unterschätzt leicht die Auswirkung einer Verletzung auf den Energielevel.

Wie versuchen Sie derzeit, Ihren Energiepegel zu erhöhen?
Was raubt Ihnen Energie?
Was würden Sie mit mehr Energie anfangen?

Ohne Resilienz ist der Misserfolg vorprogrammiert

Resilienz ist die Kraft, fokussiert und leidenschaftlich die eigenen Ziele zu verfolgen – ganz gleich, welche üblichen oder unerwarteten Rückschläge und Herausforderungen auch auftauchen mögen. Es ist die Fähigkeit, nach vorne zu blicken anstatt zurück, bewusst immer wieder aufzustehen, anstatt liegen zu bleiben, und weiterzumachen, anstatt aufzugeben. Ohne Energie keine Resilienz. Extrem resiliente Menschen nutzen zeitweilige Rückschläge dazu, ihren Akku aufzuladen und ihre Fähigkeiten zu optimieren, um das nächste Mal alles besser zu machen.

Allzu oft wird von High Performern angenommen, dass all ihr Tun ständig von Erfolg gekrönt ist. Dabei wird vergessen oder verkannt, wie häufig sich diese Leistungsträger nach erlittenen »Schlappen« wieder aufrappeln mussten. Michael Jordan, einer der besten amerikanischen Profi-Basketballspieler aller Zeiten, brachte mit seinen Worten die Macht der Resilienz genau auf den Punkt:

»In meiner Karriere habe ich mehr als 9000 Würfe verfehlt. Ich habe fast 300 Spiele verloren. 26 Mal war der spielentscheidende Treffer schon so gut wie im Netz – ging aber doch daneben. Immer und immer wieder bin ich in meinem Leben gescheitert. Und deshalb bin ich erfolgreich.«

Jordans Statement trifft den Kern, das Wesen der Resilienz und ihre Bedeutung für Erfolg, vor allem in der Geschäftswelt. Business ist hart, das ist eine Tatsache. Unternehmenskultur ist nicht immer eine Insel der Glückseligkeit. Kritik ist nicht immer schmeichelhaft. Und man kann nicht immer gewinnen. Als Führungskraft, als A-Player, als Problemlöser müssen Sie auch Tiefschläge verkraften.

In schwierigen Zeiten ist Resilienz der Schlüssel zu Ihrer Sustainable High Performance. Sie ist von zentraler Bedeutung für die Bewältigung von Stress und Katastrophen. Außerdem ist sie eine große Hilfe im Umgang mit normalen Rückschlägen und Frustrationen, wie sie in der Zusammenarbeit, bei Innovationen und in der Problemlösung auftreten.

Mentale Leistungsfähigkeit – so schöpfen Sie Ihr volles Potenzial aus

Vieles über die Funktionsweise unseres Gehirns wissen wir noch nicht. Unbestritten dürfte jedoch sein, dass Sie, um Ihr volles Potenzial zu erreichen, Ihre mentale Leistungsfähigkeit auf das Maximale erhöhen müssen. Ihr Sprachvermögen, Ihr Selbstvertrauen, Ihr Erinnerungsvermögen, Ihre Kreativität und Ihre logischen Fähigkeiten haben alle zusammen wesentlichen Einfluss auf Ihren Erfolg oder Misserfolg in einer Verhandlung, einer Präsentation oder einem Strategieentwicklungs-Meeting.

Das Gehirn eines Erwachsenen wiegt ungefähr 1,36 Kilogramm und enthält mehr als 100 Milliarden Neuronen. Es gilt als das komplexeste Organ aller Lebewesen auf Erden und ist ein wahres Rechenwunder.

Das Gehirn ist das Zentrum des Nervensystems und obwohl es weniger als zwei Prozent des Körpergewichts ausmacht, verbraucht es 20 Prozent der Körperenergie und 20 Prozent des Körpersauerstoffs. Es besteht zu rund 80 Prozent aus Wasser, und jede Nervenzelle ist von einer Isolierschicht – der Myelinscheide (80 Prozent Fett und 20 Prozent Eiweiß) – umgeben, durch die Reize erstaunlich schnell übermittelt werden. Für keinen Bereich sind komplett verinnerlichte Mindset, Movement und Recovery Habits so wichtig wie für Ihre mentale Performance. Um richtig zu funktionieren, muss das Gehirn ständig mit Sauerstoff und Glukose (Zucker) versorgt werden. Ohne diese beiden Stoffe stirbt es schnell ab.

Ebenso wichtig für die Gehirnfunktion ist ausreichend Schlaf. »Eine schlaflose Nacht hat bei simulierten Fahrtests die gleiche beeinträchtigende Auswirkung wie der gesetzlich zulässige Blutalkoholgehalt«, so Dr. Mark Mahowald, Direktor des Zentrums für Schlafstörungen der Medical School der Universität von Minnesota.

Um Bestleistungen zu erbringen, braucht das Gehirn außerdem Stimulierung. Immer mehr Forschungsergebnisse bestätigen, dass Bewegung eine tief greifende Wirkung auf die Hirnfunktion hat. Bewegung verbessert die Sauerstoffversorgung, sorgt für Neurostimulation und optimiert die Kommunikation zwischen der linken und rechten

Gehirnhälfte. Außerdem haben die Gedanken, mit denen Sie Ihr Gehirn füttern, einen großen Einfluss auf die Bilder, die Ihr Gehirn erzeugt, und die daraus entstehenden Ergebnisse.

Doch was, wenn das Gehirn überstimuliert ist oder die Stimulation als Stress wahrnimmt?

Der Körper ist zwar in der Lage, zeitlich begrenzte Stressphasen zu bewältigen, wird der Stress jedoch zum Dauerzustand, kann er sich schädlich auf das Gehirn auswirken. Robert Sapolsky, Mitglied der Fakultät am Institut für Neuroinnovation und Translationale Neurowissenschaften der Universität Stanford, hat Untersuchungen über Stress durchgeführt und belegt, dass ein anhaltender Strom an Stresshormonen sogar das Schrumpfen bestimmter Gehirnbereiche, vor allem im Hippocampus (der Einfluss auf Ihr Kurzzeitgedächtnis und Ihre räumliche Orientierung hat) verursachen kann. Sapolsky hat demonstriert, wieweit anhaltender Stress das Erinnerungsvermögen und die Lernfähigkeit tatsächlich beeinträchtigen kann. Der Schlüssel zur Minimierung der negativen Stresseffekte liegt also darin, zwischen den Stressphasen für genügend Regeneration zu sorgen.

Neue Forschungsergebnisse zeigen, dass Omega-3-Fettsäuren zu einer Verbesserung der Hirnfunktion beitragen können, während Nahrungsmittel mit hohem Zuckergehalt zu Stimmungsschwankungen, mangelhafter Entscheidungsfähigkeit und Trägheit führen können. Das Gehirn, das als einziges Körperorgan keine eigene Energie speichern kann, ist auf die richtigen Nährstoffe angewiesen, um optimal zu funktionieren.

Dr. Daniel Amen, führender Gehirnforscher, sagt dazu: »Wenn Sie Ihr Gehirn vernachlässigen, verlieren Sie pro Tag durchschnittlich 85 000 Hirnzellen.« Das fördert den Alterungsprozess; mit der richtigen Pflege und guten Gewohnheiten können Sie diesen Prozess allerdings ganz erheblich verzögern.

Es gibt einen zwingenden Grund, warum Sie unbedingt auf Ihr Gehirn achten und es pflegen sollten: Sie reduzieren damit die Degeneration (Alterung und kognitive Veränderung) des Gehirns auf ein Minimum und steigern Ihre tägliche Leistungsfähigkeit auf das Maximum.

Was unternehmen Sie regelmäßig ganz bewusst zur Verbesserung Ihrer mentalen Performance?

Ihr Gehirn besteht größtenteils aus Wasser; eine ausreichende Flüssigkeitszufuhr ist daher absolut notwendig. Achten Sie darauf, dass Sie in keine wichtige Verhandlung oder Präsentation gehen, ohne vorher genügend zu trinken, damit Ihr Gehirn Sie nicht im Stich lässt?

Nehmen Sie vor einem wichtigen Meeting strategisch ausgewählte Nahrungsmittel zu sich, um sicherzugehen, dass Ihr Gehirn optimal arbeitet?

Die Koordination der rechten und linken Gehirnhälfte

Wissenschaftler beschreiben das Gehirn als ein Organ, das aus zwei eigenständigen Hemisphären besteht. Die linke Hälfte ist für Logik, Analyse, Rationalität, Sprache, mathematische Fähigkeiten und die Steuerung der rechten Körperseite verantwortlich. Die rechte Hemisphäre ist zuständig für Vorstellungskraft, Kreativität, Intuition, das Erkennen von übergeordneten Zusammenhängen, Kunst, Musik und die Steuerung der linken Körperseite.

Laut Daniel Pink, Autor des Buches *Unsere kreative Zukunft: Warum und wie wir unser Rechtshirnpotenzial entwickeln müssen*, wurde von jeher größerer Wert auf alle von der linken Gehirnhälfte gesteuerten Aspekte gelegt, aber hier zeichnet sich ein Wandel ab, und dieser wird unser Leben dramatisch verändern. Die linke Gehirnhälfte und das von ihr gesteuerte Denken galt als Motor, während die rechte Hälfte eher als Hilfsmotor eingestuft wurde. Doch heute, da wir uns vom Informationszeitalter zum konzeptionellen Zeitalter bewegen, wird die Nutzung unserer rechten Gehirnhälfte eine weitaus größere Rolle spielen. Intuitive Denker, die die großen Zusammenhänge erkennen, langfristig denken, mehr Empathie zeigen und ihre Kreativität maximieren, werden in Zukunft den Ton angeben.

Chris McManus vertritt eine andere Sichtweise. Er betont, wie wichtig es sei, dass wir stets das gesamte Gehirn nutzen. In seinem Buch *Right Hand, Left Hand: The Origins of Asymmetry in Brains, Bodies, Atoms and Cultures* schreibt er: »Wie verlockend es auch sein mag, von der rechten und linken Hemisphäre isoliert zu sprechen, handelt es sich doch um zwei Gehirnhälften, die darauf ausgerichtet sind, als ein integriertes Ganzes in einem Gesamthirn zu arbeiten. Die linke Hemisphäre steuert die Logik und die rechte Hemisphäre ist lebenserfahren. Beide Hälften zusammen ergeben eine hoch leistungsfähige Denkmaschine. Nutzen Sie jeweils nur eine Hälfte, kann es zu recht bizarren oder absurden Ergebnissen kommen.«

Bei Tignum sind wir überzeugt, dass ein hoch leistungsfähiges Gehirn aus einer koordinierten, gleichzeitigen Aktivierung beider Gehirnhälften besteht. In Teil II werden wir die Qualitäten, Merkmale und Fähigkeiten des High-Performance-Denkens untersuchen. Sie werden sehen, dass High Performance ein Zusammenwirken beider Gehirnhälften voraussetzt.

Kreativität ist Trumpf

In einer Welt der permanenten Vernetzung haben wir alle Zugriff auf dieselben Informationen. Wenn Sie zum Beispiel das Wort »Kreativität« in Google eingeben, erhalten Sie über 62 Millionen Suchergebnisse. Vor nicht allzu langer Zeit war diese Information noch gleichbedeutend mit Macht. Aber das ist Vergangenheit. Heute hat jeder Zugang zu dieser Art »Informationsmacht«. Oder etwa nicht?

Kjell Nordström, Koautor des internationalen Bestsellers *Karaoke-Kapitalismus*, brachte dies auf einer Konferenz in Düsseldorf auf den Punkt: »Das Business ist zu einer Karaoke-Bar verkommen. Alles ist die Kopie einer Kopie einer Kopie.« Er verglich dies mit einem talentlosen, betrunkenen Kerl, der in einer Bar den Originalsong eines anderen trällert – die Businesswelt ist voller Trittbrettfahrer. Nordström führte weiter aus, dass »nur Gesellschaften, Organisationen und Individuen mit Vorstellungskraft und Innovation im Rampenlicht stehen werden«.

Wir gehen da völlig konform mit Nordström. Kreativität ist die Währung der Zukunft. Im Besitz der Information zu sein ist höchstens interessant. Aber mit der jedermann zugänglichen Information etwas Einmaliges, Nützliches und Nachhaltiges zu schaffen – darin liegt der Erfolg der Zukunft. Nach unserer Überzeugung werden die aktuelle Hirnforschung und die Kreativitätsforschung zu dem Ergebnis kommen, dass ein nachhaltiger High Performer Strategien braucht, mit denen er ein High-Performance-Gehirn entwickeln kann. Ein Gehirn, das in koordinierter Harmonie zwischen rechter und linker Gehirnhälfte funktioniert.

Leider haben die meisten Führungskräfte keine Ahnung, welche negativen Auswirkungen ihre derzeitigen Gewohnheiten auf die Leistung ihres Gehirns haben. Sie reisen ohne Strategien zur Bekämpfung des Jetlags quer durch die Zeitzonen. Resultat: Müdigkeit, Lethargie, mangelnde Konzentration und reduzierte mentale Performance. Um sich wach zu halten, wird vor dem nächsten Meeting schnell noch ein Kaffee getrunken, werden ein paar Kekse vertilgt, was dann zum Insulin-Crash führt, der Gedächtnis, Kreativität und Problemlösungsfähigkeit beeinträchtigt. Sie nehmen den Lift anstatt die Treppe. Gerade durch Treppensteigen wird das Gehirn jedoch mit Sauerstoff versorgt und die Denkfähigkeit durch Stimulierung der rechten Gehirnhälfte verbessert. Das optimale Brain-Training vor jedem Meeting, jeder großen Präsentation!

Allzu häufig überlassen Führungskräfte ihre mentale Leistung dem Zufall, weil sie sich in keiner Weise darüber im Klaren sind, wie sehr sich ihr Verhalten auf das Hirn auswirkt. Wir von Tignum haben erkannt, dass mentale Bestleistung keine Sache des Zufalls, sondern der bewussten Entscheidung ist. Wir zeigen Ihnen, was Sie tun können, um das optimale Leistungsvermögen Ihres Gehirns zu gewährleisten.

Wovon sprechen wir hier? Wir sprechen von High Performance Mindset, Nutrition, Movement und Recovery, Verhaltensweisen, die das Gehirn mit der Stimulation, dem

Sauerstoff, den Nährstoffen und der Regeneration versorgen, die es für nachhaltige Bestleistung benötigt. Noch wichtiger: Erst die vollständige Verinnerlichung dieser vier Säulen der Tignum-Strategien macht Ihr Gehirn zu einem High-Performance-Gehirn.

Kapazität – Ist Ihr Tank groß genug?

Weltweit sehen sich Unternehmen dem Druck ausgesetzt, mit weniger mehr zu erreichen. Und häufig beklagen unsere Kunden, dass sie gezwungen sind, zwei oder gar drei Jobs auszufüllen. Diese Veränderung verlangt nicht nur Energie, Resilienz und ein High-Performance-Gehirn, sondern auch die Kapazität zur Bewältigung neuer Herausforderungen, zu wachsen und effizienter zu werden, um schlichtweg mehr leisten zu können.

Ursprünglich waren die Grenzen, an denen der Verantwortungsbereich einer Person endet und der einer anderen beginnt, klar definiert. Heute sind diese Grenzen fließend. Unternehmen können sich keine Führungskräfte leisten, die jede Herausforderung mit einem »Dafür bin ich nicht zuständig« von sich weisen.

Angesichts des aktuellen Trends zur Kooperation, sowohl innerhalb als auch außerhalb des Unternehmens, müssen Sie Ihre Kapazitäten erweitern, um neue Herausforderungen annehmen und meistern zu können. Ihr Wachstumspotenzial, Ihre Lern- und Leistungsfähigkeit sind für die Entwicklung Ihrer Kapazität von fundamentaler Bedeutung. Im Sport wird Kapazität schrittweise durch Training und Übung aufgebaut. In der Businesswelt geschieht dies durch die komplette Verinnerlichung von Mindset-, Nutrition-, Movement- und Recovery-Strategien.

Entdecken Sie Ihr Leistungspotenzial

Das eigene Leistungspotenzial zu entdecken kann durchaus etwas Beängstigendes haben. Es wird Ihnen klar, dass Sie sich mit weniger zufriedengeben, wenn Sie es nicht ausschöpfen. Genauso klar erkennen Sie, wie viel mehr Sie erreichen können, wenn Sie ernsthaft bemüht sind, Ihre volle Leistungsfähigkeit zu entfalten. Haben Sie Ihre Ängste jedoch erst mal überwunden, ist es geradezu beflügelnd, Herausforderungen anzupacken, durch die Sie Ihr volles Potenzial entfalten können. In einer Welt, in der das Mittelmaß normal ist, wird selten darüber diskutiert oder kaum erwartet, dass man sein eigenes Potenzial einmal vollständig auslebt. Und das hat einen hohen Preis.

Im internationalen olympischen Museum in Lausanne – einer herrlichen Stadt, eingebettet zwischen dem majestätischen Genfer See und den schneebedeckten Savoyer Alpen – steht eine schlichte, jedoch nachdenklich stimmende Skulptur. Umgeben von Marmorstatuen griechischer Athleten, die Anmut und sportliche Askese ausdrücken, vermittelt diese rudimentäre Form aus einem Zoll starken Stahlrohr eine andere Botschaft.

Die Plakette unter der Skulptur erklärt, dass die sehr kleine Box in der oberen rechten Ecke die menschliche Lungenkapazität im Ruhezustand und die viel größere Box auf der linken Seite die Lungenkapazität während eines Wettkampfes repräsentiert. Für Tignum symbolisiert diese einfache Metapher, dass die Menschheit leistungsmäßig auf Sparflamme fährt und tatsächlich nur einen Bruchteil ihres Potenzials realisiert. Im olympischen Museum, in dem die größten sportlichen Spitzenleistungen der Geschichte dargestellt sind, kommt deutlich zum Ausdruck, dass wir alle noch über ein enormes unerschlossenes Potenzial verfügen.

Welches ungenutzte Potenzial schlummert in Ihnen, Ihrem Team und Ihrem Unternehmen?

Stellen Sie sich einmal vor, was ein Führungsteam bewirken könnte, dessen Mitglieder ständig Zugriff auf ihr volles Leistungspotenzial hätten. Stellen Sie sich dessen Wirkungskraft auf die übrige Führungsriege, die Belegschaft, das Unternehmen, die Marke und die Verbraucher vor. Mehr noch, überlegen Sie, welche Auswirkungen dies auf Ihre Familie, Ihre Freunde und Ihr Vermächtnis hätte. In anderen Worten: Wer es schafft, seine volle Kapazität auszuschöpfen, erntet erstaunliche Ergebnisse – sowohl beruflich als auch privat.

Wie können Sie das Ziel, Ihr wahres Potenzial auszuschöpfen, erreichen?

Was benötigen Sie, um Ihre große Potenzial-Box zu erschließen und Top-Performance zu leben?

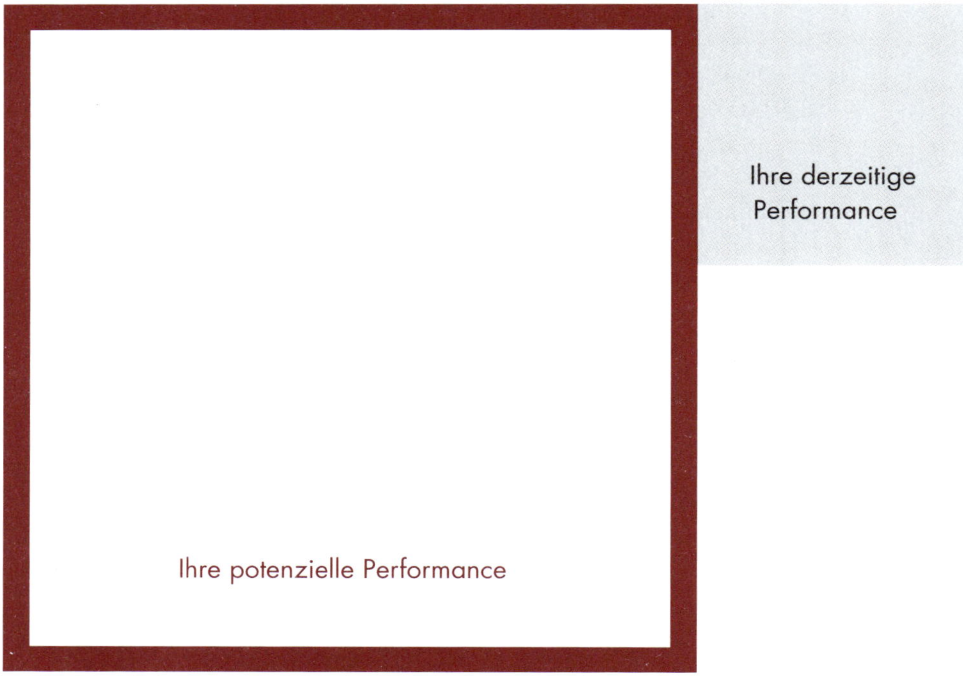

Wie oft schon haben Ihre Gewohnheiten bei Ihnen das Gefühl hinterlassen, dass mehr in Ihnen steckt! Ein größeres Potenzial, das Sie jedoch nicht fassen, nicht realisieren, nicht erreichen können. Dabei ist Ihnen wahrscheinlich nicht bewusst, wie Sie sich Tag für Tag verhalten.

Wussten Sie, dass 95 Prozent Ihrer Gewohnheiten unbewusst und automatisch ablaufen?

Vielleicht realisieren Sie gar nicht, dass Sie häufig das Frühstück auslassen, sechs Tassen Kaffee trinken, um in Gang zu kommen, kaum mehr als zehn Schritte gehen, bevor Sie sich wieder hinsetzen, nur selten Gemüse essen, den Fernseher als Schlafmittel benutzen oder dass Sie wiederholt negative Gedanken abspulen und wiederkäuen. Vielleicht entgeht es Ihnen auch, dass Sie bei Meetings oder Gesprächen ständig hektisch E-Mails auf Ihrem Smartphone abrufen oder abgehetzt und zu spät in Besprechungen platzen und dabei unvorbereitet und zerstreut wirken. All dies geschieht unbewusst, weil Ihr Gehirn auf Autopilot geschaltet hat, und Sie dadurch eingefahrene Verhaltensmuster ohne bewusstes Nachdenken ständig wiederholen.

Dieses Parabewusstsein (der Zustand zwischen Bewusstem und Unbewusstem) macht es möglich, dass wir gewohnte Tätigkeiten völlig mechanisch und gedankenlos ausführen können. Ein Beispiel für diesen Parabewusstseinszustand ist das Lesen von E-Mails auf dem Smartphone, während Sie an einer Diskussion teilnehmen. Dieses Verhaltensmuster ist so eingefahren, dass Sie sich dessen überhaupt nicht mehr bewusst sind. Das bedeutet auch, dass Sie der Diskussion nicht konzentriert folgen, Sie hören nicht wirklich zu und können keinen effektiven Dialog führen. Sie verlieren sich im heutzutage gängigen Multitasking, wobei dieses Verhalten weitestgehend im Unbewussten abläuft.

Bleibt festzustellen, dass allzu viele Führungskräfte auf Sparflamme funktionieren, sprich, nur einen Bruchteil ihrer Leistungskapazität aktivieren. Doch es gibt einen weitaus besseren Weg, und wir kennen ihn!

Es genügt nicht zu wissen, was zu tun ist.

Es geht darum, sich selbst zu verändern und das eigene Potenzial auszuschöpfen. Und da genügt es nicht zu wissen, sondern Sie müssen handeln. Sie müssen den Schritt vom Wissen zum Tun schaffen und dann immer wieder *das Richtige* tun.

Zeit ist nicht gleich Zeit

Ständig klagen unsere Kunden, dass sie nicht genug Zeit haben. Bei weiterem Nachhaken stellt sich dann heraus, was sie wirklich meinen: Sie haben nicht die Energie, Resilienz, mentale Leistungsfähigkeit oder Kapazität, um die Ergebnisse zu erzielen, die sie sich in der zur Verfügung stehenden Zeit wünschen.

Meetings sind für sie *Zeitverschwendung* und sie bezeichnen Zeitmangel als ihr größtes Problem.

Ist es tatsächlich ein Mangel an Zeit oder ein Mangel an *Qualitätszeit*? Unter Qualitätszeit verstehen wir Zeit, die Sie in einem Zustand von Sustainable High Performance verbringen, sowohl in der Arbeit als auch der Freizeit. *Qualitätszeit* meint Zeit, in der Sie voll engagiert, auf den Moment konzentriert und in Bestform sind. Und es ist diese Zeit, in der Sie Ihre angestrebten Ergebnisse erzielen.

Wie erreicht man Qualitätszeit?

Bei viel zu vielen Führungskräften geht es nur darum, sich über Wasser zu halten. Sie versuchen, mit Low Performance Habits zu überleben, die sie krank, abgestumpft oder erschöpft machen und die ihnen Schaden zufügen. Ihre Bücherregale sind wahrscheinlich vollgestopft mit Publikationen, die sie zwar gelesen haben, die jedoch keine nennenswerten Änderungen in ihrem Leben bewirkt haben.

Wir möchten betonen, dass es sich hier nicht wieder um ein Buch mit »Wäre es nicht schön«-Storys und »Was Sie sicher noch nicht wussten«-Kapiteln handelt. Sondern dieses Buch bietet Ihnen Strategien an, mit denen Sie Ihre Gewohnheiten, Ihren Energiepegel, Ihre Produktivität ändern und optimieren und Ihre Arbeits- und Freizeitperformance wirklich nachhaltig gestalten können. Aber verstehen Sie das nicht falsch: Es gibt keinen Ersatz für *aktives Handeln*! Der einzige Schlüssel zu Qualitätszeit, High Performance und Nachhaltigkeit ist, *dass Sie etwas tun*!

Sustainable High Performance ist kein Zufall, sondern die Folge einer bewussten Entscheidung. Jeder Mensch hat die freie Wahl zu entscheiden, ob er ein *Sinker*, ein *Floater* oder ein *Swimmer* sein will.

Was werden Sie in Zukunft sein?

Kapitel 4
Sink, float or swim – es ist Ihre Entscheidung!

In unserer Arbeit mit Tausenden von Führungskräften hat sich gezeigt, dass diese in eine von drei Kategorien fallen. Sie bewegen sich auf eine schwere Krise zu (Sinker), in angenehmer Dumpfheit nutzen sie nur einen Bruchteil Ihrer eigentlichen Leistungsfähigkeit (Floater) oder sie sind Sustainable High Performers (Swimmer). Wir haben einen Merkmalkatalog für jede Kategorie erstellt, mit dem Sie ehrlich einschätzen können, wo Sie stehen.

Sind Sie ein Sinker, Floater oder Swimmer?

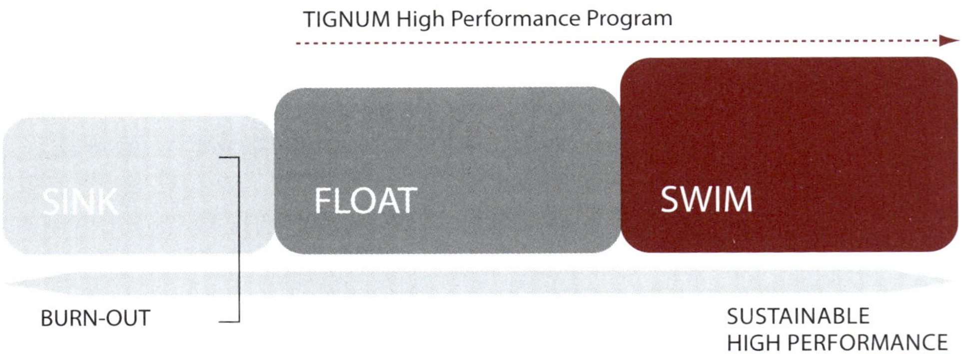

Ein Sinker ...

_erbringt Leistungen auf Niedrigniveau/geringe Produktivität
_nimmt Körpersignale nicht wahr (Ermüdung und Schlaf- oder Verdauungsprobleme)
_leidet unter Schmerzen und Beschwerden ungeklärter Ursache
_arbeitet immer härter, wird aber immer unproduktiver
_kann den Arbeitsanforderungen nicht gerecht werden, fühlt sich unter Druck
_hat Beziehungen für die Arbeit geopfert

_ist sich seiner unproduktiven Low Performance Habits nicht bewusst
_ignoriert persönliche Nachhaltigkeit, bis es zur Krise kommt
_hat ständig das Gefühl, kurz vor dem Untergang zu stehen
_hat keine Strategie für seine persönliche Sustainable High Performance
_sieht keinen Sinn/Wert darin, seine persönliche Performance zu planen
_hat keine Vorstellung davon, dass Mindset, Nutrition, Movement und Recovery Habits Einfluss auf seine Energie, Resilienz, mentale Performance und Kapazität haben

Ein Floater …

_erbringt Leistungen auf mittelmäßigem Niveau/mäßige Produktivität
_nimmt gelegentlich Körpersignale wahr (Ermüdung, Schlaf- oder Verdauungsprobleme)
_neigt hin und wieder zu High-Performance-Produktivität
_benutzt Zeitmangel als Vorwand, warum er nicht mehr in seine persönliche Nachhaltigkeit investiert
_nimmt ständigen Druck, Termine und Wandlungsprozesse als einen endlosen Kampf wahr
_stellt berufliche Nachhaltigkeit über persönliche Nachhaltigkeit und opfert dafür manche Beziehungen
_ist sich unproduktiver Low Performance Habits bewusst, ändert diese jedoch aufgrund seines geringen Bewusstseins für sein Leistungspotenzial nicht
_glaubt, dass alles, was ihm in der Vergangenheit zu persönlichem Erfolg verhalf, auch in Zukunft Erfolg bringen wird
_hält den Status quo für den »Besser geht's nicht«-Zustand
_plant und investiert nicht in persönliche Sustainable High Performance
_begreift Sustainable High Performance als nice to have anstatt als strategisches MUSS
_wendet möglicherweise einige Performance-Mindset-, Performance-Nutrition-, Performance-Movement- oder Performance-Recovery-Strategien an, aber nicht als integriertes Konzept

Ein Swimmer …

_ erbringt stets Leistungen auf höchstem Niveau
_ nimmt bewusst die inneren und äußeren Warnsignale eines »niedrigen Akkustandes« wahr
_ hat einen hohen Energiepegel und lädt andere mit Energie auf
_ arbeitet smart und nicht nur hart
_ sieht Druck, Fristen und Veränderungsprozesse als willkommene Herausforderung, plant aber auch Zeit für Regeneration ein
_ pflegt harmonische berufliche und private Beziehungen
_ optimiert ständig seine Habits und arbeitet auf volle Potenzialausschöpfung hin
_ zeigt selbst nach Rückschlägen große Resilienz
_ sieht das Leben voller Chancenreichtum und macht sich diesen zunutze
_ plant und investiert in persönliche Nachhaltigkeit und baut ein persönliches Vitalitätspolster für den Krisenfall auf
_ erkennt Sustainable High Performance als strategisches MUSS an
_ verinnerlicht, dass Mindset-, Nutrition-, Movement- und Recovery-Strategien als integriertes Paket die Basis aller Performance sind

Empfinden Sie sich bei der Arbeit als Sinker, Floater oder Swimmer?

Wie viel Prozent Ihrer Zeit verbringen Sie in welcher Kategorie?

Wie sieht es außerhalb der Arbeit aus?

Wir sind das, was wir wiederholt tun.
Vorzüglichkeit ist daher keine Handlung, sondern eine Gewohnheit.

Aristoteles

Sinking = Burn-out

Es gibt eine zentrale Botschaft, die klar und deutlich in unserer Arbeit mit allen Kunden zum Ausdruck kommt. Nämlich die, dass die Anforderungen an sie als Führungskräfte, Manager, Teammitglieder, Ehepartner und Eltern immens sind. Wir stellen dabei stets die Frage: Ist Ihre Arbeitsbelastung heute höher als vor fünf Jahren? Die Antwort ist ausnahmslos ein nachdrückliches *Ja*.

Unsere Kunden sind sich einig, dass ihre größten Frustrationen von endlosen Meetings, Überflutung durch E-Mails und dem allgemeinen Gefühl der mangelnden Kontrolle über ihren Alltag herrühren. An vielen Tagen müssen sie jedes Quäntchen ihrer Energie aufwenden, um nicht unterzugehen.

Dazu kommt, dass fast jede Führungskraft mindestens von einem Teamkollegen berichten kann, der entweder kurz vor dem Burn-out steht oder diesen bereits erlitten hat. Das sind recht traurige Schicksale und man spürt die Wirkung, die sie auf das gesamte Team haben.

In den vergangenen 15 Jahren ist die Burn-out-Rate drastisch gestiegen. Noch beunruhigender ist die Tatsache, dass es die leistungsstärksten (nicht die leistungsschwächsten) Mitarbeiter trifft – und zwar in immer jüngerem Alter. Angesichts des Konkurrenzkampfs um die Rekrutierung und Bindung der besten Kräfte sowie der wachsenden Anforderungen an Topmanager kann der Zusammenbruch und Burn-out von A-Playern eine recht kostspielige Angelegenheit werden.

Laut einer Studie des *American Institute of Stress* betragen die geschätzten Kosten für krankheitsbedingten Arbeitsausfall und stressbedingte Erkrankungen bis zu 300 Milliarden Dollar pro Jahr. In Kanada beläuft sich der Produktivitätsausfall durch arbeitsbedingte mentale Gesundheitsprobleme Schätzungen zufolge auf 3,5 Milliarden Dollar jährlich. Laut Berichten sind in der EU 28 Prozent der Arbeitnehmer von Burn-out betroffen; in Großbritannien sind es 38 Prozent und in den USA möglicherweise noch mehr.

Ergebnisse des Hudson Burn-out Britain Reports (2005):

- *Mehr als die Hälfte (52 Prozent) der britischen Angestellten gibt an, in den vergangenen sechs Monaten unter einem oder mehreren Überarbeitungs- oder Burn-out-Symptomen gelitten zu haben.*
- *Jeder zweite Angestellte (49 Prozent) und Arbeitgeber (46 Prozent) fand, die Situation habe sich in den letzten fünf Jahren verschlimmert.*
- *Angestellte (76 Prozent) und Arbeitgeber (78 Prozent) hielten zum großen Teil das gestiegene Arbeitstempo für den Grund eines Burn-outs.*
- *Jeder siebte befragte Personalleiter (14 Prozent) gab an, er habe mindestens einen Mitarbeiter aufgrund von Burn-out verloren.*

Kann sich ein Unternehmen angesichts der sich verschlechternden Wirtschaftslage, der Intensivierung des Wettbewerbs und der ständig steigenden Anforderungen an die Führungskräfte so viele Sinker wirklich leisten? Burn-out wirkt sich nicht nur negativ auf die Firmenbilanz aus, sondern auch auf das Betriebsklima, die Unternehmenskultur, die Produktivität und schließlich den Shareholder-Value.

Im Magazin *Scientific American Mind* beschreibt Ulrich Kraft, wissenschaftlicher Journalist aus Berlin, die Burn-out-Spirale und warum dieser verheerende Erschöpfungszustand heute so überhandnimmt. Er weist darauf hin, dass das Heimtückische am Burn-out sein schleichender Verlauf ist, der mit einem zwanghaften Drang, sich zu beweisen, beginnt – ein Anspruch, den jeder High Performer an sich stellt. Er setzt sich fort, indem die Betroffenen die Leistungslatte immer höher legen, um ihre innere Wahrnehmung der eigenen Unersetzlichkeit zu befriedigen. Schließlich geraten sie ins Trudeln und der Untergang ist oft nicht mehr abzuwenden: Sie missachten vitale Bedürfnisse wie Schlaf, Bewegung, Ernährung, Freunde oder Spaß. Diese Selbstaufopferung wird häufig als ultimativer Beweis einer heroischen Leistung wahrgenommen.

Laut Dr. John Sarno vom Langone Medical Center in New York neigt dieser Persönlichkeitstyp interessanterweise auch dazu, Schmerzen im Lumbalbereich, in den Knien und der Schulter zu entwickeln. In seinem Buch *The Mindbody Prescription: Healing the Body, Healing the Pain* stellt er außerdem einen Zusammenhang zwischen anderen häufigen Erkrankungen, wie zum Beispiel Fibromyalgie, Asthma und Arthritis, und dem psychosomatischen Ausbruch einer Erkrankung mit der Bezeichnung Tension Myositis Syndrome (TMS) her. TMS verursacht Sauerstoffmangel im Gewebe, welchen Sarno den Schmerzen, vor allem im Lumbalbereich, zuschreibt.

Wir von Tignum beschreiten andere Wege – mit einer innovativen Arbeitsmethode, die anhand unserer effektiven Strategien »High Performance Mindset, Nutrition, Movement und Recovery« das angestrebte Ziel, Ihr volles Leistungspotenzial auszuschöpfen und Sie zum Sustainable High Performer zu machen, ermöglicht. Unsere ganze Leidenschaft ist auf diese Zielsetzung gerichtet. Wir wollen jedem Menschen dazu verhelfen, sein Optimum zu erreichen. Und wir können Ihnen versichern, dass keiner als Sustainable High Performer geboren wurde, sondern dazu wurde, weil er sich einer Sache fest verschrieben hat: unbeirrt und konsequent einfache Dinge gut auszuführen, um so sein Potenzial zu verwirklichen.

Burn-out ist das Resultat von anhaltendem Stress ohne angemessene Regeneration, um das autonome Nervensystem (ANS) wieder ins Gleichgewicht zu bringen. Das ANS steuert unwillkürliche Körperfunktionen wie zum Beispiel die Puls- und Atemfrequenz, Verdauung, Transpiration, Harndrang und sexuelle Erregung.

Zahlreiche Faktoren tragen zum Burn-out bei. Mangelnde Kontrolle des Arbeitsumfelds zum Beispiel. Oder unrealistische Erwartungen, eine Flut unliebsamer Entscheidungen (besonders solche, die sich negativ auf das Leben anderer auswirken) und eine unkollegiale Arbeitskultur. Burn-out betrifft aber nicht jeden gleichermaßen. Einige Menschen scheinen weniger gefeit gegen Burn-out zu sein als andere, wobei sich eine stärkere Widerstandsfähigkeit durchaus entwickeln lässt.

Körperliche Burn-out-Symptome: Energiemangel; Unfähigkeit, morgens aufzustehen und zur Arbeit zu gehen; Konzentrationsschwäche; Schlaflosigkeit; Schmerzen; körperliche Erschöpfung; Vergesslichkeit.

Emotionale Burn-out-Symptome: Frustration und allgemeine Reizbarkeit; Isolationsgefühle; emotionale Erschöpfung; Zynismus; Verzweiflung; Apathie; Rückzug; Ohnmachtsgefühle und Hoffnungslosigkeit.

Burn-out ist ein ernst zu nehmendes Krankheitsbild und kann bis zum Selbstmord führen. Wenn Sie den Verdacht haben, dass Sie unter Burn-out leiden, sollten Sie sich in medizinische und qualifizierte psychologische Behandlung begeben.

»Die letzte Phase der Stress-Spirale – Burn-out – ist die perfekte ›Seuche‹ unserer Overload-Ära. Seine totale Beherrschung des Gehirns, Körpers und Geistes spiegelt die vollständige Übermacht des Jobs über das Leben wider.«

Joe Robinson, amerikanischer Berater und Autor des Buches Work to Live: The Guide to Getting a Life

Floating = Angenehme Dumpfheit

Das ist jedoch nur eine Seite der Medaille. Neben dem dramatischen Anstieg der Burn-out-Raten gibt es auch noch einen hohen Prozentsatz an Führungskräften, die einfach versuchen, sich irgendwie über Wasser zu halten. Sie kommen jeden Tag zur Arbeit, geben alles, um den Status quo zu erreichen, und gehen schließlich erschöpft nach Hause, in der Hoffnung auf ein besseres Morgen. Sie treten Wasser in einem riesigen Ozean der Erwartungen, steigenden geschäftlichen Herausforderungen, gekürzten Ressourcen und höheren kurzfristigen Anforderungen – ohne den geringsten Hoffnungsschimmer auf ein Rettungsboot oder ein sicheres Ufer.

Während es Statistiken gibt, die versuchen, den durch Burn-out entstandenen Produktivitätsverlust zu schätzen, existieren keinerlei Messwerte für die Kosten, die aufgrund nur mäßiger Leistungen eines großen Teils der Belegschaft (der nur versucht, sich über Wasser zu halten) verursacht werden. Hierbei handelt es sich um die bequem-tauben Führungskräfte, die den Blick dafür verloren haben, wie High Performance aussieht, sich anfühlt und riecht. Noch schlimmer – sie realisieren gar nicht, dass das Leben besser sein kann. Sie leiden an Beziehungsmüdigkeit, die die Energie, Produktivität und Kultur von High-Performance-Teams vernichtet.

In einem im Oktober 2004 im *Harvard Business Review* publizierten Artikel von Paul Hemp beschreibt dieser das Problem des »Presenteeism« (Präsentismus) wie folgt: Physische, jedoch durch Krankheit oder andere medizinische Probleme unproduktive Anwesenheit am Arbeitsplatz. Die durch Präsentismus bedingten Produktivitäts- und Leistungseinbußen kosten den amerikanischen Staat geschätzte 150 Milliarden Dollar pro Jahr, weit mehr als Abwesenheit vom Arbeitsplatz („Absenteeism«, Absenzen). Absenzen sind klar ersichtlich. Präsentismus nicht. Die Betroffenen sitzen an ihrem Schreibtisch, scheinen völlig in Ordnung zu sein, während sie möglicherweise innere Kämpfe mit so landläufigen Beschwerden wie Allergien, Kopfschmerzen, Arthritis, Rückenschmerzen, Depressionen oder anderen leistungshemmenden Zuständen ausfechten. Außerdem können die Nebenwirkungen der eingenommenen Medikamente ihre Performance beeinträchtigen.

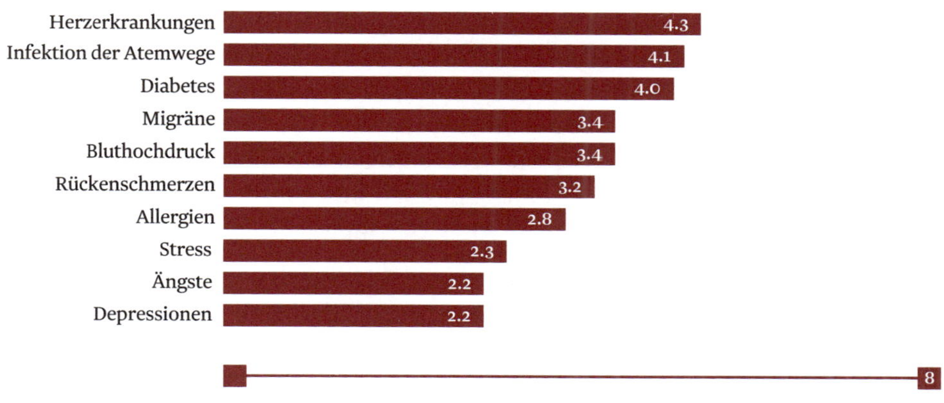

Durchschnittliche Zahl der unproduktiven Stunden an einem typischen Achtstundentag. Quelle: Übernommen und angepasst aus einer Studie des Cornell University Institute for Health and Productivity Studies (IHPS)

Auch wenn die Presenteeism-Studie noch jung ist, sind wir der Überzeugung, dass in diesen Statistiken die tatsächlichen Kosten für Beschwerden und Krankheit doch deutlich unterschätzt wurden. So berichten Wissenschaftler des Tufts New England Medical Center in Boston, dass die Häufigkeit von chronischen Lumbalbeschwerden in der Lockheed-Martin-Studie lediglich 21,3 Prozent und von Depressionen 13,9 Prozent betrug. Unsere medizinischen Auswertungen ergaben jedoch, dass eher 50 Prozent der Führungskräfte ständig an Rückenschmerzen leiden und die Depressionshäufigkeit (besonders bei Personen, die keine Medikamente einnehmen) ebenfalls weitaus höher liegt. Noch erschreckender ist die Dunkelziffer der Führungskräfte, die Selbstmedikation betreiben – definitiv mit negativer Auswirkung auf ihre Produktivität und Leistung.

Ein weiterer Hinderungsfaktor bei der Messung der tatsächlichen Auswirkungen von Presenteeism ist der Schleier der Geheimhaltung, der über Krankheiten (insbesondere psychische Störungen) gebreitet wird. Manche Kunden vertrauten uns an, dass sie an Krankheiten (bis hin zum Herzinfarkt) litten, die sie weder ihren Vorgesetzten noch dem Betriebsarzt mitteilten.

Hinzu kommt, dass sich die meisten Führungskräfte keiner regelmäßigen ärztlichen Untersuchung unterziehen und potenzielle Gesundheitsprobleme nicht wahrnehmen. Im Laufe von vier Jahren, in denen wir Führungskräfte für unsere Programme getestet haben, stellte sich heraus, dass 40 Prozent unserer Kunden an Bluthochdruck leiden und 38 Prozent schlechte Blutwerte aufweisen – medizinische Fakten, die keiner der Testpersonen vorher bekannt waren. Wir und unsere Kunden werten dies als aufrüttelndes Alarmsignal, das nach einer Kursänderung verlangt.

Kennen Sie Ihre Blutdruck- und Cholesterinwerte? Leiden Sie unter Allergien? Haben Sie regelmäßig Knie-, Rücken- oder Schulterschmerzen? Welche Medikamente nehmen Sie ein? Welche Nebenwirkungen haben diese? Wann hatten Sie Ihren letzten ärztlichen Check-up? Was unternehmen Sie täglich, um Krankheiten, Verletzungen oder chronischen Schmerzen vorzubeugen? Was tun Sie täglich zur Stärkung Ihres Immunsystems? Könnten Ihre jetzigen Gewohnheiten dazu führen, dass Sie ebenfalls in dieser Statistik auftauchen?

Gedankenlosigkeit = Status quo

In der heutigen Businesswelt mit ihrem Downsizing, ihren Buyouts, ihren ständigen Restrukturierungen und rasanten Plattformwechseln steigen die emotionalen Anforderungen an Manager und Führungskräfte exponentiell an. Bei ihren Untersuchungen der heute üblichen Führungsgewohnheiten stellen Richard E. Boyatzis und Annie McKee in ihrem Buch *Resonant Leadership: Renewing Yourself and Connecting with Others Through Mindfulness, Hope, and Compassion* fest, dass Führungskräfte, die ausschließlich ergebnisorientiert sind, oft in einen »Zustand der Gedankenlosigkeit« abdriften. Diese Gedankenlosigkeit fordert sowohl körperlich als auch emotional ihren Tribut. Kurzfristig macht sie Floater aus den besten Führungspersönlichkeiten und langfristig macht sie persönliche Nachhaltigkeit unmöglich. Am Ende erzeugt sie Führungskräfte, die weder sich selbst noch ihr Team zu Kreativität und Produktivität motivieren können, was wiederum die Moral im Unternehmen ernsthaft untergraben kann. Auf diese Weise verlieren Unternehmen in unserer wettbewerbsintensiven Welt ihren Wettbewerbsvorsprung.

Ob nun diese Führungskräfte einen Herzinfarkt erleiden oder nicht, sei dahingestellt. Sicher ist, dass ihre Unternehmen früher oder später einen Shareholder-Value-Hirnschlag erleiden und die Unternehmensrentabilität entsprechende Lähmungserscheinungen zeigt. Wir alle wissen, dass das Geschäftsleben hart, ja sogar grausam sein kann und oft nur die Stärksten eine Überlebenschance haben. In einer schwierigen Wirtschaftslage setzen sich die Führungskräfte durch, die den Stellenwert der Unternehmenskultur bei der Förderung von Energie, Resilienz und Nachhaltigkeit eines jeden Mitarbeiters richtig einschätzen.

In diesem Zusammenhang ist es auch interessant, dass in zahlreichen Fortune-100-Unternehmen die Vorschrift gilt, den gesamten Führungskader niemals in ein- und demselben Flugzeug reisen zu lassen. Damit wird verhindert, dass ein Unternehmen seine ganze Führungsriege verliert oder gar seinen eigenen Fortbestand gefährdet. Diese Politik verdeutlicht, welch hoher Wert den zentralen Führungsfiguren, ihren Beiträgen zum Unternehmenserfolg und ihrer Arbeitsfähigkeit beigemessen wird.

Umso befremdlicher ist es dann, dass nicht auf einer Unternehmenskultur der Sustainable High Performance bestanden wird. Wir befragten C. K. Prahalad, einen der führenden internationalen Unternehmensgurus und Bestsellerautoren, zu einigen dieser wichtigen Themen.

Warum betrachten Ihrer Meinung nach so viele Führungskräfte ihre persönliche Nachhaltigkeit (Energie und Resilienz) als angenehmen Zusatznutzen und nicht als strategisches MUSS?

Prahalad: Die meisten dieser Führungskräfte und CEOs steigen in jungen Jahren in diese Unternehmen ein. Wenn man jung ist, fühlt man sich unbesiegbar – auch wenn dem nicht so ist. Selbst wenn sie die Dinge meistern, bedeutet das noch lange nicht, dass sie ihre persönliche Bestleistung erzielen. Sie wissen nicht, wie gut sie sein könnten, und niemand wird es ihnen sagen, wenn sie keine Spitzenleistung erbringen. Es gibt zwar Unternehmen, die in die Gesundheit ihrer Führungskräfte und Mitarbeiter investieren, aber gute Gesundheit bedeutet nicht automatisch Hochleistung. Es ist die innere Einstellung, die zählt.

In finanziell schwierigen Zeiten fallen Programme zur Mitarbeiterentwicklung und Förderung von High Performance meist als Erstes dem Rotstift zum Opfer. Wie bewerten Sie das?

Prahalad: Ich sehe das als eine bedauerliche Panikreaktion. Es ist ein Fehler und beweist extrem kurzfristiges Denken. Ich rate Führungskräften davon ab, diesen Kurs zu steuern und Kürzungen bei den so unerlässlichen Mitarbeiter-Förderungsprogrammen vorzunehmen. Solche momentanen Einsparungen werden sie später teuer zu stehen kommen.

Warum ist Ihnen die eigene Sustainable High Perfomance Verpflichtung?

Prahalad: Der Grund für meine gelebte Sustainable High Performance ist der, dass meine Arbeit viel mit internationaler Reisetätigkeit verbunden ist und ich nach je-

> der Landung sofort volles Programm habe und hoch konzentriert sein muss. Bei meiner Zusammenarbeit mit Unternehmen wird erwartet, dass ich über lange Zeiträume hinweg hellwach bin. Ich erfülle verschiedene Rollen als Wissenschaftler, Autor und Berater. Mein Beruf setzt voraus, dass ich geistig wach und körperlich fit bin.

Ganz klar, C. K. Prahalad ist ein Swimmer.

Unternehmen versäumen oft aus Mangel an Bewusstsein, eine High-Performance-Kultur zu schaffen. Solange Sie sich in einem Stadium angenehmer Dumpfheit befinden, ist Ihnen nicht klar, wie schlecht Sie wirklich sind oder wie gut Sie sein könnten. Vermutlich überkommt Sie ab und an so eine Ahnung hinsichtlich Ihrer wahren Leistungsfähigkeit – jedoch sind Sie nie eingetaucht in diese Welt der Sustainable High Performance und haben deshalb nie deren enorme Vorteile genossen. Vielleicht sehen Sie keinen Zusammenhang zwischen Mindset, Nutrition, Movement und Recovery Habits und Ihrer Performance. Stattdessen assoziieren Sie diese Strategien mit Wellness, Gesundheit oder äußerem Erscheinungsbild und warten auf eine Leistungs- oder Gesundheitskrise, bevor Sie irgendwelche Schritte unternehmen, um Ihre persönlichen Gewohnheiten zu ändern.

Wellness-Programme ≠ High Performance

Dieser Mangel an Bewusstsein leistet der Wellness-Falle Vorschub. Allzu oft gehen CEOs davon aus, dass das Angebot eines Wellness-Programms im Unternehmen gleichbedeutend ist mit gesunden und munteren Mitarbeitern. Diese Fehleinschätzung geht meist Hand in Hand mit dem Irrglauben, dass das Wohlbefinden von Führungskräften und Mitarbeitern gleichbedeutend ist mit deren Bestleistung.

All diese Annahmen verzerren jedoch das tatsächliche Leistungsbild:

- _Jährliche Check-ups fördern zwar Krankheiten zutage, verhindern diese jedoch nicht.
- _Fitnesscenter werden im Unternehmen am häufigsten von denen genutzt, die bereits fit sind.
- _Präsentismus erweckt den Anschein, als gehe es allen gut, was jedoch häufig nicht zutrifft.
- _Nicht jeder ist ein Sportler, und Sport ist nicht jedermanns Sache.
- _Wellness-Programme dienen dazu, Menschen über Wasser zu halten, sie vor dem Untergehen zu bewahren, aber nicht unbedingt, sie zu Sustainable High Performers zu machen.

Fraglos sind Wellness und Gesundheit integrale Bestandteile der Sustainable High Performance, reichen jedoch allein nicht aus, High Performance zu erzielen.

Swimming = Sustainable High Performance

Sustainable High Performance ist ein Zustand, der erreicht wird, wenn ein Mensch über seine Komfortzone, aber nicht über seine Fähigkeiten hinaus belastet wird. Ein Zustand höchster Energie und Leidenschaft, weitgehender Angstfreiheit und maximaler Produktivität. Sustainable High Performance ist keine einmalige Erfahrung, sondern eher ein Normalzustand, in dem Mittelmaß inakzeptabel, aber Perfektion nicht das Ziel ist. Sie ist ein Zustand, der hohe Motivation, großes Selbstvertrauen, Tatendrang zur Bewältigung von Herausforderungen und ein hohes Maß an körperlicher Energie erzeugt. Sustainable High Performance ist das Ergebnis guter Gewohnheiten. Sie ist ein Prozess und kein Ziel.

Vor einigen Jahren sah sich unser Kunde Sandy Ogg, damals Personalvorstand von Unilever, mit der Tatsache konfrontiert, dass er und sein Team ins Trudeln gerieten. Er beschrieb die Situation so, dass sie sich unüberwindlichen Herausforderungen gegenübersahen und alles Menschenmögliche taten, um nicht unterzugehen. Das lag jedoch nicht an ihm oder seinem Team, sondern es war die Folge der extremen Anforderungen, die er und sein Team bewältigen mussten, in der Kombination mit ihren bestehenden Gewohnheiten.

In einem unserer Meetings erhob sich Ogg vor seinem gesamten Team und verkündete seinen Wunsch, ein Swimmer zu werden. Er sagte der Gruppe, dass dies einige persönliche Veränderungen erfordern würde, aber er wolle mit gutem Beispiel vorangehen und seine eigene Sustainable Performance verbessern. Seitdem ist er – wie wir alle – zwar nicht perfekt, aber er hat sich ganz bewusst eine Reihe von Sustainable High Performance Habits angeeignet.

Jeden Morgen bekennt er sich zu seiner persönlichen Energie, Resilienz, mentalen Performance und Kapazität. Er beginnt den Tag mit etwas Bewegung und einem High-Performance-Frühstück. Dann geht er sein Tagesprogramm durch und nimmt sich ein paar Minuten, um sein Vorhaben zu formulieren und sich geistig auf den Tag vorzubereiten. Er stellt sich seinen Tag als Performance-Kette vor, in der jedes Glied seine volle Aufmerksamkeit, Energie, Konzentration und Leidenschaft verlangt.

Im Büro stimmt Ogg sein Gehirn vor jeder Besprechung auf optimale Leistung ein (mit den richtigen Gedanken, der richtigen Bewegung und Ernährung). Vor und nach jedem Meeting nimmt er sich etwas Zeit, um a) seine Zielsetzung zu formulieren und b) die Geschehnisse zu rekapitulieren. Ihm ist klar, dass jede einzelne Interaktion das Potenzial in sich birgt, Topmanager zu begeistern und mitzureißen oder sie desinteressiert und gleichgültig zu lassen.

Sind all diese Strategien sehr zeit- und energieaufwendig?

Nicht wirklich – denn sie sind Routine, das heißt tägliche Gewohnheiten, die in Fleisch und Blut übergehen. Ogg weiß, dass sein hektischer Terminplan, seine Nonstop-Reisetätigkeit und sein enormes Arbeitspensum ihn jederzeit wieder ins Floater-Stadium zurückbefördern können. Aber er bleibt fokussiert – dank guter High-Performance-Gewohnheiten und seiner Entschlossenheit, ein Swimmer zu sein und zu bleiben.

Schafft er es jeden Tag, diese Gewohnheiten perfekt zu leben? Natürlich nicht. Aber er hat sich diesen Habits verschrieben. Und Teil des Swimmer-Seins ist, jeden Tag als fortlaufenden Arbeitsprozess zu sehen. Jede Entscheidung, die Sie treffen, wird Sie entweder schwimmen oder untergehen lassen.

Persönliche Performance = Unternehmensperformance

In einem Artikel des Magazins *Fast Company* von 2007 berichtete Yuval Rosenberg über einen neuen Trend unter Investmentgruppen, nicht nur kurzfristige Renditen, sondern auch Nachhaltigkeit unter die Lupe zu nehmen. Eine dieser Gruppen, HIP Investor, Inc., hat diese Praxis als *Human Impact + Profit (HIP)™* definiert. HIP ist eine quantitative Messgröße für den Umgang von Unternehmen mit Umwelt, Mitarbeitern, Kunden und Gesellschaft. Paul Herman, Gründer und CEO von HIP Investor, sagte uns:

> »Wir wollen messen, inwieweit der Management Approach eines Unternehmens die Mitarbeiterleistung anspornt und inwieweit sich diese Leistungssteigerung in höheren Unternehmensgewinnen niederschlägt. Dazu betrachten wir die Auswirkungen (Gesundheit, Wohlstand, Erdung, Chancengleichheit und Vertrauen) auf Kunden sowie Mitarbeiter, die Auswirkungen auf die Umwelt und die Auswirkungen auf soziale Gerechtigkeit. Dabei tritt klar zutage, dass die von der Firmenführung vorgegebene Unternehmenskultur die gesamte Organisation durchdringt. Wir hielten es für möglich, dass ein Unternehmen kurzfristig den richtigen Kurs (für die Mitarbeiter, Kunden und die Umwelt) steuern und dennoch langfristig sehr erfolgreich sein kann. Der HP-Kennzahlenindex und die finanzielle Outperformance stellen die Validität dieses Konzepts in der Praxis unter Beweis. Wir hatten recht.«

Diese Vorgehensweise ist noch im Anfangsstadium, aber HIP ist revolutionär und grenzüberschreitend, indem es die direkte Verbindung zwischen Gesundheit und Führungsmethode eines Unternehmens auf der einen Seite und seiner langfristigen Rentabilität auf der anderen Seite herstellt.

Diese Fokussierung auf die Gesundheit der Unternehmensführung spiegelt sich auch in einer Schlagzeile der *Huffington Post* wider: »Einbruch der Apple-Aktie durch Nachrichten über Erkrankung von Steve Jobs.« In diesem Artikel schrieb Jessica Mintz: »Apples Aktienkurs glich im vergangenen Jahr einer Berg-und-Tal-Fahrt, je nach Gerüchten beziehungsweise Berichten über den Gesundheitszustand seines CEOs. Zwar ist die Gesundheit des Topmanagements eines jeden Unternehmens für Investoren grundsätzlich ein Thema, bei Apple erreicht dieses jedoch den Siedepunkt, da Steve Jobs alle Fäden in der Hand hält – von Ideen für neue Produkte bis zu deren Vermarktungsstrategien.«

Nun war Jobs nicht irgendein CEO, und die Ethik von Spekulanten mit Zugang zu persönlichen medizinischen Informationen ist eher fragwürdig. Der springende Punkt ist, dass Gesundheit und Wohlergehen des CEOs und seiner Führungsmannschaft stets eine entscheidende Rolle spielen.

Wenn Unternehmen in die Sustainable High Performance ihrer Führungskräfte investieren, sollte dies unserer Auffassung nach als gute Nachrichten für das Unternehmen, für die Mitarbeiter und für die Investoren gewertet werden.

Mehr Energie – reicht das?

Einer unserer Lieblingsvideoclips zeigt einen bekannten CEO in Action: Man sieht ihn hüpfen und springen, schreien und jubeln beim Motivieren und Elektrisieren seiner Führungskräfte. Sie klatschen, jubeln und feuern ihn an. Man sieht, dass sie ihren Chef lieben und sich von ihm unter Strom setzen lassen. Das Video zeigt ganz klar seine Leidenschaft und seine Absicht, das Unternehmen und seine Belegschaft zu würdigen.

Anschließend stützt sich der erschöpfte CEO auf das Podium, um zu verschnaufen, Anspannung und Begeisterung stehen ihm ins Gesicht geschrieben. An dieser Stelle fragen wir stets: Ist das Topenergie? Ist es, ganz klar! Dann folgt die Frage:

Ist es nachhaltige Energie?

Wir sind hingerissen von der Leidenschaft dieses CEOs für sein Unternehmen sowie seinen Anstrengungen, sich selbst und seine Mannschaft zu inspirieren, zu elektrisieren. Im Videoclip betont er mit Nachdruck vier Worte: »Ich liebe dieses Unternehmen!« Wird dieser CEO jedoch selbst angesichts dieser großen Liebe zu seinem Unternehmen die Energie und Resilienz aufbringen, um seine persönliche Performance auf Dauer aufrechtzuerhalten?

Wenn wir das Thema Sinker, Floater oder Swimmer ansprechen, reden wir von Männern und Frauen, die ihr Unternehmen, ihre Arbeit, ihr Team, ihren Ehepartner und ihre Kinder lieben. Tatsache ist: Wenn sie untergehen, leiden alle darunter.

»Ihre wichtigste Aufgabe als Führungskraft besteht darin, Ihren eigenen Energiepegel anzuheben und dann die Steigerung und Orchestrierung der Energie anderer zu unterstützen.«
Peter Drucker, Managementberater und Sozialökologe

Die Kultur der extremen Jobs

Sylvia Ann Hewlett und Carolyn Buck Luce veröffentlichten im *Harvard Business Review* einen fesselnden Artikel über die gefährliche Verführungskraft, die von extremen Jobs ausgeht. Ihre Forschung auf diesem Gebiet basiert auf zwei Studien: Studie A konzentrierte sich auf »US-Spitzenverdiener aus verschiedenen Berufen« und Studie B auf »hoch bezahlte Manager in großen multinationalen Konzernen«. Neben diesen Studien erfassten Hewlett und Luce Informationen aus 14 Fokusgruppen und 35 Einzelinterviews. Ihre Definition von »extremen Jobs« beruhte auf folgenden Kriterien:

> »Zum Zweck der Datenanalyse sprechen wir von ›Extrem-Jobs‹, wenn ein Befragter mehr als 60 Stunden pro Woche arbeitet, Spitzenverdiener ist und eine Position bekleidet, auf die mindestens fünf der folgenden Eigenschaften zutreffen:
>
> _ unkalkulierbarer Arbeitsfluss
> _ hohes Arbeitstempo bei starkem Termindruck
> _ enormer Verantwortungsbereich, der sich über mehr als eine Tätigkeit erstreckt

_ arbeitsbezogene Termine außerhalb der regulären Bürostunden
_ Rund-um-die-Uhr-Verfügbarkeit für Kunden
_ Gewinn- und Verlustverantwortung
_ Verantwortung für Mentoring und Einstellung von Personal
_ zahlreiche Dienstreisen
_ große Zahl direkt unterstellter Mitarbeiter
_ physische Anwesenheit am Arbeitsplatz an mindestens zehn Stunden pro Tag«

Anhand dieser Definition stellten sie fest, dass 21 Prozent der Befragten in US-Unternehmen und 45 Prozent der Befragten aus globalen Konzernen extreme Jobs ausübten. Auf die Frage, warum sie dies tun, antworteten 90 Prozent der Männer und 82 Prozent der Frauen, sie empfänden ihren Job als anregend und herausfordernd mit entsprechendem Adrenalinkick. Die nachfolgende Grafik beleuchtet einige der weiteren genannten Gründe.

Warum machen Sie das?

Menschen mit extremen Jobs geben an, was sie dazu veranlasst, viele stressige Stunden und Überstunden zu arbeiten. Sie beantworteten die Frage »Warum lieben Sie Ihren Job? Nennen Sie uns die Hauptgründe«. Mehrfachnennungen waren erlaubt.

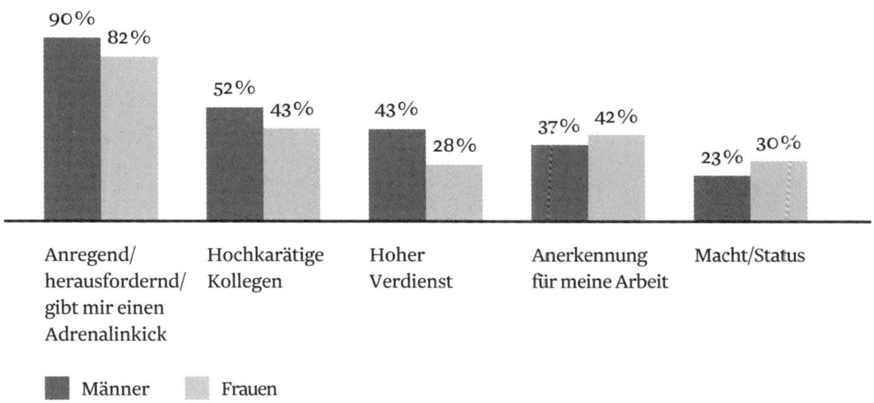

Hewlett und Luce stellten außerdem fest, dass »extreme Jobs keine Seltenheit mehr darstellen«. Diese Studie wurde 2006 durchgeführt und angesichts der heutigen wirtschaftlichen Gegebenheiten kommt man an der Tatsache nicht vorbei, dass extreme Jobs zwangsläufig mehr und mehr überhandnehmen.

Fakt ist, dass mit dem Anstieg von Extremsportarten bei bestimmten Personen auch der Reiz, extreme Jobs auszuüben, zunimmt. Und es wird immer Arbeitskulturen geben, die sich mit ihren extremen Arbeitsbedingungen brüsten und Leute dafür rekrutieren. Ist das gut oder schlecht? Wir wollen dazu kein Urteil abgeben, weil es für jeden eine ganz persönliche Entscheidung ist, und das respektieren wir.

Hewlett und Luce stellten dazu eine weitaus relevantere Frage, nämlich: Ist das nachhaltig?

Ob Sie sich nun für einen extremen oder einen normalen Job entscheiden (wobei dieser heute mehr und mehr extreme Züge annimmt), Sie werden sicher stets danach streben, immer Ihre volle Leistungsfähigkeit zu haben und ein Sustainable High Performer zu sein.

Wenn Sie untergehen, ist dies eine Tragödie, die sich auf viele Aspekte des Lebens erstreckt. Es ist eine geschäftliche Tragödie, die auch Ihre Kollegen, Ihr Team und Ihre Firma betrifft. Und es ist ebenso eine private Tragödie, die sich auf Ihren Ehepartner, Ihre Kinder und Ihr gesamtes persönliches Beziehungsnetz auswirkt.

»Als ich das erste Mal eine Präsentation über Tignum sah, war ich fasziniert. Zu diesem Zeitpunkt kämpfte ich bereits seit sechs Monaten gegen Burn-out an und hatte mich zwei Monate vor meinem ersten Kontakt mit Tignum entschlossen, einen Arzt aufzusuchen. Ich war erschöpft, konnte mich nicht konzentrieren, nicht schlafen und mich nicht einmal an den Namen meines Assistenten erinnern. Mein Arzt diagnostizierte akuten Burn-out, verschrieb mir Schlaftabletten und verbot mir für drei Wochen jeglichen Sport und jegliche Arbeit. Diese erzwungene Auszeit wurde dann um zwei weitere Wochen verlängert. Als ich anfing, mit Tignum zu arbeiten, war ich gerade seit drei Wochen auf Teilzeitbasis wieder im Job – wenn man das so nennen kann. Denn ich stand völlig neben mir, war nicht wirklich vorhanden und kaum produktiv.

Die Total-Integration-Methode von Tignum interessierte mich brennend. Sie stand in so krassem Gegensatz zu allem, was mein Arzt mir verordnet hatte. Als ich zur Voruntersuchung für mein Tignum-Bewertungsprogramm erschien, zitterten mir die Hände und ich war extrem aufgeregt – nicht, weil ich Angst hatte, sondern weil mein Nervensystem total aus dem Gleichgewicht war.

Im Verlauf der verschiedenen Tests stellten mir die Tignum-Mitarbeiter spezifische Fragen über mein Burn-out: Hatte mein Arzt mit mir über meine Denkweise gesprochen und darüber, wie ich meine Gedanken steuern konnte? Hatte er irgendwelche Ernährungsstrategien empfohlen, um mein vegetatives Nervensystem wieder in Balance zu bringen? Hatte er regenerierende Maßnahmen wie Yoga, Tai-Chi, Qigong oder Stretching vorgeschlagen? Und schließlich fragten sie mich, ob er mir irgendwelche Entspannungs-, Atem- oder Schlaftechniken gezeigt hatte.

Für einen Augenblick hörte mein Zittern auf, ich lächelte und sagte mit Nachdruck: ›Nein, er hat mir nichts davon empfohlen.‹ Ich muss wohl nicht ausdrücklich betonen, dass dies der Moment war, in dem ich erkannte, dass die Tignum-Methode einzigartig ist. Zum ersten Mal keimte so etwas wie Hoffnung in mir auf. Hoffnung, dass ich wieder gesund werde, und – noch wichtiger – Hoffnung, dass ich mein altes Leistungsniveau wieder erreichen kann.

Ich sage nicht, dass es leicht war. Tatsache ist jedoch, dass ich mich sofort besser fühlte, nachdem ich begonnen hatte, konsequent die Mindset-, Nutrition-, Movement- und Recovery-Strategien durchzuführen. Es dauerte ein Jahr, bis aus meiner Hoffnung positive Ergebnisse wurden. Heute bekleide ich wieder eine Position als Spitzenmanager, und jeden Tag tue ich etwas für meine eigene Sustainable High Performance. Ich habe aus den Fehlern der Vergangenheit, nämlich meine Energie und Resilienz zu vernachlässigen, gelernt und heute freue ich mich auf meine Zukunft.«

Ein Tignum-Kunde

Für uns bei Tignum besteht kein Zweifel daran, dass jede Lösung nur in der vollkommenen Integration von Mindset-, Nutrition-, Movement- und Recovery-Strategien liegen kann. Das Gehirn benötigt High-Performance-Nahrung, Hydrierung und Energie, um optimal funktionieren zu können. Und es braucht Sauerstoff sowie neurologische Stimulierung, die nur durch ständige Bewegung generiert werden. Unerlässlich sind außerdem Ruhe- und Regenerationsphasen zur Stärkung der Gedächtnisfunktion und Regeneration lebenswichtiger Gehirnchemikalien. Last, but not least: Mit einer optimistischen, lösungsorientierten, selbstbewussten, fokussierten, kreativen und leidenschaftlichen Denkweise ist alles möglich. Körper und Geist sind unauflöslich miteinander verbunden und aufeinander angewiesen, um Sustainable High Performance zu erreichen.

Wir möchten ausdrücklich betonen, dass es sich bei dem Tignum-System um kein medizinisches oder Gesundheitsprogramm handelt. Unser System basiert auf einem High-Performance-Ansatz, bestehend aus der totalen Integration von Performance Mindset-, Performance-Nutrition-, Performance-Movement- und Performance-Recovery-Strategien. Strategien, die zu Gewohnheiten werden, die bei täglicher Umsetzung Ihre Energie, Resilienz, mentale Performance und Kapazität steigern und dafür sorgen, dass Sie stets ihre volle Leistungsfähigkeit erreichen.

Können Sie auf Strategien zurückgreifen, die Ihnen bei Bedarf Energie, Resilienz, Kapazität und High Performance liefern?

Können Sie mit Ihren heutigen Gewohnheiten dahin kommen, wo Sie morgen sein wollen?

Teil II
High Performance Mindset

Performance Mindset bedeutet: Die Konzentration auf Ihre Gedanken, Überzeugungen, Einstellungen und Visionen und deren Entwicklung, um kognitive und kreative Fähigkeiten zu verbessern und nachhaltig erfolgreich zu sein.

Kapitel 5
Verstand im Leerlauf / 76

Kapitel 6
Entwickeln Sie Ihr High Performance Mindset / 90

Kapitel 7
Erweitern und festigen Sie Ihr High Performance Mindset / 110

Kapitel 5
Verstand im Leerlauf

»Ich gehe jeden Tag mit einer – meiner Meinung nach – positiven Einstellung zur Arbeit. Ich bin glücklich und entspannt, aber schon nach kurzer Zeit habe ich das Gefühl, dass mich die Arbeit völlig auslaugt. Ich reagiere negativ und bin nicht in der Lage, Bestleistung zu erbringen. Oft fühle ich mich wie ein Tennisball, der hin und her geschlagen wird, ohne dass ich die geringste Kontrolle darüber habe.«

Vielleicht können Sie sich mit der Erfahrung dieses Tignum-Kunden identifizieren. Leider gilt das für sehr viele Führungskräfte. Bei jedem Programm beginnen wir unsere Mindset-Diskussion mit genau dieser Kundenerfahrung, und obwohl alle darüber lachen, ist nicht zu übersehen, dass sie sich bei dieser Vorstellung nicht sehr wohlfühlen. Wir bekommen diese Reaktion, weil unsere Teilnehmer die Herausforderungen nachvollziehen können, die selbst die besten Absichten, eine positive Einstellung zu bewahren, untergraben.

Welche Kriterien tragen im Laufe des Arbeitstages dazu bei, Ihr positives Mindset zu ruinieren?

Welche Dinge zehren an Ihnen, werfen Sie aus dem Gleis, rauben Ihnen die Tatkraft und nehmen Ihnen die Fähigkeit, sich Ihr High Performance Mindset zu bewahren?

Die Antworten auf diese Fragen drehen sich ständig um Themen wie Verkehr, Wetter, Berufspendeln, unhöfliche Mitmenschen, permanente Überflutung mit E-Mails, unrealistische Erwartungen, zu viele oder unnötige Meetings, ständig wechselnde Prioritäten, Konfliktsituationen, verspätete Flüge, lange Schlangen an den Sicherheitskontrollen, negative Menschen im Büro, finanzielle Probleme und Bürointrigen. Eine lange Liste in der Tat, aber bestimmt keine vollständige. Vermutlich können Sie selbst noch einige Punkte beisteuern.

Es ist uns klar, dass Sie dies als negativen Beginn eines sehr positiven Themas empfinden mögen, aber wir halten es für notwendig. Dies ist eine Übung in Selbstwahrnehmung, und es ist von entscheidender Bedeutung, dass Sie sich der Wirkung Ihrer negativen Gedanken auf Ihr Mindset bewusst werden.

Definieren Sie »High Performance Mindset«

Was ist das, ein Performance Mindset? Etwas, das sich beschreiben lässt? Etwas, das Sie erlebt haben? Erkennen Sie ein High Performance Mindset, wenn Sie ihm begegnen? Gibt es eine Person (ein Kollege, eine Führungspersönlichkeit, ein Sportler, ein Politiker, ein Verwandter), die das lebt, was Sie als High Performance Mindset bezeichnen würden? Welche Qualitäten, Eigenschaften und Fähigkeiten stellen Sie sich für Ihr persönliches High Performance Mindset vor?

Je ausführlicher Ihre Antwort auf diese Fragen, desto konkreter wird Ihr persönliches Performance Mindset. Dieser Teil ist ein wesentlicher Beitrag zur Entwicklung einer klaren Vorstellung, wie Ihr Mindset aussehen soll.

Im Rahmen unserer Arbeit mit High Performern haben wir eine schlüssige (wenn auch nicht unbedingt erschöpfende) Liste der Qualitäten, Eigenschaften und Fähigkeiten erarbeitet, die für die Entwicklung eines solchen positiven Mindsets erforderlich sind. Die verschiedenen Komponenten lösen stets große Diskussionen aus, weshalb wir hier ein Muster als Anregung für Ihre Mindset-Liste eingefügt haben:

Positive Haltung
Kreativität
Konzentration
Optimistischer Blick auf die Zukunft
Vision
Spaß
Kontrollierte Emotionen
Ziele
Disziplin
Resilienz
Fokus
Lösungsorientierter Ansatz
Selbstvertrauen
Flexibilität
Handlungsorientierter Ansatz
Plan

Konzentration

Die Zahl der Unterbrechungen, die Menschen täglich am Arbeitsplatz erdulden, ist immens. Diesem Umstand ist es zu verdanken, dass ein neues Forschungsgebiet – Interruption science – ins Leben gerufen wurde. In einem Interview mit dem Magazin *Businessweek* erklärte Maggie Jackson, Autorin des Buches *Distracted: The Erosion of Attention and the Coming Dark Age*, dass der durchschnittliche amerikanische Büroarbeiter alle drei Minuten unterbrochen wird und sich im Schnitt elf Minuten mit einer Aufgabe beschäftigt. Jackson verwies weiterhin auf Untersuchungen der Computerwissenschaftlerin Gloria Mark und anderer Experten, die ergaben, dass der durchschnittliche Arbeitnehmer nach einer Unterbrechung 25 Minuten braucht, bis er wieder zu seiner ursprünglichen Beschäftigung zurückkehrt.

Interruption science ist ein neuer Forschungsbereich, der die Auswirkungen von Unterbrechungen auf die Arbeitsleistung untersucht. Diese »Wissenschafts-Neugründung« ist angesichts folgender Statistiken absolut naheliegend: Jede Sekunde werden eine Million Instant Messages und zwei Millionen E-Mails versandt, und jeden Tag werden 100 Milliarden Klicks im Internet getätigt.

Jüngste Forschungsergebnisse auf diesem Gebiet ergaben, dass diese ständigen Unterbrechungen alleine in den USA zu einem geschätzten Produktivitätsverlust von 650 Milliarden Dollar pro Jahr führen. Deshalb müssen Sie sich Ihr Umfeld so gestalten und Maßnahmen ergreifen, dass Sie sich konzentrieren und sich Ihr High Performance Mindset schaffen können.

Kontrollierte Emotionen

Haben Sie jemals einen Ausnahmesportler oder eine Ausnahmesportlerin, wie zum Beispiel Steffi Graf, Punkt für Punkt in einem großen Match spielen und gewinnen sehen, und das scheinbar ohne große Emotion? Oder Tiger Woods, wenn er einen Winning Putt über 7,5 Meter versenkt, um ein großes Turnier zu gewinnen? Doch kaum ist das Match vorüber, öffnen sich alle Schleusen und die Sportler brechen in Freudentränen aus. Woher kamen diese Emotionen so plötzlich? Noch eine Sekunde zuvor zeigten diese High Performers keinerlei menschliche Regungen. In Wirklichkeit ist es unmöglich, keine Empfindungen zu haben (es sei denn, es liegt ein pathologischer Gemütszustand vor). Die Herausforderung ist, Gefühle dann im Zaum zu halten, wenn es kontraproduktiv ist, ihnen freien Lauf zu lassen. Was tun Sie zum Beispiel, wenn Sie Wut, Frustration oder Unzufriedenheit verspüren, aber wissen, dass Sie das Vertrauen oder die Energie der Gruppe zerstören, wenn Sie diese Empfindungen zeigen? Zu lernen, die eigenen Gefühle zu zügeln (nicht, sie zu verleugnen oder auszuschalten), ist grundlegender Bestandteil eines High Performance Mindset.

Kreativität

Noch vor zehn Jahren wäre Kreativität auf unserer Attribute-Liste wahrscheinlich noch kein Thema gewesen. Es war wohl von Kriterien wie Wissen (über das Geschäft, Wettbewerber und Kunden) ins Abseits gedrängt worden. Doch wie bereits erwähnt, ist Kreativität die Währung der Zukunft. Tatsächlich führen wir selten eine Mindset-Diskussion, ohne dass irgendjemand Kreativität erwähnt und der Rest der Gruppe in enthusiastischer Zustimmung nickt. Kreativität ist und bleibt ein integraler Bestandteil von Problemlösung und Businesserfolg.

Resilienz

Der Weg zum Erfolg verläuft keineswegs linear. Er ist gesäumt von Höhen und Tiefen. Ausschlaggebend ist die Fähigkeit, sich nach Rückschlägen, schlechten Nachrichten und Misserfolg wieder aufzurappeln. Ein High Performance Mindset pendelt sich immer wieder ein. Die meisten High Performer empfinden Rückschläge oder Misserfolge nicht als negativ. Sie sind so hart im Nehmen, dass sie diese als Sprossen einer Leiter betrachten, die letztlich zur Verwirklichung ihrer Ziele und der Erfüllung ihrer Vision führt.

Optimistische Sicht auf die Zukunft

Dieses Thema ist regelmäßig Gegenstand unserer Diskussionen und löst leidenschaftliche Debatten über den Stellenwert aus, den Pessimismus in einem High Performance Mindset einnehmen darf.

Topführungskräfte können nicht immer optimistisch sein, weil die Fakten für sich selbst sprechen müssen. Zwar besteht eine positive Beziehung zwischen Optimismus und Flexibilität/Resilienz, aber es gibt auch ein stichhaltiges Argument für Pessimismus und das Infragestellen von Annahmen oder Zielsetzungen. Voraussetzung für das Erreichen Ihres High Performance Mindsets ist ein authentischer Optimismus, dass High Performance tatsächlich erzielbar und die anstehende Problematik lösbar ist.

Positive Haltung

Ein Themenpunkt, der in jeder unserer Diskussionen zur Sprache kommt, ist die positive Haltung. Nichts ist der Energie eines Individuums oder eines Teams abträglicher als eine negative Einstellung. Ob es nun um ein Projektteam, eine Sportmannschaft oder ein Feuerwehrteam geht, wenn nur ein Mitglied (und hier besonders der Teamleiter) eine negative Haltung zeigt, leidet darunter die ganze Gruppe. Aus diesem Grund ist die Wahrung einer positiven Haltung für die Entwicklung Ihres High Performance Mindsets von so großer Bedeutung.

Spaß

Allzu häufig wird die Entwicklung eines High Performance Mindsets als reine Arbeit ohne jedes Vergnügen betrachtet. Das ist ein großer Fehler und kann oft zu Frustration führen. Menschen sind auf das Streben nach Freude und Vergnügen gepolt. Und wenn Sie aus Ihrer persönlichen Neuorientierung ein Vergnügen machen, sind Ihre Erfolgschancen um ein Vielfaches höher. Spaß an der persönlichen Innovation zu haben, ist wichtig. Lachen ist zudem ein wesentlicher Bestandteil unseres Recovery-Systems, und der Spaßfaktor ist ein echter Mehrwert für ein Performance Mindset.

Ziele

Es versteht sich von selbst, dass man sich Ziele setzen muss, um etwas zu erreichen. Doch wie wir später besprechen werden, geht die Motivation durch Erstellen langer Listen emotionsloser, einfallsloser, langweiliger Ziele oft flöten. Wenn Sie dagegen konkrete, anregende und leidenschaftliche Ziele verfolgen, wird es Ihnen viel leichter fallen, die nötige Disziplin zu wahren.

Vision

Eine klare, detaillierte und sinnliche Vision ist wahrscheinlich eines der wichtigsten und am häufigsten übersehenen Elemente eines High Performance Mindsets. Wie können Sie in eine Vorstandssitzung gehen und Selbstvertrauen und Überzeugung vermitteln, wenn Sie sich nicht selbst mit diesen Attributen identifizieren? Zu lernen, sich selbst mit einem High Performance Mindset zu sehen, ist einer der ersten und wichtigsten Schritte zur Umsetzung dieser Vision. An späterer Stelle von Teil II unseres Buches werden wir Sie dabei unterstützen, an der Entwicklung Ihrer Vision zu arbeiten.

Plan

Kein Ziel der Welt wird Wirklichkeit werden, wenn Sie keinen präzisen, positiven und umsetzbaren Plan haben. Selbst der großartige Adidas-Slogan »Impossible is nothing« ist ohne einen effektiven Spielplan nichts weiter als ein Slogan. Ohne einen Plan überlassen Sie Ihren Erfolg dem Zufall, und das ist kein Weg zu Sustainable High Performance.

Disziplin

Zweifellos spielt Disziplin eine entscheidende Rolle bei der Entwicklung eines High Performance Mindsets. Disziplin hat nichts mit „knallhart« zu tun, sondern eher mit der Fähigkeit, das Richtige zu tun, selbst wenn es Ihnen widerstrebt. Disziplin ist Selbstbeherrschung, die sich darin manifestiert, das Notwendige zu tun, um sich auf die zahlreichen Variablen in jeder Situation vorzubereiten und sie zu planen. Viele Führungskräfte versäumen es, sich mit Disziplin geistig, körperlich und emotional vorzubereiten, bevor sie in den (Leistungs-)Ring steigen.

Selbstvertrauen

Ohne Selbstvertrauen hat noch niemand sein volles Leistungspotenzial, sprich den Status eines High Performers, erreicht. Doch was geschieht, wenn Ihr Selbstvertrauen ins Wanken gerät? Haben Sie sich jemals wochenlang auf eine Präsentation vorbereitet und dann erlebt, wie Ihr Selbstbewusstsein am Vorabend völlig in sich zusammenfällt? Plötzlich sind Sie voller Zweifel, unfähig, Ihre negativen Selbstgespräche zu beenden und besorgt über die möglichen Konsequenzen Ihres Versagens. Dies ist zwar eine völlig normale Reaktion, aber es gibt Strategien, mit deren Hilfe man das Mindset schnell ins Positive drehen kann. Auf einige davon kommen wir später in diesem Teil zurück.

Fokus

Fokus ist nichts, was man hat oder nicht hat. Fokus ist eine Fähigkeit, die man erlernen und üben kann. Es ist die Entwicklung der Fähigkeit, sich strategisch auf das vorliegende Problem zu konzentrieren, effektiv von einer weiten zu einer engen Perspektive beziehungsweise von einer Innen- zu einer Außenperspektive zu wechseln – je nachdem, was die Situation erfordert.

Sie müssen fähig sein, in einem Meeting Ihren Fokus so zu erweitern, dass Sie die allgemeine Stimmungslage im Raum erfassen, jedoch gleichzeitig Ihren Blickwinkel auf jede einzelne präsentierte Folie verengen können.

Lösungsorientierter Ansatz

Die Entwicklung eines lösungsorientierten Ansatzes bedarf Ihrer Fähigkeit zu fokussieren. Jeder Tag konfrontiert Sie mit zahlreichen Herausforderungen und Ablenkungen. Sustainable High Performers erkennen Ablenkungen als solche und richten den Fokus auf die Entwicklung effektiver Lösungen. Während viele sich genüsslich auf dem Drama-Parkett der Problemorientierung tummeln, zeichnet ein High Performance Mindset das Wissen um die jedem Problem innewohnenden Chancen aus und die Fähigkeit, sich auf Lösungen (anstatt Probleme) zu konzentrieren.

Flexibilität

Oberflächlich betrachtet mögen Flexibilität und Disziplin miteinander im Clinch liegen. In Wahrheit ergänzen sich diese beiden Fähigkeiten jedoch ideal. Genügend Flexibilität zu besitzen, die eigene Komfortzone zu verlassen und gleichzeitig die Disziplin aufzubringen, seinen Kurs unbeirrt zu steuern, ist eine wirklich großartige Fähigkeit. Diese Balance erreichen Sie jedoch nur mit Selbstvertrauen, Fokus und Lösungsorientiertheit.

Handlungsorientierter Ansatz – vom Wissen zum Tun

Selbstverständlich muss jedes High Performance Mindset eine angemessene Portion Wissen enthalten aber Wissen ist nicht alles. Bei unseren Recherchen für die Entwicklung von Tignum stießen wir auf ein 1828 veröffentlichtes Werk mit dem Titel *Sure Methods of Improving Health, and Prolonging Life*. Es beschäftigt sich mit Ernährung,

Schlaf, Bewegung, frischer Luft, Regeneration und sogar positiver Einstellung. Bei jüngsten Internetrecherchen fanden wir Millionen von Quellen zu Themen wie Leistung, Resilienz, Stress, Fitness, Ernährung und innere Einstellung. Mangelnde Information ist definitiv nicht das Problem. Jedoch müssen Sie fähig sein, das Wissen in Handeln umzusetzen, um von Ihrem High Performance Mindset profitieren zu können.

Ihr persönliches Performance Mindset

Nun, da wir Ihnen die häufig von unseren Kunden angegebenen Kriterien aufgezeigt haben, sollten Sie überlegen, welche Qualitäten, Attribute und Fähigkeiten Sie der Liste von Eigenschaften für ein High Performance Mindset hinzufügen würden. Dazu folgende Fragen:

Welche Schritte unternehmen Sie, um diese Qualitäten, Attribute und Fähigkeiten zu entwickeln?

Inwieweit sind Sie auf den genannten Gebieten schon ausgebildet?

Warum haben Sie Ihrer Meinung nach bisher nichts über viele dieser Elemente zur Entwicklung eines Sustainable High Performance Mindset erfahren?

»Ich halte mich für einen High Performer. Ich besitze einen MBA-Abschluss von einer der renommiertesten internationalen Business Schools, und während meiner 20-jährigen Karriere habe ich wahrscheinlich mehr als 1000 Stunden Fortbildung zur Entwicklung von Führungsqualitäten erhalten. Jede Entscheidung, die ich treffe, hat potenziell Auswirkungen auf viele Tausend IBM-Mitarbeiter. Doch in meiner gesamten Aus- und Weiterbildung hat mich niemand gelehrt, wie ich mich mit Energie und Schwung auflade, wie ich meinen Fokus verbessere und wie ich mich persönlich auf eine wichtige Konferenz, Verhandlung oder Präsentation vorbereite.

Ich habe zwar stets meine Präsentationsfolien, meine Konzepte und meinen Terminplaner vorbereitet, aber meine persönliche Performance dem Zufall überlassen. Üblicherweise erstellte ich eine Tagesordnung für meine Team-Meetings, aber ich nahm mir nicht einmal zehn Sekunden, um über meine eigenen Vorhaben und Ziele nachzudenken. Die Idee, Mental Imagery zu betreiben, um ein bestimmtes Mindset zu erreichen und meine Performance vorzubereiten, kam mir gar nicht in den Sinn.
Nun, da ich weiß, wie ich meinen Energielevel anheben, mein Selbstvertrauen stärken und meinen Geist und Körper auf Höchstleistung vorbereiten kann, bin ich mehr als nur eine gute Führungskraft – ich bin ein echter High Performer. Es ist ein unglaubliches Gefühl, meine eigenen Erwartungen hochzuschrauben und sie dann zu erfüllen.«

Ein Tignum-Kunde

Die Vorteile eines High Performance Mindsets

Nehmen wir also an, Sie hätten Ihr persönliches High Performance Mindset erreicht und jede der von Ihnen definierten Qualitäten oder Fähigkeiten entwickelt.

Wie würde dieses High Performance Mindset sich auf Ihre beruflichen Leistungen auswirken beziehungsweise diese verändern?

Und wie würde es Ihr Verhalten außerhalb Ihres Arbeitslebens verändern?

Denken Sie sorgfältig über diese Fragen nach, denn diese persönliche Reflexion ist ein wichtiger Schritt in Richtung Selbstwahrnehmung und schafft die Voraussetzungen für echte Veränderung. Außerdem sollten Sie über die Auswirkungen nachdenken, die eine Wandlung Ihres Mindsets mit sich bringt. Woran würden Sie dieses High Performance Mindset erkennen? Diese Frage klingt vielleicht etwas seltsam, aber sie ist von entscheidender Bedeutung für eine dauerhafte Veränderung.

Wenn Sie zehn Kilo abnehmen, ist die körperliche Veränderung sichtbar. Wenn Sie Liegestütze trainieren, ist der Erfolg durch die Anzahl der Wiederholungen nachvollziehbar. Entwicklung und Optimierung Ihres Mindsets jedoch sind nicht greifbar/sichtbar. Woran wollen Sie dann Ihren Erfolg messen?

Das ist eine überaus wichtige Überlegung, weil eine intrinsische Motivation für Ihre persönliche Veränderung in der *Wahrnehmung und Anerkennung Ihrer erzielten Fortschritte* liegt. Übung ist der Schlüssel zur Verbesserung. Deshalb empfehlen wir, dass Sie sämtliche positiven Veränderungen notieren, die Sie im Laufe Ihres Mindset-Transformationsprozesses erzielt haben.

Nachfolgend einige Erfolgsmesser, über die uns unsere Kunden berichtet haben:

Die Menschen in Ihrer Umgebung verhalten sich Ihnen gegenüber ganz anders. Sie würdigen Ihre Leistungen, sie bauen auf Ihre Führung und sie beugen sich Ihrem Urteil, wenn es um die Lösung großer Herausforderungen geht.

Sie fühlen sich dynamischer und vitaler. Dinge, die Sie früher aus der Fassung brachten und Ihr Mindset erschütterten, haben ihre Wirkung verloren.

Sie verbessern Ihre Kommunikation mit Ihren Kollegen, Ihrem Ehepartner, Ihren Kindern und Ihren Freunden.

Sie erhalten positives Feedback von Ihrem Vorgesetzten, Ihren Kollegen und Ihren direkten Untergebenen.

Sie sind produktiver, arbeiten effizienter und sind daher erfolgreicher.

Mentale Performance bestimmt den Erfolg

Fragen wir Profi- und Elite-Amateursportler danach, welchen Prozentsatz die mentale Komponente an ihrer Performance ausmacht, bekommen wir im Allgemeinen die Antwort: 90 bis 95 Prozent. Stellen wir Topexecutives dieselbe Frage, geben diese üblicherweise 70 bis 90 Prozent an. Dieser Unterschied ist schon deshalb interessant, weil gerade Athleten eher körperliche Fähigkeiten wie Stärke, Power, Beweglichkeit, Geschwindigkeit und sportliche Fähigkeiten mitbringen müssen.

Warum also bewerten Sportler den mentalen Beitrag zum Erfolg so hoch?

Im Leistungssport besitzen *alle* Athleten die physischen Voraussetzungen, die für einen Sieg erforderlich sind. Sie wissen daher, dass es der Muskel zwischen ihren Ohren ist, der letztendlich darüber bestimmt, wer auf dem Siegerpodest stehen wird. Dem vergleichbar glauben viele unserer Kunden zu Beginn unserer Zusammenarbeit, dass ein Mindset lediglich ein Kopf voller Wissen ist. Sie erkennen jedoch schnell, dass die zuvor aufgeführten Qualitäten ihnen den entscheidenden Vorsprung zum Sieg verschaffen können.

Das Gehirn hat 100 Milliarden Neuronen mit mehr als einer Billiarde Synapsen. Diese Struktur bietet erstaunliche Trainingskapazitäten. Wenngleich es zweifellos genetische Unterschiede gibt, die zum Mindset eines Menschen beitragen, kann doch jeder Mensch die zuvor beschriebenen Qualitäten, Attribute und Fähigkeiten verbessern.

Ihr Gehirn befindet sich ständig in Lern- und Übungsprozessen. Achten Sie also genau darauf, was Sie üben.

Das Tignum-Performance-Mindset-System

Bei der Vermittlung und Umsetzung unserer Mindset-Strategien arbeiten wir mit drei verschiedenen Stufen. Zunächst konzentriert sich unsere Methode darauf, die Wahrnehmung der eigenen Gedanken, des inneren Monologs und der momentanen Befindlichkeit zu schärfen. Dann vermitteln wir unseren Kunden Mental-Imagery-Techniken, um sie bei der Selbstregulierung ihrer derzeitigen Verfassung zu unterstützen und sowohl ihre rechte als auch linke Gehirnhälfte zu aktivieren. Schließlich helfen wir ihnen beim Aufbau eines Sustainable High Performance Mindset, indem wir sie bei der Entwicklung ihrer persönlichen Rituale und Definition einer Erinnerungsstütze unterstützen.

Die Grundpfeiler Ihres dreistufigen Tignum-Peformance-Mindset-Systems:

_Entwickeln Sie Ihre Selbstwahrnehmung
_Verbessern Sie Ihre Energie, Klarheit und Kreativität
_Stärken Sie Ihre Nachhaltigkeit

Wir helfen Führungskräften auf jeder Stufe dabei, die effektivsten Strategien für ihre individuellen Anforderungen zu entwerfen und zu verinnerlichen. Auf jedem dieser Gebiete wurde intensive Forschung betrieben; wichtig ist jedoch, diese Konzepte zu verstehen und zu erkennen, wie leicht sie sich im Alltag umsetzen lassen, um Ihr persönliches High Performance Mindset zu verbessern.

Wie fangen Sie es an, die Entwicklung Ihres High Performance Mindsets in die Tat umzusetzen?

Kapitel 6
Entwickeln Sie Ihr High Performance Mindset

Selbstwahrnehmung, die erste Stufe der Mindset-Strategien, ist grundlegender Bestandteil des persönlichen Wachstums, der persönlichen Innovation, Höchstleistung und Nachhaltigkeit. Bei der Bewusstwerdung Ihres persönlichen Mindsets, sprich Ihrer Denkweise und inneren Einstellung, geht es nur um *Sie*. Je mehr Sie über sich selbst erfahren (zum Beispiel was Sie antreibt, Ihre Stärken, Überzeugungen, Leidenschaften, Stressoren und Grenzen), desto mehr Energie werden Sie haben. Kombinieren Sie Energie mit einem Performance Mindset der Klarheit, Kreativität, des Selbstvertrauens und einer positiven Sicht in die Zukunft, so werden Sie in allen Lebensbereichen Sustainable High Performance erreichen.

Ihre Gedanken und inneren Monologe können positiv oder negativ sein. Sie können Ihre Performance erheblich steigern oder enorm beeinträchtigen. Um sich Ihrer Gedanken und Ihres inneren Monologs besser bewusst zu machen, gilt es, kontraproduktive Gedanken und Worte zu stoppen, bevor sie Schaden anrichten. Hüten Sie sich vor den drei häufigsten Fallen beim inneren Monolog: Schwarzmalerei, Verabsolutierung und Verurteilung.

Dr. Betsy Shoenfelt, Sportpsychologin, beschreibt diese Fallen im Einzelnen so:

> **Schwarzmalerei** – Sie konzentrieren sich darauf, wie katastrophal oder tragisch eine Situation ist, und sind überzeugt, dass Sie diese nicht ertragen können.
>
> **Verabsolutierung** – Sie denken in den Kategorien »immer« oder »nie« (das heißt, es gibt nur totales Versagen oder hundertprozentigen Erfolg für Sie) und nehmen Situationen in Extremen anstatt in Abstufungen wahr.
>
> **Verurteilung** – Sie konzentrieren sich auf Schuldzuweisungen, die Sie auf andere oder sich selbst richten.

Negative Gedanken und negativer innerer Monolog blockieren die Entwicklung eines High Performance Mindsets und wirken sich zweifellos nachteilig auf Ihre Performance aus. Abgesehen davon, dass negative innere Monologe Ihre Effektivität beeinträchtigen, lösen sie zudem Selbstzweifel aus und generieren mangelhafte Leistungen.

Stufe 1 – Entwickeln Sie Ihr Bewusstsein

Wenn Sie sich all das bewusst machen – Ihre Gedanken und inneren Monologe, Ihr persönliches Feedbacksystem, Ihre Stärken, Ihre Resilienz, Ihre Intentionen und Entscheidungen –, dann sind Sie nicht länger das Opfer Ihrer unbewussten Gewohnheiten. Wenn Sie Ihr Mindset kennen, können Sie auch Ihre Intentionen klar formulieren und die vielen positiven Entscheidungsmöglichkeiten wahrnehmen, die sich bieten. Sind Sie sich erst einmal Ihrer Gedanken, Ihrer inneren Monologe und Geschichten bewusst, können Sie diese infrage stellen und sie schnell präziser und produktiver gestalten. Je schneller Sie negative Gedanken abfangen, desto früher können Sie intervenieren und verhindern, dass sie Sie mitreißen und herunterziehen. Diese Methode kann die Stressbelastung auf Ihren ganzen Körper erheblich reduzieren. Und je schneller es Ihnen gelingt, produktive Gedanken zu erzeugen, desto schneller können Sie von den positiven Gefühlen »Erfolg«, »Liebe« und »Anerkennung« profitieren.

Tignum hat Kundendaten über die Themen zusammengetragen, die die meisten kontraproduktiven Gedanken und inneren Monologe am Arbeitsplatz erzeugen. Die vier Topthemen sind Meetings, E-Mails, Reisen und Veränderungsprozesse im Unternehmen.

Meetings
»Na super, noch ein Meeting. Die reine Zeitverschwendung. Wie soll ich denn irgendetwas fertig bekommen, wenn ich ständig in diese ganzen Meetings gehen muss?!«

E-Mails
»Ich will gar nicht erst in meinen Posteingang sehen. Ich schaffe es nicht, das alles abzuarbeiten. Und überhaupt, die meisten E-Mails rauben mir eh nur meine Zeit.«

Reise
»Dieses ständige Reisen kann echt lästig werden. Manchmal kommt es mir so vor, als wäre ich nur noch unterwegs.«

Veränderung
»Schon wieder eine Veränderung. Und bestimmt ist es genau wie jedes Mal – die reine Vergeudung von Zeit und Energie. Dieser Vorschlag kommt mir bekannt vor. Das ist derselbe Kram, den wir vor fünf Jahren schon mal ausprobiert haben, und der damals schon nicht funktioniert hat.«

Erstellen Sie eine Liste mit einigen der negativen Gedanken und inneren Monologe, mit denen Sie zu kämpfen haben. Wenn Ihnen auf Anhieb nichts einfällt, stecken Sie für zwei Tage eine Notecard ein und schreiben Sie Ihre Gedanken auf, sobald sie auftauchen. Sie werden überrascht sein, was Sie alles entdecken, wenn Sie auf Ihre inneren Monologe achten.

Reframe, Reframe, Reframe

Reframing ist eine grundlegende Strategie, um die negative Wirkung unproduktiver und leistungshemmender Gedanken und innerer Monologe zu reduzieren. Außerdem ist Reframing ein wertvolles Instrument zur Entwicklung Ihres Sustainable High Performance Mindsets.

Ihre inneren Monologe sind den ganzen Tag über am Laufen. Wenn Sie ihr Performance Mindset und Ihre Gewohnheiten verbessern und nachhaltiger gestalten wollen, dann müssen Sie unbedingt lernen, wie Sie den kontraproduktiven und leistungshemmenden inneren Monolog und Gedankenfluss stoppen und durch positives High-Performance-Denken ersetzen können.

Die folgenden Reframe-Fragen können Ihnen in jeder Situation helfen. Je häufiger Sie Reframing nutzen, desto schneller entwickeln Sie Ihr High Performance Mindset.

Mit welchen Gedanken oder inneren Monologen haben Sie hauptsächlich zu kämpfen?

Entspricht dieser Gedanke oder innere Monolog wirklich der Realität?

Welchen konkreten Nutzen bringt Ihnen das Festhalten an diesem Gedanken?

Wie können Sie diesen Gedanken oder inneren Monolog auf High Performance »reframen«?

Welchen Vorteil bietet Ihnen das Reframing?

Welche positive Formulierung wird Ihnen dabei helfen, Ihr Gehirn auf High Performance umzupolen?

Können negative Geschichten oder negative Gedanken auch von Vorteil sein? Absolut.

Wenn jemand denkt: Ich kann es nicht fassen, wie viele E-Mails auf mich warten – niemals werde ich die alle erledigen können, hat das einen versteckten Nutzen. Er könnte darin liegen, dass er das Gefühl der Überforderung unterstützt und dem Betroffenen eine Art »Absolution« erteilt, sodass er sich nicht als Versager fühlen muss, wenn er es nicht schafft, alle zu beantworten.

Was wäre jedoch, wenn man diesen Gedanken »reframen« würde? Zum Beispiel so: »Ich habe eine Menge E-Mails erhalten. Jetzt gilt es, sich zu konzentrieren und sie zu priorisieren, damit ich die wichtigsten beantworten kann.«

Welcher Gedanke wird wohl eher dazu führen, dass Sie die Aufgabe, Ihre E-Mails abzuarbeiten, erfolgreich erledigen?

Welcher Gedanke wird wohl mehr Stress und Unwillen auslösen?

Welcher Gedanke wird eher ein Gefühl des Erfolgs und einer vollbrachten Leistung auslösen?

Welche Wirkung wird dieses Reframing auf den Rest Ihres Tages haben?

Folgende Übung können Sie jederzeit machen, wenn Sie eine physische Darstellung der Anzahl Ihrer negativen inneren Monologe wünschen. Nehmen Sie zehn Büroklammern und stecken Sie sie in Ihre vordere Hosentasche. Bei jedem negativen inneren Monolog nehmen Sie eine Büroklammer aus der vorderen und stecken Sie in Ihre hintere Hosentasche (oder Sie befördern sie von der linken in die rechte Tasche). Und jetzt stoppen Sie die Zeit, um zu sehen, wie lange es dauert, bis Ihre vordere Hosentasche geleert ist. Diese Übung liefert Ihnen ein sehr genaues Spiegelbild Ihres derzeitigen gewohnheitsmäßigen inneren Monologs. Wenn Sie unsere Mindset-Strategien üben, sollten Sie feststellen, dass es deutlich länger dauert, bis Ihre Vordertasche leer ist. Und das ist ein großartiges Zeichen für Fortschritt.

Ihr Gehirn – der große Geschichtenerfinder

Es ist Montagmorgen und nur noch 30 Minuten bis zur wöchentlichen Planungssitzung, in der alle über ihre Projekt- und Arbeitsfortschritte berichten. Sie sitzen an Ihrem Schreibtisch, trinken Ihren Kaffee und versuchen mit Ihren E-Mails voranzukommen. Plötzlich wird Ihre Aufmerksamkeit auf das Telefonat gelenkt, das Ihre Vorgesetzte in ihrem Büro führt.

»Ja, im Moment sieht es gar nicht rosig aus. Die Wirtschaftslage ist wirklich schwierig. Nein, ich verstehe vollkommen. Es gibt keine andere Wahl. Es muss sein. Wann sollen wir's bekannt geben?«

Sie können das, was Ihre Vorgesetzte sagt, genau mithören. Plötzlich jagen Ihnen zahlreiche Gedanken durch den Kopf: Mit wem spricht sie? Was meint sie mit »keine andere Wahl«? Was muss sein? Wird jemand gefeuert? Wird wieder eine gesamte Abteilung aufgelöst? Wird sie die Bombe heute im Meeting platzen lassen?

Ihr Gehirn erzählt die Geschichte, als ob Sie sie laut lesen würden.

Sie gehen in den Sitzungsraum und nehmen Platz. Sie sehen sich um und denken: Wer von uns muss vielleicht heute seine Entlassungspapiere abholen? Könnte ich darunter sein? Wer hat sein Soll nicht erfüllt? Wer hat bei den letzten Change-Initiativen nicht auf der richtigen Seite gestanden?

Ihr Gehirn schreibt Kapitel 2 Ihrer Geschichte

Ihre Vorgesetzte betritt den Raum, setzt sich auf ihren üblichen Platz, räuspert sich und eröffnet die Sitzung. Wie gewöhnlich macht sie die Runde und hört sich die Berichte jedes Einzelnen an. Sie können sich kaum auf Ihre Präsentation konzentrieren, weil Sie den Kopf nicht bei der Sache haben.

Wann wird sie die schlechte Nachricht verkünden? Warum sieht sie mich ständig an? Sobald sich diese Frage in Ihr Gehirn drängt, denken Sie: Bestimmt bin ich derjenige, der abgeschossen wird. Warum würde sie sonst immer mich ansehen?

Ihr Gehirn hat sich ein Worst-Case-Szenario ausgedacht.

Das Meeting ist fast vorbei, als Ihre Vorgesetzte von ihren Unterlagen aufblickt und sagt, sie habe fast vergessen, Ihnen allen die neuesten Nachrichten mitzuteilen. Sie spricht über das Konjunkturtief und anstehende Änderungen im Unternehmen. Und dann lässt sie die Bombe platzen: »Leider muss die jährliche Weihnachtsfeier diesmal gestrichen werden.«

Sie dreht sich zu Ihnen und sagt: »Joe, ich hoffe, Sie können die Lebensmittelaktion trotzdem organisieren, damit wir etwas für bedürftige Familien tun können. Dieses Jahr werden sie es dringender brauchen denn je.«

Sie sind sprachlos. Nicht etwa, weil Sie das Ansinnen Ihrer Vorgesetzten als undankbare Aufgabe betrachten, sondern weil die Geschichte, die Ihr Kopf fabriziert hat, zu der Aussage Ihrer Chefin in solch diametralem Gegensatz steht, oder anders ausgedrückt, weil das, was Ihr Kopf Ihnen gerade noch als Wahrheit vorspiegelte, mit den realen Tatsachen nichts zu tun hat.

Diese Geschichte mag lächerlich klingen, wobei die meisten Geschichten, die Sie sich ständig einreden, genauso lächerlich klingen würden, wenn Sie sie aufschreiben würden. Dennoch passiert so etwas fortwährend. Das menschliche Gehirn erzeugt andauernd Geschichten, um sich vor möglichen Überraschungen zu schützen. Das ist ein Überlebensmechanismus, der irgendwann im Laufe unserer Evolution bestimmt von großem Nutzen war, uns heute jedoch viel häufiger auf Abwege führt, als unsere Überlebenschancen zu sichern.

Wie entstehen diese Geschichten?

Sie gehen aus den Gedanken hervor, die Ihr Gehirn generiert. Schätzungen zufolge erzeugt das menschliche Gehirn täglich zwischen 12 000 und 60 000 Gedanken. Bei dieser Menge von Gedanken pro Tag und unserem angeborenen unbändigen Überlebenstrieb ist es kein Wunder, dass unser Kopf eine solche Fülle von Geschichten produziert.

Gedanken können aus einer Überzeugung oder einem Gefühl hervorgehen. Manchmal werden Sie von einer Emotion wie Angst oder Wut übermannt. Plötzlich unterstützt Ihr Gehirn dieses Gefühl mit einer Reihe von Gedanken, Geschichten und inneren Monologen. Oder Sie haben einen Gedanken (manchmal sind das Gedanken oder Geschichten, die immer wiederkehren), den Ihr Körper dann mit einem Gefühl wie Schuld, Wut, Trauer oder Beklemmung unterstützt. Während sich die Gedanken in Ihrem Kopf abspielen, breiten sich Gefühle über Ihren ganzen Körper aus. Gedanken und Gefühle sind eng miteinander verknüpft. Die meisten Emotionen entstammen unseren vier Hauptempfindungen: Liebe, Angst, Freude und Wut. Häufig sind sich Menschen ihrer Gedanken und Gefühle nicht bewusst und haben daher keine Kontrolle darüber. Schlimmer noch: Wer seine Gedanken und Gefühle nicht kennt, wird von ihnen gesteuert.

Die Magie des High Performance Mindsets

In letzter Zeit habe ich viel über den Zauberschlüssel zur Verbesserung des Mindsets nachgedacht. Ich habe sämtliche Coaching-Telefonate mit Führungskräften, die Gespräche am Spielfeldrand mit Sportlern sowie die Dinge, mit denen ich bei Feuerwehreinsätzen und in meinem persönlichen Leben zu kämpfen hatte, geordnet und zusammengefasst. Wenn ich all diese Herausforderungen in einem einzigen Wort zusammenfassen müsste, wäre es das Wort »Kontrolle«. Ich habe den Eindruck, als gehe es beim konstanten Kampf um das richtige Mindset in Wirklichkeit darum, Dinge zu ändern, über die wir keine Kontrolle haben. Das könnte der Verkehr sein oder der verspätete Zug oder Flug, die Vielzahl der Meetings oder E-Mails pro Tag, die Anforderungen und Erwartungen Dritter, die Bedürfnisse meines Ehepartners oder meiner Kinder, der Benzinpreis, die Wirtschaftslage, die politischen Ansichten meines Freundes, die Kosten für die Ausbildung meiner Kinder, die Windböen auf dem Tennisplatz oder die haufenweisen anderen Herausforderungen, die ich jeden Tag bewältigen muss. Je länger ich alle diese Dinge betrachte (zwischen denen es keinerlei Zusammenhang zu geben scheint), desto mehr wird mir klar, dass sie einen gemeinsamen Nenner haben: Ich kann sie nicht kontrollieren.

Angesichts dieser erschütternden Wahrheit habe ich nur zwei Möglichkeiten: Ich kann mir die Haare raufen, jammern, um mich schlagen, schreien und leiden (eine wunderbare Art, auf den Burn-out zuzusteuern), ODER ich kann lachen und mich ausschließlich auf die Dinge konzentrieren, auf die ich Einfluss habe (eine wunderbare Art, auf Sustainable High Performance zuzusteuern). Das heißt jedoch nicht, dass ich alle Dinge außerhalb meiner Kontrolle ignoriere. Im Gegenteil, wenn ich sie ignoriere, werden sie mich kontrollieren, in meinem Unterbewusstsein schwelen und in mir das Gefühl der Unzulänglichkeit und Überforderung hinterlassen. Die Lösung liegt darin, genau zu wissen, welche Dinge man nicht kontrollieren kann, UND zu akzeptieren, dass man es nicht kann.

Daher muss ich intensiv daran arbeiten, mir die Situationen in meinem Leben bewusst zu machen, mir selbst gegenüber schonungslos aufrichtig zu sein hinsichtlich der Dinge, die ich kontrollieren und die ich nicht kontrollieren kann, und mich leidenschaftlich dazu bekennen, aktiven Einfluss auf die Dinge auszuüben, die ich kontrollieren kann. Der Schlüssel zu dieser grundlegenden, jedoch monumentalen Veränderung ist die Frage: Was kann ich kontrollieren? Was kann ich tun? Um das dann mit beispielloser Souveränität zu tun.

Tignum-Blog

Der Mythos der angeborenen Begabung

Es herrscht die weitverbreitete Annahme, dass die meisten High Performer als solche geboren wurden. Geoff Colvin, Autor des Buches *Talent wird überschätzt*: Die Eigenschaften, die echte Weltklasse-Performer von allen anderen unterscheiden, zeigen deutlich, dass die herkömmliche Vorstellung von angeborenem Talent ein Mythos ist. In Wahrheit muss man sich nur einfach dafür entscheiden, ein außergewöhnlicher Performer zu werden. Dazu Colvin: »Die besten Performer sind gute Selbstbeobachter. Sie sind tatsächlich fähig, sich selbst aus einer Distanz zu betrachten, zu überprüfen, was sich im eigenen Kopf abspielt, und zu hinterfragen, wie die Dinge laufen. Forscher nennen das Metakognition – das Wissen über das eigene Wissen und das Nachdenken über das eigene Denken. High Performer tun dies weitaus systematischer als andere; es ist fester Bestandteil ihrer Routine.«

Diese Fähigkeit, die eigenen Gedanken aus der Distanz zu betrachten und sie objektiv zu bewerten, setzt ein hohes Maß an Selbstwahrnehmung voraus, das nur durch intensives Üben möglich ist. Haben Sie diese Selbstwahrnehmung jedoch einmal erreicht, verleiht sie Ihnen die erstaunliche Fähigkeit der Anpassung an sich ständig ändernde Gegebenheiten.

Die meisten Todesfälle von Feuerwehrleuten im Einsatz haben eine verblüffende Gemeinsamkeit. In fast allen Fällen hatten die Kollegen, die sich in unmittelbarer Nähe des Einsturzes oder der Explosion (was auch immer die Todesursache war) aufhielten, ein Bauchgefühl, dass gleich etwas passieren würde. Sie hatten keine übersinnlichen Wahrnehmungen – ihr Gehirn nahm Tausende von unbewussten Anhaltspunkten auf, und irgendetwas lief da falsch. Alle erkannten gleichzeitig die Warnsignale. Unglücklicherweise mangelte es den Feuerwehrmännern und ihren Vorgesetzten an dem nötigen Bewusstsein für ihre eigenen Gefühle und Gedanken; und so versäumten sie es, rechtzeitig zu handeln.

Ähnlich verhält es sich, wenn in Businesssituationen völlig unerwartete Probleme auftauchen. Sie können eine mentale Pause einlegen und Ihr eigenes Bauchgefühl und Ihre

Reaktionen aus der Distanz betrachten. Dann stellen Sie sich ganz zielgerichtet folgende Fragen:

Warum sträube ich mich gegen diesen Deal?
Woher stammen mein Ärger oder meine Frustration?
Bin ich Opfer meiner Gefühle oder versuchen sie mir etwas Wichtiges mitzuteilen?
Muss ich hier eine andere Strategie anwenden? Und wenn ja, welche?

Ihr persönlicher Überprüfungsprozess

Bei der Entwicklung Ihrer Selbstwahrnehmung können Sie auch testen, wie Sie Ihre eigene Performance mental überprüfen. Kehren Sie nach einer wichtigen Präsentation an Ihren Schreibtisch zurück und überdenken, wie Sie waren? Oder kümmern Sie sich nicht darum und fahren einfach mit dem Tagesgeschäft fort? Wenn Sie Ihre Performance Revue passieren lassen, konzentrieren Sie sich dabei primär auf die Dinge, die nicht gut gelaufen sind oder die Sie falsch gemacht haben? Wenn Sie eine Auseinandersetzung mit einem Kollegen oder Ihrem Ehepartner haben, halten Sie dann einen Moment inne, um nachzudenken, was passiert ist, wie Sie reagiert und was Sie empfunden haben? Oder machen Sie einfach weiter und grübeln möglicherweise den ganzen restlichen Tag über den Streit oder dessen Ausgang nach?

Tatsache ist, dass jede Interaktion, jede Performance im Laufe eines Tages eine Lernchance, eine Gelegenheit zur Metakognition darstellt – um sich selbst besser kennenzulernen, mehr über Ihre Gefühle und Ihre Reaktionen zu erfahren. Und sie ist eine Gelegenheit, Ihre verschiedenen Wahlmöglichkeiten zu erkennen und neue Muster, neue Lösungen und ein neues High Performance Mindset zu entwickeln.

Tiger Woods hat beschrieben, wie er jede Golfrunde im Geiste noch einmal durchspielt und überprüft. Sowohl vom taktischen und mechanischen als auch vom mentalen Standpunkt aus. Er rekapituliert, was schiefgelaufen, aber auch – und das ist noch wichtiger –, was gut gelaufen ist. Von absolut zentraler Bedeutung ist: Woods überprüft jede einzelne Performance auf das, was er richtig gemacht hat. Warum tut er das wohl?

In unserer Arbeit mit Kunden fragen wir nach, wie viele von ihnen ihre Performance (in Meetings, Präsentationen, Bewertungen, Verhandlungen) anschließend ganz bewusst überprüfen. Im Allgemeinen heben ungefähr 50 Prozent der Teilnehmer die Hand. Wenn wir die restlichen 50 Prozent befragen, warum sie ihre Leistung nicht überprüfen, erhalten wir ganz unterschiedliche Antworten. Manchen kam es einfach nie in den Sinn. Andere sind zu beschäftigt, um sich dafür Zeit zu nehmen. Wieder andere sind zu abgelenkt. Der springende Punkt ist, dass nicht Bequemlichkeit sie daran hindert – sondern dass sie diese Strategie schlichtweg nie gelernt beziehungsweise angewandt haben.

Was macht Tigers Vorgehen also so wirksam? Er überprüft jede Golfrunde darauf, was richtig gelaufen ist. Das heißt, er übt im Geiste immer wieder High Performance. Woods begann im Alter von zwei Jahren mit dem Golfspiel. Mit fünf erreichte er zum ersten Mal Break 100. Stellen Sie sich vor, wie viele Golfrunden Tiger Woods in seinem Leben bereits absolviert hat und welche Auswirkungen diese unablässige Übung und Wiederholung seiner eigenen High Performance auf seine Metakognition, seine Technik, Taktik und sein Selbstvertrauen hat.

Dann fragen wir die Kunden, die ihre Performance ganz bewusst überprüfen, wie viele von ihnen die Dinge überdenken, die sie richtig gemacht haben. Normalerweise sind das höchstens zwei Teilnehmer. Woran liegt das? Die Überprüfung der eigenen Performance wird weder in Business Schools gelehrt noch in Leadership-Development-Kursen diskutiert und steht in vielerlei Hinsicht im Widerspruch zu den natürlichen Instinkten. Stattdessen, so sagen sie, neigen die meisten dazu, jeden Fehler immer wieder aufs Neue durchzuspielen.

Was üben Menschen, die sich im Gegensatz zu Tiger Woods auf ihre Fehler konzentrieren? Sie repetieren im Geiste ihre Low Performance. Worin werden sie in Zukunft also besonders gut sein? Bingo – in Low Performance! Heißt das jetzt, man sollte seine Fehler ignorieren? Keineswegs.

Wie geht Woods bei Golfturnieren also mit seinen schlechten Abschlägen, taktischen Fehlern und geistigen Tiefs um? (Ganz nebenbei passieren bei jeder Golfrunde viele

Fehler, denn Perfektion gibt es nicht.) Wichtig ist, den Fehler zu identifizieren (Selbstwahrnehmung) und ihn dann im Geiste sofort zu korrigieren. Wie hätte der Abschlag ausgesehen und sich angefühlt, wäre er richtig ausgeführt worden? Woods übt das immer und immer wieder.

Wie wird sich Woods am nächsten Tag verhalten, wenn er vor demselben Loch steht? Wird er seine schlechte Leistung wiederholen oder seine einstudierte High Performance bringen? Die Antwort liegt in seiner Erfolgsbilanz: Woods wurde in den Jahren 1997, 1999, 2000, 2001, 2002, 2003, 2005, 2006 und 2007 zum Spieler des Jahres gekürt – von PGA TOUR (Jack Nicklaus Award), PGA of America und der Golf Writers Association of America.

Rufen Sie sich eine Ihrer jüngsten Performances ins Gedächtnis. Das kann eine arbeitsbezogene sein, wie zum Beispiel eine Präsentation, eine Besprechung, eine Mitarbeiterbeurteilung oder eine Verhandlung. Oder es kann eine arbeitsfremde sein, zum Beispiel ein Gespräch mit Ihrem Ehepartner, eine Interaktion mit einem Ihrer Kinder oder mit einem Nachbarn.
Schreiben Sie fünf Dinge auf, die Sie gut gemacht haben. (Keine Sorge, wenn Ihnen das beim ersten Mal schwerfällt. Für viele unserer Kunden ist das Neuland.)
Nachdem Sie Ihre Liste an High-Performance-Beispielen erstellt haben, lesen Sie diese fünf Mal durch. Wie fühlen Sie sich dabei? Spüren Sie, wie Ihr Selbstvertrauen und Ihre positiven Gefühle zunehmen? Schreiben Sie nun zwei Dinge auf, die Sie hätten besser machen können. Im Allgemeinen kann man sich daran viel leichter erinnern (das zeigt, worauf Sie sich normalerweise konzentrieren).
Nun schreiben Sie diese beiden Dinge so um, als hätten Sie sie bravourös gemeistert und damit High-Performance-Ergebnisse erzielt. Beschreiben Sie dies so detailliert wie möglich. Wie fühlen Sie sich, während Sie so performen? Wie reagieren die Menschen in Ihrer Umgebung? Wie sehen die Ergebnisse aus?
Lesen Sie diese High-Performance-Statements (umgeschriebene Erfahrungen) zehn Mal durch. Wenn Sie das durchrechnen, haben Sie 45 Mal High Performance geübt und zwei Mal Low Performance. Stellen Sie sich vor, Sie würden das jeden Tag und mit vielen Performances im Beruf und in Ihrem Privatleben praktizieren.

Bedarf dies einer bewussten Anstrengung? Absolut.

Wird das Ihre Performance verbessern? Absolut.

Kampfansage an den Status quo

Wenn Sie sich Ihrer Gedanken nicht bewusst sind, haben Sie auch keine Möglichkeit, sich bewusst die Frage »Entspricht dieser Gedanke oder diese Geschichte wirklich der Wahrheit?« zu stellen. Können Sie sich vorstellen, eine Entscheidung auf der Basis halb wahrer Fakten oder sogar von Fiktionen zu treffen? Ohne ausgeprägtes Bewusstsein, Aufrichtigkeit und Introspektion werden Sie immer wieder ineffektive Entscheidungen treffen.

Der Mensch ist ein Gewohnheitstier. Wir neigen dazu, am Status quo, sprich an den Dingen festzuhalten, die sich in der Vergangenheit bewährt haben. Das Problem dabei ist, dass wir im Geiste oft Geschichten fabrizieren, die uns früher einmal halfen zu überleben, als wir jung, unerfahren und schlecht auf den Umgang mit der entsprechenden Situation vorbereitet waren. Man findet das besonders häufig bei Kindern, die von ihren Eltern körperlich misshandelt wurden. Doch auch der verbale Missbrauch durch Bemerkungen seitens unserer Eltern, Freunde und Lehrer hinterlässt Spuren.

Bemerkungen wie »Du bist so faul« können zum Beispiel zu einem kompensatorischen Verhaltensmuster führen, in dem die Betroffenen das Gefühl haben, niemals hart genug zu arbeiten oder sich nie eine Pause gönnen zu dürfen. Bemerkungen wie »Iss das, dann fühlst du dich besser« können dazu führen, dass bestimmte Lebensmittel als »Trostfutter« vertilgt werden, um den seelischen oder körperlichen Schmerz zu lindern. Bemerkungen wie »Geld ist die Wurzel allen Übels« können eine Aversion gegen finanziellen Erfolg auslösen, mit dem Resultat, dass Sie sich immer dann selbst sabotieren, wenn Sie kurz vor dem Ziel stehen.

Wenn Sie mit derartigen Sprüchen aufwachsen, tun Sie alles, um das Hier und Jetzt zu überstehen. Das Problem ist nur, dass diese Überlebensmechanismen häufig dazu führen, dass Sie an tief verwurzelten Zerrbildern festhalten, die in Ihrem Kopf fortwirken und schließlich verhindern, dass Sie Ihr volles Leistungspotenzial erreichen. Für die Entwicklung neuer High-Performance-Muster sowie einer optimalen (psychischen und körperlichen) Gesundheit ist es deshalb unerlässlich, sich dieser alten Muster, Geschichten und der daraus resultierenden Gedanken bewusst zu werden.

Eine Mindset-Pionierin, Byron Katie, geht unerbittlich gegen von Kunden verinnerlichte Geschichten vor, die nicht nur deren Erfolg sabotieren, sondern oft sogar deren Gesundheit ruinieren. In ihrer Arbeit lautet die erste Frage: »Ist das wahr?« und anschließend: »Sind Sie sich hundertprozentig sicher, dass diese Geschichte wahr ist?«

Es ist verblüffend, wie schnell sich die Überzeugungen von Menschen angesichts solch einfacher Fragen in Luft auflösen, wenn sie erkennen, dass ihre selbst konstruierten Storys selten wahr sind. Das heißt nicht, dass sie Lügner sind. Sie haben einfach gelernt, eine Unwahrheit zu akzeptieren, um sich zu schützen oder sich eine völlig falsche Deutung der Dinge zu konstruieren, die in Wirklichkeit weder effektiv noch notwendig ist.

Was werden Sie unternehmen, um Ihre Gedanken, inneren Monologe und Geschichten in neue Bahnen zu lenken und ein High Performance Mindset zu entwickeln?

Nachfolgend eine ergreifende Mindset-Story, die uns eine unserer Kundinnen berichtete:

> »Als ich mit Tignum zusammenarbeitete, merkte ich, dass mir deren Strategien eine Menge brachten. Ich habe mich dabei vorrangig auf meine Arbeit und Produktivität konzentriert. Mit Verbesserung meines Mindsets wuchs auch meine Effektivität in erstaunlichem Maße. Ich hatte schon immer mit meiner negativen Denkweise zu kämpfen, und meine veränderte Einstellung gegenüber meiner Arbeit war ein Riesenschritt für mich.
>
> Im Privatleben war das jedoch etwas ganz anderes. Mein Mann und ich versuchten seit Jahren, ein Baby zu bekommen. Ich machte einen Test nach dem anderen und glaubte langsam nicht mehr daran, dass es klappen würde. Eines Nachts ließ ich

den vergangenen Tag Revue passieren; die Dinge, die gut gelaufen waren, und die, die ich gerne anders gehabt hätte. Und plötzlich kamen mir die negativen Gedanken, die ich hinsichtlich meiner Chancen auf eine Schwangerschaft hatte, in den Sinn. Da fiel mir ein, dass ich die gleiche Büroklammer-Übung machen könnte, die mir in meinem Arbeitsleben so wertvolle Dienste geleistet hatte, um meine negativen Gedanken über das Schwangerwerden ins Positive zu wenden. Schaden kann ein Versuch jedenfalls nicht, dachte ich mir.

Jedes Mal, wenn mir ein negativer Gedanke über das Schwangerwerden in den Sinn kam, trat die Büroklammer-Übung in Aktion. Ich habe schnell gemerkt, dass ich durch das Reframen meiner negativen Gedanken meine gesamte Einstellung ändern konnte. Ich begann, positiv über meinen Körper, die Wahrscheinlichkeit einer Schwangerschaft und meine Fähigkeit, eine großartige Mutter zu werden, zu denken. Ich merkte, dass ich mich anders fühlte. Aber es kam mir so albern vor, dass ich keinem Menschen etwas davon erzählte. Nichtsdestotrotz machte ich weiter, und schließlich veränderte ich meine Sichtweise vollkommen.

Das allein hätte mir schon genügt, denn ich hatte eine Stresssituation in etwas verwandelt, womit ich umgehen konnte. Aber als ich drei Monate später feststellte, dass ich schwanger war, war ich völlig fassungslos.

Während meiner Arbeit mit Tignum beschrieben die Mitarbeiter, wie unsere Gedanken unsere gesamte Physiologie verändern, und ich bin der lebende Beweis dafür, dass das wirklich zutrifft. Ich hatte alle anderen Methoden und Interventionen abgehakt, jedoch mit der Änderung meiner Gedanken und Einstellungen änderte ich auch tatsächlich die Physiologie meines Körpers.«

Die Erfahrung dieser Tignum-Kundin bestätigt, dass alles von Ihren Gedanken beeinflusst wird – Ihr Körper, Ihre Gesundheit, Ihre Perspektive, Ihre Handlungen und besonders Ihre Performance. Sind Sie jemals vor die Tür getreten und etwas zurückgewichen, weil es regnet? Plötzlich verändert sich Ihre Haltung, Sie werden nervös und haben weniger Schwung. Diese körperlichen Dinge können Sie tatsächlich sehen und fühlen, aber vergessen Sie nicht, was sich in Ihrem Inneren abspielt. Welche Wirkung hatte dies auf die Chemie in Ihrem Gehirn, Ihren Blutdruck und Ihren Hormonhaushalt? Tatsache ist, dass Ihre Gedanken eindeutig all diese Dinge beeinflussen, egal welchen Stellenwert sie haben.

Wie stark wirken sich Ihre Gedanken auf Ihre Physiologie aus?

Machen Ihre Gedanken Sie eher gesund oder krank?

Sind Ihre Gedanken Energiequellen oder Energiekiller?

Bringen Ihre Gedanken Sie auf den Weg zum High Performer oder bleiben Sie damit im Mittelmaß stecken?

Wie viel Stehvermögen haben Sie?

Dr. Suzanne Kobasa ist führend auf dem Gebiet der Resilienz, sprich Stressresistenz. Sie entwickelte das Konzept der »Hardiness« am City College in New York, nachdem sie Gruppen von Menschen mit extrem stressigen Berufen untersucht hatte. Ihre bekannteste Forschungsarbeit führte sie mit AT&T durch, indem sie über 500 Führungskräfte über acht ihrer härtesten Jahre hinweg begleitete (während der Deregulierungsschlacht in der Kommunikationsbranche). Dr. Kobasa kam zu dem Ergebnis, dass diejenigen, die am besten mit beruflichem Stress umgingen, dauerhaft gute Leistung zeigten und dabei gesund blieben und eine bestimmte Resistenz (Hardiness) aufwiesen, die sie anhand von drei Merkmalen definierte: Engagement, Herausforderung und Kontrolle.

Engagement

Kobasa beschrieb Engagement (Commitment) als das Involviertsein in das eigene Lebens anstatt der Entfremdung davon. Menschen, die einen Sinn in ihrer Arbeit, ihren Familien und ihrem Leben sehen, erleben ihre Existenz als lohnend und interessant. Viktor Frankl, Psychotherapeut, Autor des Buches *Der Mensch vor der Frage nach dem*

Sinn und Überlebender des Holocaust, stellte zudem fest, dass ein tiefes Singgefühl ein Schlüsselfaktor für das Überleben von Folter, Hunger und Krankheit war. Menschen ohne dieses Bekenntnis zum Leben gingen zugrunde.

Herausforderung

Herausforderung (Challenge) basiert auf der Überzeugung, dass Veränderung eine Konstante im Leben ist. Erfolgreiche Menschen neigen dazu, Veränderung als aufregende Herausforderungen zu betrachten, die angenommen und gemeistert wird, anstatt als Stressfaktor, den es unbedingt zu vermeiden gilt. Sie begrüßen neue Chancen zu lernen, zu wachsen und sich zu verändern. Wenn sie sich mit Herausforderungen konfrontiert sehen, empfinden sie diese keineswegs als Bedrohung.

Kontrolle

Das Gefühl der Kontrolle, sprich der Beherrschung von Situationen, liegt nahezu jeder Effektivitäts- und Motivationstheorie zugrunde. Menschen, die in der Lage sind, kritische Entscheidungen zu treffen und Veränderungen herbeizuführen, haben dieses Gefühl der Kontrolle entwickelt. Wenn Sie die Disziplin aufbringen, Ihre Energie auf die Dinge zu fokussieren, die Sie kontrollieren können, anstatt auf Situationen außerhalb Ihrer Kontrolle, dann wirkt sich das durchweg positiv auf Ihre Stressresistenz, Effizienz und nicht zuletzt Erfüllung aus.

Indem Sie über die folgenden Fragen nachdenken, können Sie Ihre Herangehensweise an das Leben (und Ihr Stehvermögen) untersuchen. Die meisten unserer Kunden geben zunächst oberflächliche Antworten ohne viel Tiefe. Je aufrichtiger Sie sind, je intensiver Sie nachdenken und je tiefer Sie nachhaken, desto besser werden Ihre Antworten. Dieses Bewusstsein zu entwickeln, wird Ihnen dabei helfen, Ihr Mindset und Ihre Performance zu verbessern.

Engagement – Wofür engagieren Sie sich? Was ist Sinn und Zweck Ihrer Arbeit? Warum stehen Sie jeden Morgen auf und gehen zur Arbeit? Was an Ihrer Arbeit erweckt Ihre Leidenschaft? Wo finden Sie Sinn in dem, was Sie tun?

Herausforderung – Betrachten Sie die Dinge als Problem oder als Herausforderung? Wehren Sie sich gegen Veränderung oder betrachten Sie sie als Herausforderung? Wo finden Sie Herausforderungen in Ihrem Leben? Wenn Sie sich herausgefordert fühlen, empfinden Sie freudige Erregung oder fühlen Sie sich gleich überfordert?

Kontrolle – Verwenden Sie Energie darauf, sich um andere zu sorgen? Ist es für Sie schwierig, andere ihre eigenen Probleme lösen zu lassen? Wie oft machen Sie sich Sorgen über Dinge, die Sie nicht unter Kontrolle haben? Welche Dinge können Sie kontrollieren?

In der Arbeit mit unseren Kunden tauchen ständig Streitfragen zu den Punkten »Engagement«, »Herausforderung« und »Kontrolle« auf. Gelingt es unseren Kunden jedoch, positiver mit diesen Punkten umzugehen, spüren sie nach eigenen Angaben tatsächlich einen Unterschied in ihrer Energie, ihrer Perspektive, ihrer Fähigkeit, Rückschläge einzustecken, und in ihrem Stehvermögen. Wir von Tignum sind davon überzeugt, dass die Entwicklung Ihrer Resistenzfähigkeit der grundlegende Schritt zum Aufbau einer allgemeinen Resilienz ist.

Profitieren Sie von Ihren persönlichen Stärken

Bei Tignum arbeiten wir mit unseren Kunden unter anderem daran, das Bewusstsein für ihre persönlichen Stärken, ihren Kommunikationsstil, die Dinge, die ihrem Erfolg im Weg stehen, und ihre Problemlösungsmethoden zu entwickeln. Es gibt viele verschiedene verhaltensbezogene und psychologische Bewertungsmethoden, unser Ziel ist jedoch, diesen Prozess einfach, aber effektiv zu halten. Dafür wenden wir die DISC-Bewertung von Target Training International (TTI) an – ein effizientes, weil schnelles und eingängiges Instrument zur Ermittlung verhaltensbezogener Präferenzen. Laut unseren Kunden ist es außerdem klar und prägnant, präzise, praktisch und mühelos auf ihre Mindset-, Nutrition-, Movement- und Recovery-Strategien anwendbar.

Ob Sie zur Bestimmung Ihrer persönlichen Stärken nun ein spezifisches Instrument anwenden oder Selbstreflexion betreiben, wichtig ist, dass Sie so viel wie nur irgend möglich über Ihre persönlichen Stärken in Erfahrung bringen. Das Wissen, wie Sie Ihre Stärken zu Ihrem Vorteil nutzen, ebnet Ihnen den Weg zum Erfolg. Wie das Beispiel zweier berühmter Tennisspielerinnen und deren angewandte Taktiken veranschaulicht, liegt ein Schlüssel zum Sieg darin, seine Stärken zu kennen und sie dann gnadenlos gegen den Kontrahenten einzusetzen.

Martina Navrátilová, sieben Jahre lang die Nummer eins der Weltrangliste, gilt als eine der erfolgreichsten Tennisspielerinnen aller Zeiten. Ihr Serve-and-Volley-Spiel – eine offensive Taktik, die nah am Netz gespielt wird – war brillant. Es war nicht ihr Grundschlag, der sie so erfolgreich machte, sondern ihre Stärke am Netz, ohne die sie die meisten ihrer 18 Grand-Slam-Einzel- und 41 Doppelturniere niemals gewonnen hätte. Navrátilová, die ihre Stärke kannte und bei jeder sich bietenden Gelegenheit ans Netz ging, gewann mehr Einzel als jede andere Tennisspielerin der Geschichte. Im Gegensatz dazu wusste Chris Evert – Navrátilovás größte Rivalin –, dass ihre Stärke in ihrem unglaublich kraftvollen Grundlinienschlag lag. Durch den Einsatz dieser persönlichen Stärke gewann Evert mehr als die Hälfte aller Turniere, die sie im Laufe Ihrer 20-jährigen Karriere bestritt, und schaffte es in 90 Prozent aller Wettkämpfe mindestens bis ins Halbfinale. Zwei überragende Tennisspielerinnen, zwei grundverschiedene Stärken, zwei legendäre Erfolgsgeschichten.

Dieselbe Methode ist auch auf das Businessleben übertragbar. Marcus Buckingham, Bestsellerautor zahlreicher Publikationen, darunter sein neuestes Buch, *The Truth About You: Your Secret to Success*, hat den Begriff »Revolution der Stärken« geprägt, nachdem er mehrere Tausend Angestellte in unterschiedlichsten Stadien ihrer Karriere interviewt hatte. Buckingham ist davon überzeugt, dass Menschen sich auf ihre Stärken konzentrieren, sie entwickeln und einsetzen müssen. Wenn Sie das tun, steigern Sie Ihr Selbstvertrauen, entwickeln Ihre Talente, entwickeln mehr Leidenschaft und haben mehr Freude an Ihrer Arbeit. Laut Buckingham ist diese Revolution der Stärken »der Schlüssel zum effektivsten Weg zu persönlichem Erfolg und das fehlende Verbindungsglied zu Effizienz, Kompetenz und Erfolg, nach dem die meisten Unternehmen beständig streben«. Also eine Win-win-Situation: Sie steigern Ihre Kreativität und Innovationsfähigkeit, und Ihr Unternehmen steigert seine Erfolgschancen.

Die meisten Führungstheorien haben einen gemeinsamen Nenner, nämlich: das Bestmögliche zu geben, das ideale Ich zu erreichen. Deshalb ist es so überaus wichtig zu wissen, welche Stärken man besitzt, was man gerne tut und worin man gut ist. Es gibt herausragende Führungspersönlichkeiten, die introvertiert, ruhig und mancher Beschreibung nach sogar passiv sind. Oberflächlich betrachtet scheinen diese Eigenschaften das genaue Gegenteil der sprichwörtlichen »starken Führung einer Leitfigur« zu sein. Doch diese Führungspersönlichkeiten sind vielleicht ausgezeichnete Zuhörer, die wissen, wie man das Beste in Mitarbeitern zutage fördert, indem man sie anspornt, sich weiterzuentwickeln, Verantwortung zu übernehmen und sich jeder Herausforderung zu stellen.

Dann gibt es wiederum Führungspersönlichkeiten, die die berühmte »Follow me«-Methode der israelischen Armee anwenden. Sie geben den Ton an, erteilen Anweisungen und lenken alles und jeden. Sie halten bewegende Reden, setzen hochgesteckte Ziele und treiben alle unermüdlich an, diese einzuhalten. Sie besitzen völlig andere Stärken und können damit ebenfalls überaus erfolgreich sein.

Das Wichtigste ist, authentisch und effektiv zu sein. Das gelingt nur, wenn Sie Ihre Stärken erkennen und entwickeln.

Sind Sie introvertiert oder extrovertiert?

Regt der Kontakt mit anderen Menschen Sie eher an oder ermüdet er sie?

Sind Ihnen Details wichtig oder fokussieren Sie mehr das große Ganze?

Welcher Job in Ihrem Leben war Ihnen der liebste?

Und warum?

Welche Rolle würden Sie in einem Team gern immer einnehmen?

Für welchen Aspekt Ihrer Arbeit erhalten Sie bei Ihrer Leistungsbeurteilung stets Lob?

Worin sind Sie richtig gut?

Worin sind Sie richtig schlecht?

Wenn Sie Ihren perfekten Job konzipieren könnten, wie würde dieser aussehen? Warum?

Kapitel 7
Erweitern und festigen Sie Ihr High Performance Mindset

Mit Verblüffung stellen wir immer wieder fest, wie sehr unsere Kunden einfach dank einer neuen Bewusstseinsbildung ihr Verhalten und Leistungsniveau auf ganz natürliche Weise ändern. In dieser ersten Bewusstseinsphase durchlaufen sie wirklich tief greifende Veränderungen, zollen sich selbst jedoch häufig keine Anerkennung für die erzielten Fortschritte. Achten Sie bitte darauf, die Veränderungen, die Sie aus eigener Kraft bereits vollzogen haben, zu erkennen und zu würdigen. Nachdem Sie sich also bewusst gemacht haben, wie Sie denken, wie Sie die eigene Leistung bewerten, wie Sie mit Veränderungen und Herausforderungen umgehen, wie Sie sich verhalten, was Ihre Stärken sind und welche Geschichten in Ihrem Kopf ablaufen, ist es nun an der Zeit, den nächsten Schritt zu tun.

Mit dem Tignum-Performance-Mindset-System werden Sie Ihr neu gewonnenes Wissen und Bewusstsein gezielt zur Entwicklung eines Mindsets der Energie, der Klarheit und der Kreativität einsetzen. Wir bedienen uns des Wortes »gezielt«, weil es ein wesentliches Element darstellt. Denn nur durch gezielte und ständige Übung werden Sie ein High Performance Mindset aufbauen und nachhaltig festigen.

Stufe 2 – Strategien für mehr Energie, Klarheit und Kreativität

Diese zweite Stufe beschäftigt sich mit der Entwicklung von High-Performance-Verhaltensmustern durch wissenschaftlich erprobte mentale Visualisierungstechniken. Auf dieser Stufe ist Top-Performance nicht nur möglich, sondern höchstwahrscheinlich. Wenn Sie den richtigen Energielevel mit einem klaren Fokus und kreativer Imagery kombinieren, werden Sie über Ihr geistiges Leistungsvermögen verblüfft sein.

Sie betreiben täglich Mental Imagery – bewusst oder unbewusst. In Ihrer geistigen Vorstellung laufen die Dinge gut oder schlecht. In Ihrer Fantasie malen Sie sich aus, wie sich die Dinge für Sie optimal entwickeln, oder Sie beschwören das erwartete drohende Unheil herauf. Letztlich ist das Gehirn (besonders die rechte Gehirnhälfte) darauf ausgelegt, sich eine Vielzahl von »Was wäre, wenn«-Szenarien auszudenken. Diese Bilder verändern dann Ihre gesamte Physiologie, Ihr motorisches Verhaltensmuster und schließlich Ihre Performance. Wenn Sie lernen, bewusst positive Bilder über Top-Performance zu erzeugen, ist das für Sie ein gigantischer Schritt in Richtung Steigerung Ihrer Energie, Resilienz, Kapazität, Leistung und Nachhaltigkeit.

»Wenn viel auf dem Spiel steht, wie es bei folgender Kundenpräsentation der Fall war, gibt es keine zweite Chance für den ersten Eindruck. Bei einer Präsentation vor einer Weltelite hochkarätiger Führungskräfte können Sie sich keinen Misserfolg leisten, wenn es darum geht, diese davon zu überzeugen, dass eine Investition in Ihre Firma eine Win-win-Situation für alle wäre.

Gleich nach meiner Ankunft bat ich meinen Kollegen, mir den Sitzungssaal zu zeigen, in dem wir präsentieren würden. Als ich diesen betrat, prägte ich mir jedes Detail ein. Dabei überlegte ich: Wie groß ist der Raum? Wo werde ich stehen? Wo werden die Teilnehmer sitzen? Wie viele Personen werden an der Präsentation teilnehmen? Wird der Saal voll oder werden Stühle unbesetzt bleiben? Wie werde ich Blickkontakt zu meinen Zuhörern herstellen? Woran werde ich merken, ob eine Verbindung zu ihnen zustande kommt oder nicht? Wo wird die Leinwand hängen? Wo werden sich die Flipcharts und Whiteboards befinden, damit ich meine Argumente untermauern kann, ohne meinem Publikum den Rücken zuzukehren? Wo wird mein Laptop stehen? Wie viel Bewegungsspielraum werde ich haben, um hin- und herzugehen, während ich meinen Vortrag halte, damit ich entspannt und energiegeladen bleibe sowie die Interaktion mit allen Teilnehmern sicherstellen kann? Welche Raumtemperatur wird vorherrschen? Wie wird der Raum beleuchtet sein? Wo werde ich sitzen, während meine Teamkollegen präsentieren? Wie schaffe ich die reibungslose Überleitung zu meinem Teil der Präsentation, damit diese als integriertes Ganzes und nicht bruchstückhaft daherkommt?

Beim anschließenden Lunch diskutierte das Team dann die abschließenden Details für die Präsentation. Wir überlegten: Welche Fragen werden die Zuhörer wohl stellen? Gibt es darunter Personen, die unsere Standpunkte nicht teilen? Gibt es kulturelle Unterschiede, die wir beachten müssen? Gibt es irgendwelche privaten Geschichten in der Gruppe? Wir durchforsteten unsere Inhalte, bis wir sicher waren, dass wir auch nicht das Geringste übersehen hatten. Wir verließen den Mittagstisch in dem sicheren Gefühl, die Bedürfnisse unserer Kunden zu kennen und ihnen die entsprechenden Lösungen präsentieren zu können.

Abends in meinem Hotelzimmer dann die Generalprobe: Ich spielte meine Präsentation im Geiste mindestens hundertmal durch. Ich fühlte, wie ich unsere Botschaft übermittelte; ich spürte meine Körperhaltung; ich fühlte bei jeder Stimmmodulation die Schwingungen in meiner Kehle; ich spürte, wie die Blicke der Gruppe auf mich gerichtet waren; ich sah die Vortragsfolien vor mir, den Raum, die Gesichter und das Interesse der Teilnehmer, und ich sah meine Teamkollegen an der Seite sitzen. Im Geiste probte ich jedes Detail immer und immer wieder.
Außerdem ging ich jedes erdenkliche »Was wäre, wenn«-Szenario durch. Was wäre, wenn die Person auf Sitz drei einschlafen würde? Wenn die Person in der zweiten Reihe zu meiner Linken mir zurufen würde, dass ich nichts als Schwachsinn verzapfe? Wenn die Person in der ersten Reihe zu meiner Rechten offensichtlich meinem Englisch nicht folgen könnte, weil Englisch nicht ihre Muttersprache ist und ich zu schnell spreche? Wenn der Projektor den Geist aufgäbe oder die Videos keinen Ton hätten?
Am nächsten Tag lieferten wir eine fantastische Präsentation. Zu sagen, wir hätten unsere Zuhörer vom Stuhl gerissen, wäre eine glatte Untertreibung. Es war der Beginn einer Multimillionen-Dollar-Beziehung mit diesem Unternehmen. Und noch wichtiger: Es war der Wendepunkt in meiner Karriere.«

Ein Tignum-Kunde

Mental Imagery ist eine Fähigkeit, die durch gezielte Übung entwickelt werden kann. Ihr erfolgreicher Einsatz setzt voraus, dass Sie:

_diese Fähigkeit verstehen
_den Unterschied erkennen und schätzen, den sie in Ihrem Mindset und Ihrer Performance bewirken kann
_die Zeit und Energie aufbringen, sie ständig zu üben
_Mental-Imagery-Visionen beziehungsweise -Skripte erzeugen, die multisensorisch, detailreich und realistisch sind und High-Performance-Ergebnisse erbringen

Es wird viel darüber theoretisiert und spekuliert, warum und wie Mental Imagery funktioniert. Wir wollen Sie jedoch nicht zum Psychologen machen, sondern wir wollen Ihnen ein äußerst wirkungsvolles Instrument an die Hand geben, das Sie jederzeit nutzbringend einsetzen können.

Stellen Sie sich einen altmodischen Diaprojektor vor. (Vor PowerPoint verwendeten wir in der Tat Dias, um die wichtigsten Präsentationspunkte hervorzuheben.) Jeder Klick der Fernbedienung dreht das Dia-Karussell, sodass das nächste Dia vor die Projektionslampe rutscht und jeder im Raum das Bild sehen kann. In Ihrem Kopf lässt sich jede Erfahrung, die Sie jemals gemacht (oder sich vorgestellt) haben, als ein Dia beziehungsweise ein Dia-Satz betrachten. Das bedeutet, dass Ihr Gehirn in einer neuen, unbekannten Situation schnell Ihr Dia-Karussell nach einem Dia durchforstet, das entweder genau oder annähernd zu dieser Erfahrung passt.

Haben Sie diese plastischen Bilder erst einmal erzeugt und lassen diese immer und immer wieder vor Ihrem geistigen Auge ablaufen, aktiviert Ihr Körper dieselben Muskeln, die er bei tatsächlicher Ausübung der vorgestellten Aktivität ankurbeln würde. Diese Erfahrung wurde in Labortests mithilfe der Elektromyografie an Athleten gemessen. Wenn sich Athleten vorstellen, sie würden an einem Wettlauf teilnehmen, einen Tennis-Volley schlagen oder einen spielentscheidenden Jumpshot machen, dann werden die Muskeln, die sie dabei einsetzen würden, während ihrer Mental-Imagery-Übung tatsächlich aktiviert.

Mental Imagery für Geschäftserfolg

Viele Führungskräfte sind sich nicht im Klaren darüber, dass ihrer High Performance auch ein enormes physisches Element innewohnt. Ihre Verfassung (ruhig, gelassen, aufgeregt oder nervös), ihre Körperhaltung, ihre Stimme, ihr Blickkontakt, die Art, wie sie sich geben und wie konzentriert sie sind – all das sind körperliche Handlungen ähnlich denen, die beim Schießen eines Fußballs in Aktion treten.

Sie können dazu ganz gezielt mentale Übungen erzeugen und so Ihre Performance steigern. Mental Imagery ist von entscheidender Bedeutung für die Entwicklung eines High

Performance Mindsets. Tatsächlich berichten unsere Kunden, dass sie manchmal über den gesamten Arbeitstag hinweg Mental Imagery betreiben. Sei es, um ihre momentane Verfassung zu ändern und statt bedächtig lieber voller Pep, oder statt vorsichtig und zurückhaltend lieber mit mehr Selbstsicherheit zu agieren. Oder sie bedienen sich der Mental Imagery, um ihre Fähigkeiten beim Zuhören, Präsentieren und Verhandeln oder beim Tennis- oder Golfspiel zu entwickeln und optimieren.

Ein weiterer Grund für den Einsatz von Mental Imagery ist die Verbesserung früherer Leistungen. So ähnlich wie bei der Tiger-Woods-Methode, in der er zwar seine bisherige Performance auf verbesserungswürdige Aspekte hin überprüft, diese Vorstellungen dann jedoch verwirft und schnell durch High-Performance-Bilder ersetzt. Mithilfe dieser Technik können Sie Mental Imagery dazu nutzen, neue High-Performance-Muster zu entwickeln, selbst wenn Sie gerade eine schlechte Performance abgeliefert haben.

Was wäre, wenn Sie einem Mitarbeiter, der einen äußerst rüden Kommunikationsstil pflegt, eine Leistungsbeurteilung ausstellen müssten? Nehmen wir darüber hinaus an, er würde während des Gesprächs Ihren Managementstil attackieren und andeuten, eigentlich hätte er bei der letzten Beförderung Ihre Position bekommen sollen. Ihre Reaktion: Sie explodieren und machen ihm unmissverständlich klar, dass Sie der Chef sind und für seine Entlassung sorgen werden, falls er seine Zunge nicht im Zaum hält.

Alles, was in diesem Szenario passiert ist, hätte sich tatsächlich so abspielen können, aber es war ganz sicher keine High-Performance-Erfahrung. Und dabei kam gewiss nichts heraus, was beim nächsten Mal zu einer besseren Performance führen wird. Nach dem Meeting hätten Sie den gesamten Gesprächsverlauf zurückspulen können, mit Fokus auf die Dinge, die Sie falsch gemacht haben.

Aber diesmal gehen Sie anders vor …

Sie stellen sich vor, Sie wären ruhig, vorbereitet und selbstsicher. Sie verhalten sich freundlich und wohlwollend, aber dennoch ganz direkt und präzise bei Ihrer Leistungsbeurteilung. Anstatt aufbrausend auf die aggressiven Bemerkungen Ihres Mitarbeiters zu reagieren, hören Sie ihm aufmerksam zu, bestätigen seine Kompetenz, heben Übereinstimmungen hervor und wiederholen dann Ihre konkreten Erwartungen an sein zukünftiges Verhalten.

Durch diese Visualisierung einer positiven Erfahrung haben Sie in Ihrem Gehirn soeben ein Bild erstellt, das mit großer Wahrscheinlichkeit in Zukunft zu einem High-Performance-Ergebnis führen wird.

Identifizieren und visualisieren Sie Must-win-Events

Täglich sind Sie mit einer Reihe von Must-win-Events konfrontiert, die erkannt und vorbereitet werden wollen. Must-win-Events sind Events, die letztendlich zu einem Win-win-Resultat für alle Beteiligten führen – vorausgesetzt, sie werden mit Präzision, Fokus, Aufmerksamkeit und den angemessenen Emotionen gehandhabt. Das können so selbstverständliche Ereignisse wie Präsentationen, schwierige Verhandlungen, Aufsichtsratssitzungen oder Einstellungsgespräche sein. Daneben gibt es jedoch noch eine Vielzahl von Must-win-Events, die häufig unbeachtet bleiben.

Bereiten Sie sich auf Ihren Tagesbeginn vor …

Was bringt es Ihnen, wenn Sie morgens mit einer positiven Einstellung, energiegeladen und gut vorbereitet Ihr Büro betreten? Viel. Erreichen können Sie das, indem Sie vorher Ihre Agenda durchgehen, den Workflow des Tages nachvollziehen und die Must-win-Events sowie die Gelegenheiten zum Energieauftanken und Regenerieren bestimmen. Machen Sie dann eine kurze (zwei bis drei Minuten) Mental-Imagery-Übung mit der Vorstellung, Sie kommen ins Büro, schauen Ihren Terminplan durch und sind den ganzen Tag über Herr der Lage.

Bereiten Sie sich auf ein wichtiges Meeting vor …

Optimale Ausgangsbasis für jedes Meeting ist die Bestimmung der von Ihnen anvisierten Ziele. Wichtig dabei ist es, nicht gleich die ganz offensichtlichen Anliegen anzugehen – wie den großen Vertragsabschluss, den millionenschweren Auftrag oder allgemeine Zustimmung zu den von Ihnen vorgeschlagenen Aktionen. Denken Sie langfristig, denken Sie an den Sinn hinter dem Ganzen. Bauen Sie zum Beispiel eine Atmosphäre des Vertrauens auf, signalisieren Sie Ihren Kunden, dass Sie deren Herausforderungen und Grenzen zu Ihrer Sache machen wollen, oder Ihren Teammitgliedern, dass Sie deren Ideen und Meinungen schätzen – das sind Vorgehensweisen, mit denen Sie hohe Gewinne einfahren können. Voraussetzung: Es gelingt Ihnen regelmäßig, diese glaubwürdig zu vertreten.

Wenn Sie Ihre Vorhaben klar bestimmen, werden Sie feststellen, dass auch Ihr Verhalten sich entsprechend anpasst. Plötzlich agieren Sie nicht mehr überstürzt und reflexartig, sondern souverän. Welche Details können Sie in Ihre Mental-Imagery-Übung aufnehmen? Denken Sie daran: Je detaillierter und lebendiger Ihre Vorstellungen sind, desto mehr profitieren Sie davon.

Bereiten Sie sich auf den Übergang von Ihrem Arbeitsplatz zu Ihrem Zuhause vor …

Wenn Sie sich die Mühe machen, sich auf die Arbeit vorzubereiten, wäre es doch nur sinnvoll, sich ebenso auf zu Hause vorzubereiten, um auch Ihrer Familie Ihre positive Einstellung, Ihren Fokus, Ihre Energie und Anteilnahme zuteilwerden zu lassen. Wie oft schon sind Sie abends nach Hause gekommen – immer noch das Handy am Ohr, im Gespräch mit Geschäftspartnern –, wo Frau und Kinder auf Sie warteten und buchstäblich um Ihre Aufmerksamkeit buhlten? Wie sah der restliche Abend aus? Welches sind Ihre Hauptquellen von Zufriedenheit und Liebe? Aus den Antworten auf diese Fragen haben wir den Eindruck gewonnen, dass die meisten Menschen auch viele Ihrer Aktivitäten zu Hause als Ereignisse mit großen Auswirkungen bezeichnen würden.

Bereiten Sie sich auf das Einschlafen vor ...

Wie Sie später noch im Kapitel »Regeneration« erfahren werden, ist nichts für Ihren Energiehaushalt und Ihre Hirnfunktion wichtiger als ausreichender und guter Schlaf. Warum sollten Sie dies dem Zufall überlassen?

Die »Übung der Anerkennung« (eigener guter Leistungen) ist eine Mental-Imagery-Technik, die wir unseren Kunden beibringen. Sie hat sich als extrem erfolgreich erwiesen, wenn es darum geht, die Einschlafzeit zu verkürzen, das Gedankenkarussell zu stoppen und das subjektive Empfinden der Schlafqualität zu verbessern. Anstatt ruhelos im Bett zu liegen und sich in all die negativen Dinge, die sich tagsüber ereignet haben, hineinzusteigern, lassen Sie den vergangenen Tag noch einmal Revue passieren und filtern die Dinge heraus, die gut geklappt haben.

Eine Übung in Mental Imagery

Machen Sie sich eine klare Vorstellung von den Dingen, die Sie erreichen wollen. Wie würde Ihr optimales Ergebnis aussehen? Legen Sie Ziele fest. Bestimmen Sie, welche Empfindungen und Emotionen damit verbunden sein werden. Bestimmen Sie die Perspektive, die Sie für die Visualisierung des angestrebten Ergebnisses einsetzen werden. Das kann eine externe Perspektive sein, so als ob Sie sich selbst in einem Film betrachten würden. Vielleicht passt Ihnen aber auch eine interne Perspektive besser, so als würden sich die Dinge vor Ihren Augen entwickeln. Beide Techniken sind wirksam; probieren Sie einfach aus, welche Ihnen mehr zusagt. Nehmen Sie so viele sensorische Erfahrungen wie möglich auf. Was werden Sie sehen, fühlen, hören, schmecken und riechen? Stellen Sie sich die Ereignisse in chronologischem Ablauf vor. Achten Sie darauf, dass die Begleitsprache zu Ihren geistigen Bildern positiv und bejahend ist. Vermeiden Sie negative Worte oder Sätze. Vermeiden Sie vage Formulierungen, die implizieren, dass dies oder das eventuell eintreten könnte, aber nicht eintreten muss. Lassen Sie Ihren Mental-Imagery-Film so ablaufen, als ob das alles wahr wird.

Nach Ihrer persönlichen Visualisierung können Sie diese auch als Mental-Imagery-Skript aufschreiben. Anschließend können Sie Ihre eigene Stimme beim Lesen des Skripts aufnehmen, damit Sie es bei Bedarf jederzeit wieder anhören können. Oder Sie können es sich von jemand anderem vorlesen lassen, während Sie entspannt zuhören. Oder Sie lesen Ihr Skript wie ein Buch und lassen die Story beim Lesen wiederaufleben. Je öfter Sie diese bewusste Mental-Imagery-Übung wiederholen, desto natürlicher wird sie. Sogar der Akt des Aufschreibens wird Sie den angestrebten Ergebnissen und geistigen Bildern näherbringen.

Je lebendiger Sie Ihre Bilder gestalten, desto erfolgreicher und wirksamer wird die Übung sein. Je mehr Sie übertreiben und intensivieren, was Sie fühlen, sehen, hören, schmecken und riechen werden, desto kraftvoller wird die Visualisierung ausfallen.

Wenn es Ihnen schwerfällt, sich auf Abruf in einen bestimmten Zustand zu versetzen, erinnern Sie sich an eine gute Zeit in Ihrem Leben, deren Gefühle Sie jetzt wiederaufleben lassen wollen. Dann versetzen Sie sich in das hinein, was Sie damals sahen, fühlten und hörten. Fällt Ihnen keine entsprechende Situation ein, dann denken Sie sich eine solche einfach aus.

Je öfter Sie das üben, desto einfacher erreichen Sie jeden gewünschten Zustand. Bei ausreichender Übung entstehen Skripts ganz nebenbei, Bilder sind jederzeit abrufbar und Sustainable High Performance wird für Sie zum Normalzustand. Als Zusatznutzen schüttet Ihr Körper Hormone aus, die dafür sorgen, dass Sie gesünder und dynamischer werden und stets Herr der Lage sind.

Wenn Ihnen Mental Imagery schwerfällt, dann tun Sie sich vielleicht leichter, wenn Sie auf Bilder aus der Perspektive eines anderen zurückgreifen. Bei dieser Methode stellen Sie sich jemand anderen vor – vielleicht ein Idol oder einen Mentor – der genau das tut, was Sie selbst gern tun würden. Sobald sich dieses Bild klar und lebendig in Ihr Bewusstsein eingegraben hat, können Sie zu einer verwandten Perspektive überwechseln. Stellen Sie sich einfach vor, Sie würden in die Haut dieser Person schlüpfen, so als würden Sie einen Pullover überziehen. Nun wiederholen Sie diese ideale Performance – mit Ihnen selbst in der Rolle des High Performers.

»Mein Geheimnis ist ganz einfach – Übung. Ich bin gut in allem, was ich geübt habe.«

Tiger Woods

Stufe 3 – Stärken Sie Ihre Nachhaltigkeit

Während die zweite Stufe dafür sorgt, dass Sie eine Spitzenperformance erreichen, bietet diese Stufe die Techniken und Instrumente, mit denen Sie diese Performance aufrechterhalten können. Eine Eigenschaft, die die Swimmer von den Floatern trennt, ist der Anspruch konstanter High Performance, anstatt die eigene Leistung dem Zufall zu überlassen. Zwei hervorragende Methoden, wie Sie sich ganz dezidiert auf Ihre Performance Habits einschwören können, sind die Entwicklung einer persönlichen Erinnerungsstütze und die Anwendung von Ritualen, die Sie dabei unterstützen, Ihren Kurs zu halten.

Mindset unter Druck

Eines der eindringlichsten Beispiele für ein Mindset, dessen Zeuge ich wurde, habe ich in der TV-Sendung NBC Today *gesehen. Ann Curry interviewte die ehemalige kolumbianische Präsidentschaftskandidatin Íngrid Betancourt, die im Jahr 2002 von der kolumbianischen Guerillabewegung FARC entführt worden war.*

In diesem Interview erklärte Ann Curry, die übliche Reaktion auf die Erfahrung von sechs Jahren Gefangenschaft und Folter sei wohl Hass, ... Wut ... und der Drang nach Vergeltung. Während Curry diese Worte sagte, schüttelte Betancourt den Kopf und sagte: »Nein, nein, nein.«

Curry fragte: »Warum keine Vergeltung?« Betancourt blickte Curry in die Augen und antwortete ruhig und mitfühlend: »Weil Rachegefühle eine Fessel sind, und ich will nicht mehr an diesen Urwald gefesselt sein. Als der Hubschrauber abhob und ich aus dem Fenster sah, dachte ich, dass ich nichts von diesen Erlebnissen in mein zukünftiges Leben mitnehmen wollte ... Es gibt keinen Platz für Hass oder Rachegefühle. Ich könnte Mitgefühl für die Terroristen empfinden.«

Betancourt wiederholte, sie wolle in Zukunft frei sein. Hass, Wut und der Drang nach Vergeltung würden sie weiterhin zur Gefangenen machen. Diese Antwort hat mich bis ins Innerste getroffen.

Die Macht der Gedanken und Geschichten, die wir fest in unserem Gedächtnis verankern, kann uns entweder befreien oder gefangen halten. Ist es leicht, diese Entscheidungen zu treffen? Nein, keineswegs! Und dennoch wird jede unserer Mindset-Entscheidungen Auswirkungen auf unser Verhalten im Leben haben. High Performance erfordert ständige Aufmerksamkeit, das Reframing negativer Gedanken und das Umsetzen positiver Habits. Wenn Íngrid Betancourt die Entscheidung treffen kann, negative Gedanken auszulöschen, die sie zur Gefangenen machen und ihr Denken und ihr zukünftiges Handeln beherrschen, dann können wir ganz gewiss die destruktiven Gedanken und inneren Monologe ausschalten, die unseren Erfolg torpedieren.
Wenn Sie heute Ihre 200 E-Mails öffnen, am Flughafen in der Schlange an der Sicherheitskontrolle stehen, im Stau stecken oder im achten Meeting des Tages sitzen, dann fragen Sie sich, ob Ihre Gedanken Ihnen dabei helfen, Bestleistung zu erbringen oder ob sie Sie daran hindern.

Tignum-Blog

Nutzen Sie Erinnerungsstützen als Shortcuts

Anker sind vergleichbar mit Shortcuts auf Ihrer Computertastatur, die Ihnen ohne Umwege den Zugriff auf gewünschte Programme ermöglichen. Indem Sie einen Anker erzeugen, üben und anschließend nutzen, können Sie auf Kommando das gewünschte High Performance Mindset aufrufen. Ein Anker kann ein Wort, ein Satz oder ein Gegenstand sein. Ein Beispiel für eine Wort-Erinnerungsstütze ist das Wort »Fokus«. Wenn Sie Ihre Performance durch Mental Imagery üben, fügen Sie das Wort »Fokus« ein, während sich Ihr Gehirn bemüht, Ablenkungen zu vermeiden und sich ganz bewusst stärker zu konzentrieren. Eine weiter gute Erinnerungsstütze ist das Wort »atmen«, das Sie daran erinnert, einen tiefen, reinigenden Atemzug zu tun, Ihre Anspannung zu lösen und sich zu lockern.

»Selbstvertrauen« ist eine Wort-Erinnerungsstütze, den eine unserer Kundinnen verwendet. Kurz bevor sie vor ein Publikum tritt, um eine Präsentation zu halten, holt sie tief Luft und sagt »Selbstvertrauen«. Ihr Gehirn signalisiert dann: Körperhaltung verbessern. Selbstsicher gehen. Blickkontakt herstellen und der Stimme Autorität verleihen. Natürlich sind dies alles Verhaltensweisen, die sie in Verbindung mit Ihrem Anker mental und physisch geübt hat. Auf diese Weise weiß ihr Gehirn genau, was ihre Wort-Erinnerungsstütze bedeutet.

Ein Beispiel für eine Satz-Erinnerungsstütze ist »Lass es zu« oder »positive körperliche Reaktion«. Die Bedeutung dieser Satz-Erinnerungsstütze mag variieren, doch für die Person, die sie verwendet, sollte ihre Bedeutung glasklar sein. Einer unserer Kunden hatte zum Beispiel die kontraproduktive Angewohnheit, total überzureagieren, wenn eine Verhandlung nicht ganz glatt beziehungsweise nach seinen Vorstellungen lief. So zeigte er unverhohlen Enttäuschung oder sogar Abscheu, wenn das Gegenangebot eines Kunden deutlich von seinem Angebot abwich. Dieses Gebaren hatte zur Folge, dass nicht nur ein Deal flöten ging, sondern mitunter die gesamte Geschäftsbeziehung. Durch die mentale und physische Übung einer positiven körperlichen Reaktion, wie zum Beispiel einem sanften Kopfnicken, einem freundlichen Lächeln und einem hinterfragenden Blick, veränderte er jedoch seine frühere unbewusst negative Reaktionsweise vollkommen. Vor jedem Kundengespräch konsolidierte er sein neues Verhaltensmuster mit der Satz-Erinnerungsstütze »positive körperliche Reaktion«.

Viele Menschen nutzen einen Gegenstand als Erinnerungsstütze, mit dem sich die rechte (kreative) Gehirnhälfte hervorragend stimulieren lässt. Ein Kunde war ein großer Segelfan. Auf seinem Schreibtisch stand ein Foto seines zwölf Meter langen Segelboots, auf dem er und seine Frau jede freie Minute verbrachten. Jedes Mal, wenn er das Foto betrachtete, war das eine Erinnerung an ihn, sich dem Wind der Veränderung nicht entgegenzustemmen, sondern die Veränderung vielmehr dazu zu nutzen, neue Chancen aufzuspüren. Dieser Kunde, der in dem Ruf stand, unflexibel zu sein, veränderte schnell seine übliche Reaktionsweise und infolgedessen auch sein Mindset. Bei einem unserer Folgegespräche erzählten seine Teamkollegen von seiner bemerkenswerten Entwicklung und deren Auswirkung auf das gesamte Team.

Für andere kann die Erinnerungsstütze ein Armband sein, das sie daran erinnert, sich nicht über Kleinigkeiten aufzuregen. Einige Kunden verwenden etwas so Simples wie ein Gummiband am Handgelenk. Wenn Refokussierung oder ein Energieschub vonnöten sind, lassen sie es schnappen, um ihre positive Mental Imagery zu stärken.

Wichtig ist, daran zu denken, dass die Erinnerungsstütze per se keine Veränderung Ihres Mindsets bewirkt. ist der Schalter, der den Kreislauf schließt. Zunächst einmal müssen Sie jedoch diesen Kreislauf erzeugen – durch Selbsterkenntnis, mentale Visualisierung und körperliche Bewegung.

Entwickeln und verwenden Sie Performance-Rituale

Rituale sind überaus wichtig, weil sie Ordnung und Struktur in Chaos und Veränderung bringen. Der Mensch ist ein Gewohnheitstier und es sind unsere Gewohnheiten, die uns zum Sinker, Floater oder Swimmer machen. High-Performance-Rituale steigern Ihre Selbstkontrolle und bieten eine Art sicheren Hafen bei unvorhersehbarer Stressüberflutung. Rituale funktionieren jedoch nur, wenn sie ständig umgesetzt werden.

Ein Kunde erzählte uns, dass er grundsätzlich den ganzen Weg von der Arbeit nach Hause mit dem Handy telefonierte und das Telefon noch am Ohr hatte, wenn er durch die Haustür ging. Das verkürzte die Zeit, die er für seine Frau und Kinder hatte, und machte den Übergang von der Arbeit ins Privatleben recht schwierig. Um diesen Übergang positiver zu gestalten, begann er, an einem nahe gelegenen Park anzuhalten und seine Telefonate dort zu beenden. Anschließend fuhr er einmal um den Block, als Symbol, dass der Arbeitstag abgeschlossen war und er von nun an hundertprozentig für seine Familie da sein würde. Dieses einfache kleine Ritual veränderte sein Leben. Seine Einstellung und Aufmerksamkeit gegenüber seiner Frau und seinen Kindern veränderten sich so deutlich, dass es ihm nicht nur gelang, seinen eigenen Fokus zu entwickeln, sondern auch die Unterstützung seiner Familie zu gewinnen.

Eine Kundin hatte stets mit ihrem Mindset zu kämpfen, wenn sie morgens an ihrem Arbeitsplatz ankam. Sie fühlte sich überrollt von ihrer endlosen To-do-Liste, der E-Mail-Flut, den Terminerinnerungen ihrer Assistentin sowie dem Stapel an Budgetanträgen, die sie unterschreiben musste. Sie hatte das Gefühl, sich völlig schutzlos in die Höhle des Löwen zu begeben. Mithilfe des Tignum-Coachings gelang es ihr, folgendes Ritual zu entwickeln: Sie verließ die Londoner Untergrundbahn zwei Haltestellen vor ihrem Büro, ging die letzten 1200 Meter zu Fuß und nutzte diese Zeit als Warm-up für den bevorstehenden Arbeitstag. Zuerst visualisierte sie ihr Büro und die Arbeit, die sie erwartete. Sie sah sich dabei völlig entspannt und kontrolliert eine Aufgabe nach der anderen abarbeiten. Dieser Spaziergang wurde zu einem wirksamen Ritual, mit dessen Hilfe sie das High Performance Mindset entwickelte, das sie sich wünschte. Als Nebeneffekt nahm sie etwas ab, verbesserte ihre Fitness und reduzierte ihren Stresslevel.

Rituale erfordern zwar Zeit und Mühe, aber sie machen sich bezahlt. Die meisten unserer Kunden berichteten, dass die Rituale nach anfänglich echter Anstrengung doch sehr schnell zur mühelosen Gewohnheit wurden.

Bewerten Sie Ihre Mindset Habits

Jeder Mensch besitzt die Voraussetzungen für ein hervorragendes Mindset. Manche von uns benötigen einfach mehr Übung als andere. Sie *werden* in allem gut sein, was Sie üben. Je mehr Sie Ihr Bewusstsein erweitern und je öfter Sie die von uns vorgestellten Mindset-Strategien üben, desto besser wird Ihre Performance sein. Sustainable High Performance beginnt damit, sich seiner Gewohnheiten und Bedürfnisse sowie der angestrebten Nutzen bewusst zu werden. Oft überlassen Menschen ihr Mindset dem Zufall. Wenn Sie bereit sind, Ihr Wissen in Handeln umzusetzen, können Sie enorme Potenziale freisetzen.

Wollen Sie Sinker, Floater oder Swimmer sein?

Die Entscheidung liegt allein bei Ihnen.

Sie haben die Mindset-Habits eines **Sinkers**, wenn Sie:

_ein unbewusstes Leben führen, in dem Sie sich Ihrer Gedanken, inneren Monologe und selbst fabrizierten Geschichten nicht bewusst sind
_sich Ihrer Stärken nicht bewusst sind, jedoch Ihre Schwächen umso besser kennen
_immer nur reagieren und Frustration mit Wut begegnen
_sich Ihrer Leidenschaften nicht bewusst sind
_pessimistisch sind und Veränderungen grundsätzlich als negativ bewerten
_ständig über Dinge jammern, die Sie nicht kontrollieren können
_sich bei Meetings auf bloße Anwesenheit beschränken (ohne sich mental vorbereitet oder Ziele gesetzt zu haben)
_an Ihren negativen Performances (an Dingen, die danebengingen) festhalten

_sich nicht auf den Übergang von zu Hause auf Ihre Arbeit oder umgekehrt vorbereiten
_keine mentale Visualisierung zur Steigerung Ihrer Performance nutzen
_keinerlei High-Performance-Erinnerungsstütze haben
_keinerlei High-Performance-Rituale entwickeln
_sich der Auswirkungen der Mindset, Nutrition, Movement, und Revocery Habits nicht bewusst sind und diese nicht zur Optimierung Ihrer Performance nutzen

Sie haben die Mindset-Habits eines **Floaters**, wenn Sie:

_sich Ihrer Gedanken, inneren Monologe und erdachten Geschichten bewusst sind, aber selten versuchen, sie zu »reframen«
_sich Ihrer Stärken bewusst sind, aber jede Menge Energie aufwenden, um über Ihre Schwächen nachzugrübeln
_gelegentlich die Kontrolle über Ihre Gefühle verlieren, dies aber als Teil Ihrer Persönlichkeit betrachten
_zwar verstehen, dass Veränderungen große Chancen in sich bergen, aber dennoch Mühe haben, sich diese Auffassung konsequent zu eigen zu machen
_sich gelegentlich auf Dinge einschießen oder sich über Dinge beschweren, auf die Sie keinen Einfluss haben
_zwar Ihre Präsentation und Inhalte für Meetings und Must-win-Events vorbereiten, jedoch nicht Ihr Mindset
_die meisten Ihrer Performances überprüfen, sich aber selten die Mühe machen, Ihre Fehler umgehend zu »reframen«, um sie nicht zu wiederholen
_gelegentlich Mindset-Strategien anwenden, um den Übergang von der Arbeit ins Privatleben oder umgekehrt zu vollziehen, daraus aber keine konsequente Gewohnheit machen
_gelegentlich mentale Visualisierung betreiben, um sich auf wichtige Ereignisse vorzubereiten
_eine Erinnerungsstütze als Mindset-Unterstützung bestimmt haben, diese aber nicht regelmäßig nutzen

_keine konstanten Rituale haben, die Ihnen den Zugang zu Ihrem High Performance Mindset erleichtern
_sich der Qualitäten, Attribute und Fähigkeiten eines High Performance Mindsets bewusst sind, aber selten an der Verbesserung Ihres Mindsets arbeiten.
_sich der Bedeutung der Nutrition, Movement und Recovery Habits als integriertes Ganzes halbwegs bewusst sind, diese jedoch nicht als solche nutzen

Sie haben die Mindset-Habits eines **Swimmers**, wenn Sie:

_ ein selbstbestimmtes Leben führen und sich Ihrer Gedanken, inneren Monologe und selbst fabrizierten Geschichten bewusst sind (hohe Metakognitionsebene)
_ Ihre Gedanken, inneren Monologe und Geschichten ständig hinterfragen, um zu prüfen, ob sie zutreffen und High-Performance-Level haben
_ jeden Low-Performance-Gedanken, -Monologe oder -Geschichten »reframen«
_ sich Ihrer Stärken bewusst sind und sie permanent nutzen
_ Veränderung als Chance begreifen
_ sich auf die Dinge konzentrieren, auf die Sie Einfluss haben
_ Inhalte, Präsentation sowie Ihr Performance Mindset auf Meetings und Must-win-Events vorbereiten
_ Ihre Performance daraufhin überprüfen, was Sie gut gemacht haben, und die Dinge »reframen«, die Ihnen nicht gelungen sind
_ laufend Mindset-Strategien anwenden, um den Übergang von der Arbeit ins Privatleben und umgekehrt zu vollziehen
_ sich laufend mental auf wichtige Ereignisse vorbereiten, indem Sie Ihre Absichten formulieren und mentale Visualisierung betreiben
_ Erinnerungsstütze verwenden, um Ihr High Performance Mindset aufrechtzuerhalten
_ über konstante Rituale zur Erhaltung Ihres High Performance Mindsets verfügen
_ kontinuierlich dadurch an der Verbesserung Ihres Mindsets arbeiten, dass Sie sich die angestrebten Qualitäten, Attribute und Fähigkeiten ins Bewusstsein rufen
_ Nutrition, Movement und Recovery Habits in Ihre Mindset-Strategien integrieren, um Ihr Performance Mindset zu optimieren

Entwickeln Sie Performance-Mindset-Ziele

Die in diesem Abschnitt vorgestellten Sustainable-High-Performance-Mindset-Strategien sind auf Integration mit unseren Performance-Nutrition-, Performance-Movement- und Performance-Recovery-Strategien ausgerichtet. Die Mindset-Strategien als solche werden aus Ihnen jedoch nicht zwangsläufig einen High Performer machen oder die Nachhaltigkeit Ihrer Performance steigern. Es ist sogar sehr unwahrscheinlich, ein High Performance Mindset zu erreichen, wenn Sie übermüdet, überzuckert, falsch ernährt sind oder sich zu wenig bewegen. Die vier Tignum-Säulen der Sustainable High Performance sind aufs Engste miteinander verbunden und voneinander abhängig. Die wirkliche Power persönlicher Innovation geht Hand in Hand mit der absoluten Integration von Mindset, Nutrition, Movement und Recovery Habits.

Um all das Erlernte nun zur Entwicklung eines High Performance Mindsets einzusetzen, gilt es, für Sie persönlich sinnvolle Mindset-Ziele zu formulieren. Um diesen Prozess in Gang zu bringen, setzen Sie sich mit folgenden Fragen auseinander:

Welche drei Schritte können Sie jetzt unternehmen, um Ihr Mindset zu verbessern?

Wenn Sie einen »High-Performance-Mindset«-Tag einlegen würden, inwieweit würden sich Ihre Gedanken und inneren Monologe verändern?

Wie werden Sie Ihre negativen Überzeugungen, Gedanken und inneren Monologe »reframen«, insbesondere um Ihre bisherigen Performances zu überprüfen und sich auf Ihre zukünftigen vorzubereiten?

Welche Erinnerungsstütze werden Sie verwenden, um sich an Ihr High Performance Mindset und Ihre Sustainable-High-Performance-Ziele zu erinnern?

Wie werden Sie Mindset-Strategien umsetzen, um Ihre Energie, Resilienz, mentale Leistung und Kapazität bis zum Sustainable-High-Performer-Status zu pushen?

Teil III
Performance Nutrition

Performance Nutrition bedeutet: Bewusste Auswahl der Nahrungsmittel (ohne Genussverzicht) zur Optimierung Ihrer Energie, Resilienz, mentalen Performance und Kapazitäten, um Fokus und Klarheit zu entwickeln und nachhaltigen Erfolg zu erzielen.

Kapitel 8
Ihre Nahrung ist der Treibstoff für Ihr Tun / 132

Kapitel 9
Ihr persönlicher High-Performance-Teller: Bon appétit! / 152

Kapitel 10
Ernährungsplan für Sustainable High Performance / 168

Kapitel 8
Ihre Nahrung ist der Treibstoff für Ihr Tun

»Wenn ich eine Unterhose von Armani trage, wird sie kein Teil von mir. Wenn ich eine Scheibe Schinken esse, wird sie ein Teil von mir. Aus diesem Grund mache ich mir mehr Gedanken über Schinken als über Mode.«

Carlo Petrini, Gründer der Slow-Food-Bewegung

Es ist 14 Uhr und Sie legen letzte Hand an die für 14.30 Uhr terminierte Kundenpräsentation. Sie haben Ihre Mittagspause dazu genutzt, jede Folie so perfekt wie möglich zu gestalten. Sie haben Ihre Zahlen noch einmal überprüft und das Schriftbild aufpoliert. Sie haben letzte Recherchen angestellt, um ganz sicherzugehen, dass Sie die Bedürfnisse Ihres Kunden genau verstehen. Sie sind die Folien dreimal durchgegangen, damit Sie die Reihenfolge der Folien aus dem Effeff kennen.

Sie gehen noch einmal schnell auf die Toilette. Bevor Sie sie verlassen, überprüfen Sie Ihr Äußeres im Spiegel. Alles bestens, Sie sehen lediglich ein wenig müde aus. Sie haben ein leicht flaues Gefühl im Magen und Ihre Energie lässt etwas nach. Auf dem Weg zurück fällt Ihnen ein, dass Sie nicht zu Mittag gegessen haben. Ihr Magen knurrt und Sie haben Heißhunger auf etwas Süßes. Sie haben noch 15 Minuten, also Zeit genug, schnell zum Snack-Automaten zu rennen und sich einen Snack zu holen.

Sie gehen in den kleinen Küchenbereich, wo glücklicherweise noch etwas Kaffee herumsteht. Sie gießen sich eine Tasse ein und geben etwas Kaffeeweißer und zwei Päckchen Zucker hinein. Sie rühren um, nehmen einen Schluck – nicht weltbewegend, aber erfüllt seinen Zweck. Jetzt noch einen schnellen Snack. Sie prüfen die Auswahl: Schokoriegel, Apfelplunder, Zimtrolle, Kartoffelchips, Salzstangen. Sie entscheiden sich für den Apfelplunder.

Dann kehren Sie zu Ihrem Schreibtisch zurück. Es ist 14.21 Uhr, Sie stöpseln Ihren Laptop aus und machen sich auf den Weg zur Präsentation. Sie schlingen den Apfelplunder hinunter, nehmen ein paar Schlucke Kaffee und los gehts. Sie betreten den Konferenzraum, schließen Ihren Laptop an und sind bereit.

Aber sind Sie das wirklich?

Ernährung ist eine Sache der Leidenschaft, des Genusses, der Gewohnheit und oft der Frustration. Jeder Mensch ist bis zu einem gewissen Grad ein Ernährungsexperte. Jeder Mensch braucht Nahrung, um alle Körperfunktionen aufrecht- und sich am Leben zu erhalten. Leider ist die Ernährung oft mit Mythen und Fehlinformationen behaftet. Ernährung wird im Allgemeinen rein wissenschaftlich betrachtet, ohne Berücksichtigung der Freude, die sich einstellt, wenn man lernt, wie man sich zur eigenen Erfüllung oder für Sustainable Performance ernährt. Das wollen wir ändern!

Essen will zelebriert werden, und an diesem Grundsatz wollen wir festhalten. Positive Gefühle fördern die Verdauung, folglich sollten diese Gefühle maximiert werden. Wir wollen Sie hier dazu ermutigen, 80 Prozent Ihrer Ernährungsentscheidungen mit Rücksicht auf Ihre Performance und Gesundheit zu treffen und 20 Prozent für »sündigen« Genuss, sozusagen ein Fest der Sinne, zu reservieren. Dieser Ansatz (auch als Tignums 80/20-Richtlinie bekannt) lässt den Genusszentren des Gehirns ihren wohlverdienten Anteil und stärkt gleichzeitig die positive Selbstachtung, die eine gesunde und High Performance fördernde Auswahl mit sich bringt.

Die Beziehung zu Ihrer Nahrung ist eine höchst persönliche. Sie wird von Ihrer Familiengeschichte, Ihrer biochemischen Individualität, kulturellen Überzeugungen, Erfahrungen mit Essen, persönlichen Geschmacksvorlieben und den Gefühlen, die Sie beim Gedanken an Essen überkommen, geprägt. Je mehr Sie sich bewusst werden, warum Sie essen, wann Sie essen, wie viel Sie essen und auch welche Auswirkung Ihre Ernährung auf Ihren Energiepegel, Ihr Immunsystem, Ihre Hirnfunktionen und Ihre Performance hat, desto besser werden Ihre Entscheidungen ausfallen.

»Das Wort ›Ernährung‹ löste bei mir unweigerlich den Gedanken an eine Diät aus. Ich dachte an den Verzicht auf Dinge, die mir als ungesund bekannt waren. Ernährung assoziierte ich stets mit Abnehmen, mit Senkung des Cholesterinspiegels und der Eindämmung des Risikos für Herzerkrankungen, Diabetes und vielleicht sogar Krebs.
Eine der beeindruckendsten Lektionen für mich war zu erkennen, dass es eine Verbindung gibt zwischen dem, was ich esse, und wie ich mich fühle. Noch wichtiger, dass auch eine Verbindung zwischen Essen und Leistungsvermögen (Performance in Meetings, Präsentationen etc.) besteht.
So was lernt man nicht in der Business School. Auch kein Vorgesetzter bringt Ihnen das bei Ihrer Leistungsbeurteilung bei. Und in der Vorstandsetage wird ebenfalls nicht darüber geredet.
Bei Leistungssportlern ist es ganz klar, dass ihre Ernährung den erwarteten Höchstleistungen entsprechen muss. Sportler reden über Ihre Nahrungsaufnahme vor den Wettkämpfen und die »Regenerations«-Mahlzeiten danach, und sogar über die Snacks, die sie während des Wettkampfs zu sich nehmen. An vielen Tagen gleicht mein Arbeitstag einem Triathlon: Ich renne von einem Meeting zum nächsten mit so gut wie keinen Pausen dazwischen.
Als ich lernte, Ernährung mit anderen Augen zu sehen und mir Gedanken über die Auswirkung meines Essverhaltens auf meine bevorstehende Leistung zu machen, vollzog sich eine Wandlung in meinem Kopf: Der Gehirnnebel lichtete sich plötzlich. Die Schläfrigkeit bei Meetings nach dem Mittagessen verschwand. Die Energietiefs am späten Vormittag, in denen ich hungrig, reizbar und unfähig war, mich zu konzentrieren, waren passé. Die Einsicht, dass Nahrung eine maßgebliche Auswirkung auf meine Leistung hat, hat mir letztendlich einen entscheidenden Performance-Vorsprung verschafft.«

Ein Tignum-Kunde

Kann das, was Sie essen, wirklich Ihre Leistungen beeinflussen?

Im Jahr 2004 startete der englische Starkoch Jamie Oliver eine Informationsreise durch das englische Schulsystem, um zu erkunden, was den Schülern zum Lunch vorgesetzt wird. Wie die USA hat auch Großbritannien zunehmend mit Fettleibigkeit bei Kindern und Jugendlichen zu kämpfen. Nachdem Oliver sich über die Verpflegung an Englands Schulen schlaugemacht hatte, versuchte er, diese umzukrempeln und sich dabei an das niedrigstmögliche Budget zu halten. Für nur 45 Cent pro Schüler kreierte er alternative Menüs, die neben gesunden Eiweißlieferanten mit weniger gesättigten Fettsäuren auch Gemüse und Obst enthielten. Außerdem verbannte er Fertigprodukte weitestgehend aus seinen Speiseplänen.

Wie erwartet, stieß er zunächst auf Widerstand seitens der Schulküchen (insbesondere der Küchenchefs) und der Kinder, die mehr über McDonald's und Domino's Pizza wussten als über Spargel. Nachdem die Schüler jedoch begonnen hatten, die neuen alternativen Gerichte zu essen, stellten sich verblüffende Ergebnisse ein. Innerhalb eines Monats beobachteten die Lehrer eine deutliche Verbesserung des Konzentrationsvermögens, der Gedächtnisleistung, des Gesamtverhaltens sowie der Noten der Schüler. Parallel dazu verzeichnete die Schulschwester einen drastischen Rückgang der ausgegebenen Medikamente sowie der Zahl der Schüler, die sie wegen Asthmaproblemen oder anderen Erkrankungen aufsuchten.

Wenn das Schulessen schon so enorme Auswirkungen auf Kinder hat, welchen Effekt hat Ihr Essverhalten dann wohl auf Sie und Ihre Leistung?

Doch zurück zu unserer Einleitungsgeschichte. Unser Executive war so darauf konzentriert, eine High-Performance-Präsentation abzuhalten, dass er keine Mittagspause einlegte, sondern durcharbeitete. Mehr als 60 Prozent der Führungskräfte, mit denen wir zusammenarbeiten, geben an, dass sie oft auf das Mittagessen verzichten, um ihre Arbeit zu bewältigen. Sie berichten auch, dass sie mit Kaffee und süßen Snacks versuchen, ihre Nachmittage zu überstehen. Noch alarmierender ist jedoch, dass weniger als fünf Prozent von ihnen ihr Mittagessen strategisch auswählen, um ihre Nachmittagsleistung zu verbessern. In dieser Hinsicht sind sie genau wie die Schulkinder – dem Kantinenmenü oder dem Angebot von Snack-Automaten wehrlos ausgeliefert.

Warum wir essen müssen – und warum wir essen

Jede Funktion unseres Körpers benötigt Energie. Energiespender ist unsere Nahrung, die außerdem auch die wesentlichen Bausteine für unsere körpereigenen Zellen und Organe liefert. Jede Sekunde unseres Lebens laufen viele Tausend chemische Reaktionen im Körper ab. Zur Erfüllung ihrer Funktion sind diese Reaktionen auf Katalysatoren angewiesen, die von Vitaminen, Mineralien und Spurenelementen aus unserer Nahrung stammen.

Viele Menschen wissen nicht, dass sich ihr Körper in einem ständigen Erneuerungsprozess befindet. Tatsache ist, dass Ihr Körper jeden Tag mehr als 300 Milliarden Zellen ersetzt. Diese Zellerneuerung bestimmt über Ihre Gesundheit und Ihren Alterungsprozess. Also müssen wir dafür sorgen, dass kontinuierlich gesunde Zellen produziert werden. Erreichen können wir dies durch bessere Ernährungsgewohnheiten – was schließlich zu einer gesunden Zellregeneration führt.

Bleibt jedoch zu bedenken, dass es dabei nicht nur um Gesundheit geht; denn Zellerneuerung beeinflusst auch Ihre Leistung. Rufen Sie sich die Presenteeism-Statistiken ins Gedächtnis, die zeigen, dass bei einer angeschlagenen Gesundheit auch Produktivität und Performance leiden. Ganz ähnlich ist es mit unserem Körper als ganzheitlichem System: Wenn ein Organ krank ist, leidet der Körper als Ganzes – das beinhaltet auch die Hirnfunktion.

Ihr heutiges Essverhalten und Ihr momentaner Lebensstil werden sich in der Zukunft entscheidend auf die Zellerneuerung Ihrer sämtlichen Körperorgane auswirken. Und weil Sie diese fantastische Chance haben, Ihre Zellerneuerung zu fördern, möchten wir Sie ermutigen, Ihre Einstellung gegenüber Ihrer Ernährung zu verändern. Die Veränderung Ihres Essverhaltens wird nicht nur Ihre heutige Performance beeinflussen, sondern auch Ihre Leistungsfähigkeit in den kommenden Jahren.

Protein stärkt Ihr Immunsystem

Protein ist nicht nur für Muskelmasse zuständig. Seine Hauptfunktion ist die Ernährung und Regenerierung des Immunsystems, das Zellen enthält, die zum größten Teil aus Eiweiß bestehen. Die Qualität der Proteine in Ihrer Nahrung nimmt direkten Einfluss auf die Reproduktion und Funktionstüchtigkeit dieser Zellen. Eine unzureichende Eiweißzufuhr kann den Abwehrmechanismus des menschlichen Immunsystems beeinträchtigen und Ihre Widerstandsfähigkeit gegenüber den täglichen Belastungen, Vielflieger-Stress und Jetlag schwächen.

Eine ausgewogene Eiweißzufuhr in den Haupt- und Zwischenmahlzeiten kann Ihre Blutzuckerwerte stabilisieren, Ihren Energiepegel und Ihre Widerstandskraft stärken und gleichzeitig Ihr Immunsystem fördern und Ihre mentale Performance verbessern. Ausgezeichnete Eiweißlieferanten sind Milchprodukte (Joghurt, Käse, Kuhmilch), Eier, Fleisch, Fisch, Geflügel, Bohnen, Sojaprodukte, Hülsenfrüchte, Nüsse und Kerne.

Wenn Sie die verschiedenen Ebenen Ihres Immunsystems betrachten – von Ihrer Haut und der Auskleidung des Verdauungstrakts (Schleimhautschicht) bis zur Produktion von weißen Blutkörperchen –, wird Ihnen klar, warum Ihr Körper die richtige Ernährung braucht, um sich zu schützen. Ihre Haut, die größte Barriere zwischen dem Inneren und dem Äußeren Ihres Körpers, erneuert sich alle zwei Wochen. Gute Essgewohnheiten sind daher überaus wichtig, um zu gewährleisten, dass Ihr Immunsystem perfekt funktioniert.

Was und wie Sie essen, hat nicht nur Auswirkungen auf Ihr Aussehen. Es beeinflusst Ihren Energiepegel, Ihre Performance, Ihre Gesundheit und Ihre nachhaltige Leistungsfähigkeit. Mit den richtigen Ernährungsstrategien lassen sich Ihre mentale Performance und die Qualität Ihrer Zeit deutlich verbessern.

Ihre Ernährung beeinflusst Ihre mentale Performance

In der Amen Clinic setzt unser Kollege Dr. Daniel Amen Ernährung ein, um die Hirnfunktionen seiner Patienten zu verbessern. Nur selten wird eine Verbindung zwischen der Ernährung einer Person und Leiden wie Gehirnnebel (Gedächtnisverlust, langsames Denken, Verlust des gedanklichen Fadens mitten im Satz), Angstzuständen, ADHS (Aufmerksamkeitsdefizit-Hyperaktivitätsstörung), Depressionen und Demenz hergestellt. Amens Forschungsarbeit und klinische Erfahrung jedoch legen das Gegenteil nahe. Tatsächlich erzielt er nennenswerte Erfolge bei diesen Erkrankungen durch

Ernährungsumstellung und Nahrungsergänzungsmittel, die bisher ausschließlich mit Medikamenten therapiert wurden.

In einer Studie des Universitätslabors für Physiologie der Universität Oxford untersuchten Forscher mehr als 1000 junge Gefängnisinsassen und die Auswirkungen verabreichter Fischölsupplemente auf deren Gewaltbereitschaft. Nach einem Jahr war das gewalttätige Verhalten der Gruppe, die Fischöl einnahm, um rund 33 Prozent gesunken. Ein Forscher merkte dazu an: »Unsere ersten Ergebnisse wiesen darauf hin, dass die Verbesserung der Ernährung auch das soziale Verhalten und die Gesundheit der Menschen verbessern könnte. Dies ist kein Gebiet, das derzeit in Standards für angemessene Ernährung berücksichtigt wird. Wir wollen damit nicht sagen, dass die Ernährung der einzige Einflussfaktor auf das Verhalten ist, aber es sieht so aus, als hätten wir ihre Bedeutung bisher stark unterschätzt.«

Stellen Sie sich den enormen volkswirtschaftlichen Nutzen vor, den eine Reduzierung der Gewalt in unserer Gesellschaft um 33 Prozent nach sich ziehen würde. Doch hier geht es nicht in erster Linie um gewalttätiges Verhalten, sondern vor allem um den Zusammenhang zwischen Ernährung und Verhalten. Stellen Sie sich vor, Sie könnten durch die Veränderung Ihrer Essgewohnheiten Ihre Aufmerksamkeitsspanne verlängern, Ihre Kreativität und Selbststeuerung verbessern und den Zustand geistiger Benommenheit verringern.

Wir von Tignum wollen, dass Sie Ihre Einstellung gegenüber Ihrer Nahrung ändern. Jede Auswahl, die Sie treffen, hat Auswirkungen auf Ihr Gehirn. High Performance und Nachhaltigkeit stehen in direktem Zusammenhang mit Ihrer Ernährung.

Bis zu 40 Prozent Ihres momentanen Befindens sind auf Ihre letzte Mahlzeit zurückzuführen. Die konsumierten Lebensmittel haben eine unmittelbare Auswirkung auf Ihre Gehirnfunktion.

Der Schritt vom Ernährungsbewusstsein zur Performance Nutrition

Das Bewusstmachen dessen, was Sie essen, warum Sie essen, wann Sie essen, wie viel Sie essen und welche Vorteile Sie sich davon nach dem Essen erhoffen, ist wesentlicher Bestandteil der Tignum-Performance-Nutrition-Säule. Je mehr Sie sich Ihrer Entscheidungen und der damit verbundenen Auswirkungen auf Ihren Energiepegel, Ihr Immunsystem und Ihre Gesamtleistung bewusst werden, desto leichter wird es Ihnen fallen, eine Kursänderung hinsichtlich Ihrer Ernährungsgewohnheiten zu vollziehen. Mithilfe einer ausgeprägten Metakognition und dem Wissen, worauf sich Ihre Essensauswahl – insbesondere die unbewusste – gründet, werden Sie Kontrolle über Ihre Essgewohnheiten gewinnen.

Schärfen Sie Ihr Bewusstsein für Ihre Essgewohnheiten und die Motive dahinter, denn das ist ein unerlässlicher erster Schritt für Sie, um persönliche Strategien zu entwickeln und sich von der reinen Nahrungsaufnahme in Richtung Performance Nutrition zu bewegen. Viele Menschen wissen gar nicht mehr, was sie am Vortag gegessen haben. Das mag daran liegen, dass sie sich keine Gedanken darüber machen, was sie essen, aber wohl eher daran, dass sie aus reiner Gewohnheit essen.

Wie oft essen Sie am Tag?

Welches sind die häufigsten Gründe, aus denen Sie essen?

Wie bestimmen Sie die Portionsgröße Ihrer Mahlzeiten?

Hören Sie auf zu essen, bevor Sie ganz satt sind?

Essen Sie Ihren Teller immer komplett leer, auch wenn Sie sich danach unangenehm voll fühlen?

Haben Sie jemals darauf geachtet, wie Sie sich eine halbe Stunde nach der Mahlzeit fühlen?

Faktoren, die beeinflussen, was auf Ihrem Teller landet

Hunger

Auf den ersten Blick scheint Hunger der Faktor schlechthin für die Bestimmung der Lebensmittel zu sein, die Sie zu sich nehmen. Untersuchungen haben jedoch gezeigt, dass Menschen in weniger als 25 Prozent der Fälle aus physiologischem Hunger essen, auch wenn jedes unbewusste Essverhalten grundsätzlich von diesem primären Trieb ausgeht.

Soziale Gewohnheiten

Im Geschäftsleben sind Geschäftsessen oft Teil des beruflichen Alltags. Essensgenuss und das Vergnügen, Gaumenfreuden mit Geschäftsfreunden oder persönlichen Bekannten zu teilen, gehen Hand in Hand. Viele Führungskräfte klagen jedoch darüber, dass die Häufigkeit und die Speisenauswahl zu diesen Anlässen eine High-Performance-Ernährung recht schwierig machen. Geschäftsessen beginnen häufig mit Wein und Brot. Das allein kann einen schnellen Anstieg des Blutzuckerspiegels sowie anschließenden Heißhunger und übermäßiges Essen auslösen. Oder auch, dass Sie sich träge fühlen und Mühe haben, während des Essens oder danach wach und aufmerksam zu bleiben.

Zeitknappheit

Zeitknappheit beeinflusst zweifellos unsere Ernährungsentscheidungen und Essgeschwindigkeit. Je knapper die Zeit bemessen ist, die wir zum Essen haben, desto höher ist die Wahrscheinlichkeit, dass wir nicht nur zu Convenience Food mit deutlich verkürzter Zubereitungszeit greifen, sondern auch wesentlich schneller essen. Das läuft dem normalen Anlaufmechanismus der Essensaufnahme des Körpers völlig zuwider. Denn während dieser Anlaufzeit werden Enzyme produziert, die zur Verdauung der kommenden Nahrung erforderlich sind.

US-Studien haben gezeigt, dass viele Mahlzeiten innerhalb von drei bis fünf Minuten verzehrt werden. Es dauert jedoch 20 Minuten, bis die Verdauungsenzyme vollständig aktiviert sind. Der Begriff »Verdauungsstörungen« bekommt hier eine ganz neue Bedeutung.

Familie und Kultur

Essen ist zelebrierte Lebenslust, und jede Kultur hat ihre Rituale und Sozialstrukturen rund ums Essen. Häufig sind das jedoch auch Rituale, die zu Fettleibigkeit führen. In vielen Familien wird Essen mit Liebe und Zuwendung gleichgesetzt. Eltern zeigen ihre Liebe, indem sie ihren Kindern ihr Lieblingsessen zubereiten, ohne dabei auf Kalorien oder Nährstoffe zu achten. Wie zuvor erwähnt, ist Fettleibigkeit bei Kindern und Jugendlichen in den USA und Großbritannien zu einem besorgniserregenden Gesundheitsproblem angewachsen.

Stress

Stress hat großen Einfluss darauf, warum Sie essen und was Sie essen. Steht Ihr Körper unter Stress, dann greift er auf die Kampf-oder-Flucht-Reaktion zurück. Diese Reaktion erfordert Blutzucker für Gehirn und Muskeln, um kampfbereit zu sein. Deshalb verlangt Ihr Körper unter hohem Stress zucker- und fetthaltige Nahrung.
Stress manifestiert sich jedoch bei jedem Menschen auf unterschiedliche Weise. Untersuchungen belegen, dass rund 50 Prozent der Menschen unter Stress mehr essen, während die anderen 50 Prozent gar nichts mehr zu sich nehmen. Die individuelle Reaktion hängt von Ihrer physiologischen Beschaffenheit und der Blutzufuhr zu Ihrem Verdauungstrakt in Stressphasen ab. Weder die eine noch die andere Reaktion (mehr oder weniger beziehungsweise gar nichts zu essen) ist nachhaltig oder einer High Performance zuträglich.

Reisen

Reisen kann sich definitiv auf Ihr Essverhalten auswirken. Eine US-Studie beschäftigte sich mit Menschen, die viel reisen. Dabei stellte sich heraus, dass diejenigen, die regelmäßig unterwegs sind, bis zu 4,5 Kilogramm mehr Konservierungsstoffe und Chemikalien sowie 4,5 bis 7 Kilo mehr Zucker konsumieren als zu Hause und darüber hinaus auch noch das Doppelte an Transfetten zu sich nehmen.

Schlaf

Schlafentzug hat deutliche Auswirkungen auf die Essgewohnheiten. Sind Qualität oder Quantität des Schlafes unzureichend, werden Sie Heißhunger auf zucker- und fetthaltige Nahrungsmittel entwickeln. Denn Ihr Gehirn weiß, dass es Energie benötigt. Und der schnellste Weg zur Befriedigung dieses Energiebedarfs ist Zuckerzufuhr (auch wenn Ihr Gehirn eigentlich keinen Zucker braucht). Mangelhafter Schlaf bringt außerdem häufig ein heftiges Verlangen nach Koffein mit sich, das Ihrem Körper jedoch Flüssigkeit entzieht und Ihre mentale Performance zusätzlich beeinträchtigt.

Die Vorteile des langsamen Essens

Noch vor gar nicht so langer Zeit in der Geschichte der Menschheit nahm die Nahrungssuche und -zubereitung den ganzen Tag in Anspruch. Heute zaubert man in Nullkommanix eine Mahlzeit oder findet eine Fast-Food-Alternative.

Eines der aufschlussreichsten Feedbacks, das ich im Rahmen meiner individuellen Ernährungsberatung erhielt: Kunden, die bewusst langsamer aßen, um ihre Mahlzeiten zu schätzen und zu genießen, fühlten sich besser! Sie berichteten außerdem, dass sie wacher und fokussierter waren und über ein besseres Erinnerungsvermögen verfügten.

Ich glaube, dass viele Faktoren in diesem Phänomen »langsam essen, sich besser fühlen, leistungsfähiger sein« involviert sind. Ein Resultat langsamen Essens ist eine bessere Verdauung, da wir physiologisch so angelegt sind, dass die Verdauungsenzyme frühestens 20 Minuten nachdem die Nahrung im Verdauungstrakt angekommen ist ausgeschüttet werden. Wenn Sie also langsam essen, tragen Sie dem Timing der Enzymausschüttung Rechnung und fördern damit den Verdauungsprozess. Diese zeitadäquate Enzymbeförderung gewährleistet eine bessere Nährstoffaufnahme im Gehirn und in anderen lebenswichtigen Organen. Meiner Meinung nach existieren jedoch noch weitere Faktoren – wie genussvolle Geschmackserlebnisse, Freude an Geselligkeit, Wohlbefinden in einem angenehmen Ambiente – die ebenfalls echte Regenerationspausen schaffen. All dies, in Kombination mit einer Reduzierung der Stresshormone, die auf eine hastige Nahrungsaufnahme zurückzuführen sind, kann zweifellos zu einer Verbesserung der Kreativität, Konzentration, des Erinnerungsvermögens und der Gesamthaltung führen.

Tignum-Blog

Das Tignum-Performance-Nutrition-System

Wir haben ein eigenes System entwickelt, um die Selbstwahrnehmung unserer Kunden hinsichtlich ihrer derzeitigen Essgewohnheiten (warum, was und wann sie essen) sowie die Auswirkungen dieser Habits auf ihre Energie, Resilienz, Kapazitäten, Performance und Nachhaltigkeit zu schärfen. Wir vermitteln Strategien, anhand derer unsere Kunden ihre Ernährungsentscheidungen besser regulieren können, um einen gleichbleibenden Blutzuckerspiegel zu gewährleisten, den Nährstoffgehalt ihrer Nahrung zu steigern, die Gefährdung ihres Immunsystems durch Toxine zu minimieren und ihre Sustainable Performance und Gesundheit zu optimieren.

Die vier Stufen unseres Tignum-Performance-Nutrition-Systems :

_High Performance braucht Flüssigkeit
_Konstanter Blutzuckerspiegel für Spitzenperformance
_Gerichte mit hoher Nährstoffdichte zur Leistungssteigerung
_Nachhaltigkeit durch korrekte Nutzung von Nahrungsmitteln

Jede Stufe hat zum Ziel, Führungskräfte bei der Entwicklung und Umsetzung der effektivsten Strategien für ihre individuellen Bedürfnisse zu unterstützen. Auf jedem dieser Gebiete wurden umfangreiche Forschungen betrieben; entscheidend ist jedoch, dass Sie diese Konzepte verstehen und dass Sie erkennen, wie leicht sie sich in Ihrem Alltag umsetzen lassen und damit Ihre High Performance Nutrition Habits verbessern.

Stufe 1 – High Performance braucht Flüssigkeit

Der menschliche Körper besteht zum größten Teil aus Wasser, das 45 bis 75 Prozent des gesamten Körpergewichts ausmacht. Im Schnitt besteht das Gehirn zu 80 Prozent aus Wasser, mageres Muskelgewebe zu 75 Prozent, Blut zu 95 Prozent und die Knochen enthalten 22 Prozent Wasser. Daher ist eine ausreichende Wasserversorgung für Ihre mentale und körperliche Performance und Ihre Gesundheit insgesamt ganz entscheidend. Diese Stufe fokussiert Hydrierungsstrategien als Grundlage für all Ihre Ernährungsgewohnheiten.

Wasser ist lebensnotwendig. Es hilft Ihrem Immunsystem, entfernt Gifte und Abfallstoffe aus Ihrem Körper, unterstützt Ihre Verdauung, steigert Ihre Energie sowie Ihre geistige und körperliche Performance.

Umgekehrt schwächt Dehydrierung Ihr Immunsystem, beeinträchtigt Ihre Verdauung, verringert die Fähigkeit der Fettzellen zum Fettabbau (was eine Gewichtsabnahme erschwert), wirkt sich negativ auf Ihre Konzentrationsfähigkeit aus, belastet das Herz und senkt die Leistungsfähigkeit Ihres Herz-Kreislauf-Systems. Des Weiteren beeinträchtigt Dehydrierung den Nähr- und Sauerstofftransport, die Fähigkeit, Wärme richtig abzuleiten, sowie die Fähigkeit Ihres Muskelsystems, effektiv zu arbeiten.

Wasser ist der wichtigste chemische Bestandteil des menschlichen Körpers. Jedes System in Ihrem Körper hängt von Wasser ab.

Eine normale Hirnfunktion setzt voraus, dass die Hirnzellen vollständig hydriert sind. Da das Gehirn zu 80 Prozent aus Wasser besteht, führt Dehydrierung zu Gehirnnebel. Dehydrierung kann Ihre Aufmerksamkeit und Konzentration um bis zu 13 Prozent senken und Ihr Kurzzeitgedächtnis um bis zu sieben Prozent verringern.

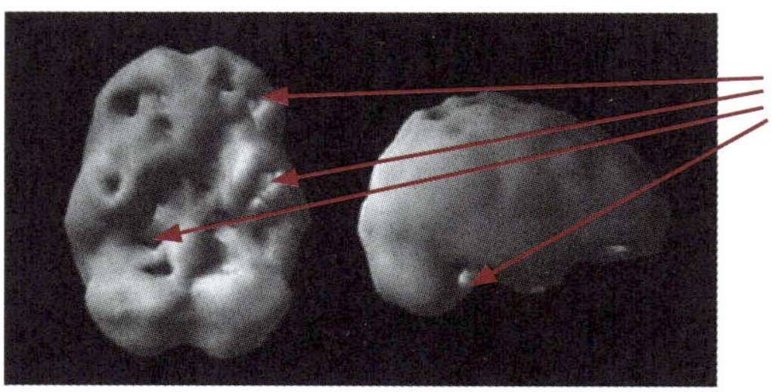

Bereiche reduzierter Aktivität aufgrund von Dehydrierung

Dehydriertes Gehirn – niedriges Leistungsniveau

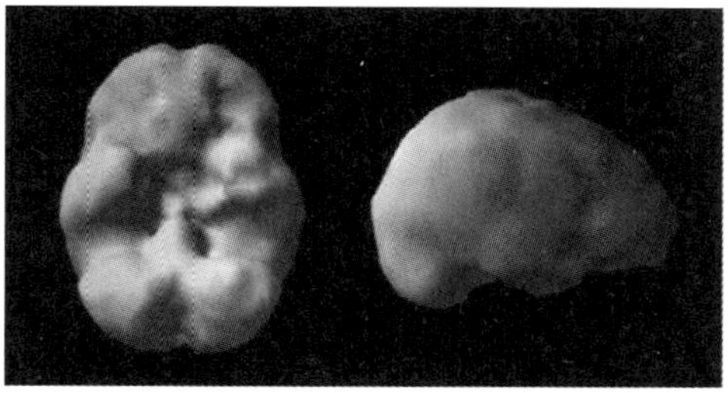

Hydriertes Gehirn = hohes Leistungsniveau
Quelle: Fotos zur Verfügung gestellt von Dr. Daniel Amen der Amen Clinics, Inc.

Wie viel Wasser sollten Sie pro Tag trinken?

Die exakte Menge lässt sich nur schwer bestimmen, da der Hydrierungsbedarf individuell verschieden ist. Wie viel Wasser Ihr Körper benötigt, hängt von vielen Faktoren ab: unter anderem von Ihrer Gesundheit, Ihren Aktivitäten, Ihrer Medikamenteneinnahme, Ihrer Ernährung sowie von Faktoren wie Höhe, Klima und Luftfeuchtigkeit, in denen Sie leben.

Wenn Sie morgens nach dem Aufstehen ein Glas Wasser trinken, um die über Nacht produzierten Gifte aus Ihrem Körper zu spülen, ist dies eine gute Starthilfe für den Tag. Zu jeder Mahlzeit ein Glas Wasser zu sich zu nehmen oder Wasser zu trinken, *bevor* Sie Durst haben, sind weitere Methoden zur Vermeidung von Dehydrierung.

Wir raten unseren Kunden, stets eine BPA-freie ein-Liter-Wasserflasche (das heißt ohne toxisches Bisphenol A im Plastik) mit sich zu führen, um sie daran zu erinnern, dass sie über den ganzen Tag hinweg Wasser trinken sollten. Eine angemessene Flüssigkeitszufuhr kommt nicht nur Ihrer mentalen Performance, Ihrem Immunsystem, Ihrem Herz-Kreislauf-System, einer Entgiftung und Ihrer Nebennierenfunktion zugute; Wasser kann auch dazu beitragen, Ihren Magen zu füllen und dient somit als natürlicher Appetitzügler. Gute Trinkgewohnheiten können Ihnen folglich auch dabei helfen, ein gesundes Gewicht zu erreichen und zu halten.

Es ist wichtig zu wissen, dass nicht alle Flüssigkeiten den Körper hydrieren. Bestimmte Flüssigkeiten entziehen dem Körper sogar Wasser. Diese bezeichnen wir als Hydrierungsräuber und unterteilen sie in vier Kategorien:

_Alkohol (Wein, Bier, harte Spirituosen)
_Koffein (Kaffee, Tee, Softdrinks, Energiedrinks)
_Phosphate (kohlensäurehaltige Getränke)
_Stark gesüßte Getränke (Säfte, Softdrinks)

Hinweis: Bei regelmäßigem Kaffee- oder Teegenuss stellt sich ein Gewöhnungseffekt in Ihrem Organismus ein und die durch das Koffein verursachte Dehydrierung ist dadurch geringer.

Sollten Sie diese Hydrierungsräuber nun vollständig meiden? Nein, aber Sie brauchen Hydrierungsstrategien, um deren Wirkung zu kompensieren. Wir empfehlen, dass Sie für jedes Glas Hydrierungsräuber ein bis zwei Gläser Wasser trinken.

Woher wissen Sie, ob Sie vollständig hydriert sind?

Die einfachste Methode zur Messung Ihrer Hydrierung ist die Überwachung der Menge und Farbe Ihres Urins. Laut Mayo Clinic »... ist Ihre Flüssigkeitszufuhr wahrscheinlich angemessen, wenn Sie so viel trinken, dass Sie selten Durst verspüren und pro Tag 1,5 Liter oder mehr farblosen oder blassgelben Urin ausscheiden.«

Führungskräfte berichten uns häufig, sie hätten fast den ganzen Tag im Büro verbracht, ohne zu urinieren. Das ist definitiv ein Zeichen für Dehydrierung. Dunkler, konzentrierter Urin ist ebenfalls ein verlässliches Indiz für eine ungenügende Hydrierung.

Forschungsinitiativen der US-Regierung empfehlen, jede Stunde Ihrer Wachzeit 0,25 Liter Flüssigkeit zu sich zu nehmen. Das bedeutet eine Flüssigkeitsaufnahme von mindestens vier Litern am Tag, je nachdem, wie stark Sie schwitzen.

Muss es immer nur Wasser sein?

Nicht unbedingt. Natürlich haben Sie auch öfter mal Lust auf ein Getränk mit Geschmack oder Kohlensäure oder auf eine Erfrischung, die Sie unmittelbar stimuliert. Deshalb haben wir für Sie eine kurze Getränkeliste zusammengestellt, die unsere Performance-Kriterien erfüllt.

Performance-Drinks

Mineralwasser mit Kohlensäure

Forschungsergebnisse belegen, dass Mineralsprudel die Verdauung fördern kann, vor allem bei Menschen mit Verdauungsstörungen oder träger Verdauung. Außerdem gibt es keine Hinweise darauf, dass Mineralsprudel die Knochen schädigt oder die Zähne angreift wie zum Beispiel Softdrinks.

Frisch gepresstes Zitronenwasser

Zitronen sind ausgezeichnete Vitamin-C-Lieferanten, und die adstringierende Wirkung von Zitronen wird schon seit Menschengedenken als natürliche Unterstützung des Entgiftungssystems des Körpers verwendet.

Gemüsesäfte

Frische Gemüsesäfte enthalten wichtige Vitamine, Mineralien und Phytonährstoffe (aus Pflanzen gewonnene Substanzen, denen positive Effekte nachgesagt werden), die der Unterstützung der Zellfunktion dienen. Eine gute Wahl sind Rote Bete, Karotten-Ingwer- und Sellerie-Gurken-Tomaten-Mischungen.

Grüner Bio-Tee

Grüner Tee (in Bioqualität) mit seinem hohen Gehalt an Polyphenol und Flavonoiden verbessert erwiesenermaßen die kognitiven und Immunfunktionen und bekämpft freie Radikale. Die empfohlene tägliche Menge beträgt derzeitigen Forschungsergebnissen zufolge zwei bis vier Tassen.

Kaffee

Koffein wurde aufgrund seiner körperlich und geistig leistungssteigernden Wirkung ausgiebig erforscht. Dabei hat sich gezeigt, dass Koffein ein Wachmacher ist und Müdigkeit entgegenwirkt, vor allem in reizarmen und monotonen Situationen (wie zum Beispiel Nachtschicht-Arbeit). Außerdem konnte nachgewiesen werden, dass das im Kaffee enthaltene Koffein die Leistung sowohl bei einfachen als auch bei komplexen Aufgaben verbessert.

Was sind freie Radikale?

Bei freien Radikalen handelt es sich um Stoffwechselnebenprodukte im Körper. Sie bilden sich, wenn die Molekülbindungen aufgebrochen werden und ein überzähliges, ungepaartes Elektron übrig bleibt. Hat sich ein freies Radikal gebildet, kann das sehr nachteilige Auswirkungen auf die anderen Zellen haben, daher versucht der Körper, dieses schnellstmöglich zu stabilisieren. Werden freie Radikale nicht stabilisiert, können sie zu Krebs und Herzerkrankungen beitragen. Antioxidantien, wie eine High Performance-Ernährung sie liefert, können dazu beitragen, freie Radikale zu neutralisieren, indem sie eines ihrer Elektronen spenden und die Radikale damit binden. Unsere Tignum-Performance-Nutrition-Strategien sind darauf ausgerichtet, Ihren Körper mit einer Reihe von Antioxidantien zur Bekämpfung der Produktion von freien Radikalen als Folge von Stress, Toxinen und des körpereigenen Stoffwechsels zu versorgen.

Apropos Kaffee

Über Kaffee kursieren viele Fehlinformationen. Entgegen manch vorherrschender Meinungen ist Kaffee gar nicht so schädlich. Das heißt jedoch nicht, dass Sie ihn im Übermaß konsumieren können. Untersuchungsergebnisse legen nahe, dass Kaffee möglicherweise individuell unterschiedlich abgebaut wird. Einige Menschen setzen Koffein schnell um, wohingegen andere das Koffein länger in ihrem System behalten (was potenziell gefährlicher ist).

Es steht wohl noch eine Menge Forschungsarbeit auf diesem Gebiet an. Hier wäre darauf hinzuweisen, dass die bisherigen Studien größtenteils auf einem mäßigen Kaffeekonsum beruhen, das heißt einer oder zwei Tassen Kaffee pro Tag. In moderaten Dosen liefert Kaffee gesunde Antioxidantien, die Sie vor gefährlichen freien Radikalen schützen können. Also gute Nachrichten für all diejenigen, die eine dampfend heiße Tasse Kaffee als Wachmacher am Morgen lieben. (Denken Sie daran, dass einige Kaffeebecher eher drei Tassen Kaffee entsprechen.)

In höheren Dosen kann das im Kaffee enthaltene Koffein allerdings eine zusätzliche Belastung für Ihr Herz-Kreislauf-, Verdauungs- und Nebennierensystem darstellen. Zudem kann es Ihrem Körper Wasser und wichtige Mineralien und Vitamine entziehen. Die folgende Kundengeschichte beleuchtet die positiven Auswirkungen der Veränderung eines schädlichen Kaffeekonsumverhaltens:

> »Bevor ich mit Tignum zusammenarbeitete, war ich kaffeesüchtig. Morgens trank ich drei bis vier Tassen, um in die Gänge zu kommen, und zwei bis drei Tassen nach dem Mittagessen, um mich für den Nachmittag fit zu machen. An manchen Tagen trank ich gegen 4 Uhr nachmittags noch einmal zwei Tassen, um bis zum Abend durchzuhalten. Das war nicht nur eine kostspielige Gewohnheit, ich hatte auch so meine Bedenken, ob mein hoher Kaffeekonsum vielleicht gefährlich ist.
>
> Nach meiner Zusammenarbeit mit Tignum beschloss ich, meine Kaffeegewohnheiten zu ändern. Nicht nur, weil so viel Kaffee für mich schädlich ist, sondern auch, weil es mir nicht passte, dass ich mich von meinem Kaffee-Laster abhängig machte, nur um wach zu bleiben. Als ich mich an die Tignum-Strategie hielt, gleich nach dem Aufwachen jeden Tag ein Glas Wasser zu trinken und zehn bis 15 Minuten Warm-up-Übungen für den Tag zu machen und anschließend ein weiteres Glas Wasser zu trinken, verschwand mein morgendlicher Kaffeedurst. Ich kann es nicht erklären, aber ich fühlte mich frisch und munter und mein Verlangen nach Kaffee war wie weggeblasen. Ich fühlte mich auch um 10 Uhr vormittags viel besser, als dies früher der Fall gewesen war.
>
> Nach dem Mittagessen trinke ich immer noch eine Tasse Kaffee, aber eher weil es ein echter Genuss für mich ist. Ich finde es entspannend, es regt meine Verdauung

an und gibt mir einen kleinen Kick für den Nachmittag. Und wenn ich dann genug Wasser trinke, brauche ich nur selten, wenn überhaupt, noch einen Nachmittagskaffee.

Heute – nach meiner sechsmonatigen Umsteigeperiode auf High-Performance-Hydrierungsgewohnheiten – fühle ich mich wirklich wesentlich besser. Vor allem, seit ich mich von meiner »Sucht« befreit habe. Ich brauche einfach keinen Kaffee mehr, um den Tag durchzustehen. Ich hätte das nie für möglich gehalten, aber eine ausreichende Wasserversorgung ist für mein Wohlbefinden und meine Performance absolut entscheidend.«

Die kritische Bewusstseinsfrage lautet: Warum trinken Sie so viel Kaffee? Wenn Sie es tun, um künstliche Energie zu erzeugen, damit Sie den Tag überstehen, dann befinden Sie sich womöglich in der Gefahrenzone. In diesem Fall ist es wichtig, dass Sie gute Mindset, Nutrition, Movement und Recovery Habits entwickeln und nur dann zu Kaffee greifen, wenn Sie ihn aus Genuss trinken (Tignums 80/20-Richtlinie).

Welche Flüssigkeiten nehmen Sie im Verlauf des Tages zu sich, um Ihren Körper zu hydrieren?

Welche Hydrierungsräuber trinken Sie?

Wie viel Zeit nehmen Sie sich für Ihre Mahlzeiten?

Wie wirkt sich Stress auf Ihren Appetit aus?

Auf welche Lebensmittel haben Sie Heißhunger, wenn Sie gestresst oder übermüdet sind?

Welche Lebensmittel nehmen Sie auf Reisen zu sich?

Kapitel 9
Ihr persönlicher High-Performance-Teller: Bon appétit!

Eine der wichtigsten High-Performance-Nutrition-Strategien ist die Aufrechterhaltung eines gleichbleibenden Blutzuckerspiegels. Treten im Lauf des Tages starke Blutzuckerschwankungen auf, wirkt sich das auf eine Vielzahl von Hormonen aus und beeinträchtigt letztlich Ihren Energiepegel, Ihr Denkvermögen, Ihr Gedächtnis und selbst Ihr Immunsystem.

Die beste Methode, für einen gleichbleibenden Blutzuckerspiegel zu sorgen, sind regelmäßig eingehaltene Mahlzeiten und eine gleichmäßig über den Tag verteilte Kalorienzufuhr. Wenn Sie fünf kleinere Mahlzeiten anstatt zwei oder drei große am Tag zu sich nehmen, versorgen Sie Körper und Gehirn mit der konstanten Energie, die diese für eine optimale Funktionsweise benötigen.

Stufe 2 – Trimmen Sie Ihren Blutzuckerhaushalt auf Top-Performance

Ein konstanter Blutzuckerspiegel ist für ein High-Performance-Gehirn unerlässlich. Unsere High-Performance-Nutrition-Strategien dieser Stufe sind so angelegt, dass starke Blutzuckerschwankungen vermieden werden und Ihre Körperzellen auf eine ständige Energie- und Nährstoffquelle zurückgreifen können.

Wenn Sie große Mahlzeiten zu sich nehmen, reagiert Ihr Körper darauf, indem er dem Gehirn und den Muskeln Blut entzieht und dieses in den Verdauungstrakt umleitet. Große Mahlzeiten lösen außerdem Blutzuckererhöhungen aus, was wiederum zu einer entgegengesetzten Hypoglykämie (Unterzuckerung), Gehirnnebel oder einem Energietief führen kann. Blutzuckerspitzen und -einbrüche sind absolut zu vermeiden, damit Gehirnnebel und Leistungstiefs keine Chance haben, zahlreiche Hormone stabilisiert werden und Ihr Immunsystem gestärkt wird.

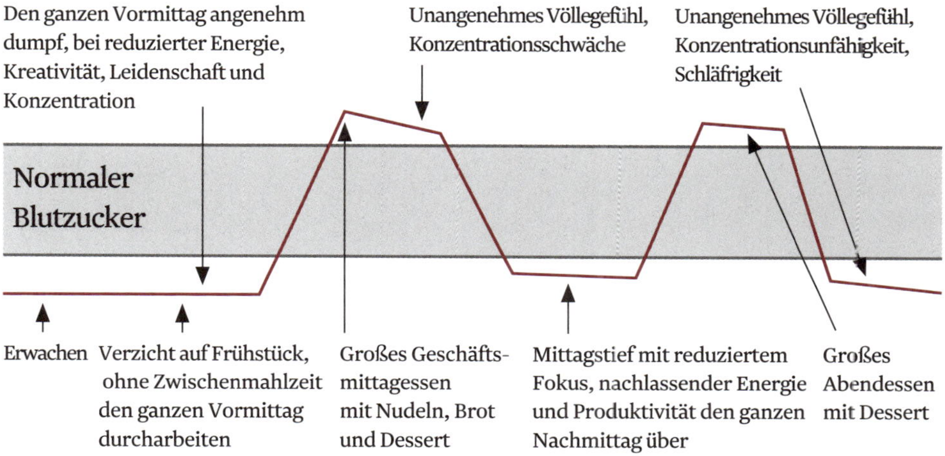

Blutzuckerspitzen = niedriges Leistungsniveau

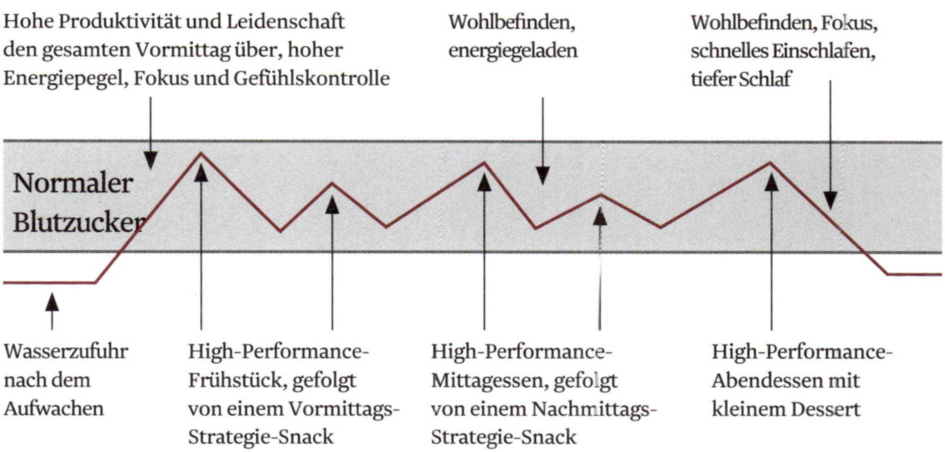

Konstanter Blutzucker = hohes Leistungsniveau

Wir von Tignum empfehlen eine einfache Methode zur Bestimmung der angemessenen Portionsgrößen, um Blutzuckerspitzen zu vermeiden und für einen gleichbleibend hohen Energiepegel zu sorgen. Besonders praktisch: Sie haben die Messinstrumente – Ihre Hände – immer bei sich.

Eiweiß (Protein) = Größe Ihrer Handfläche (Dicke und Fläche)

Stärke (Kohlehydrate) = Größe Ihrer geschlossenen Faust

Obst/Gemüse = Größe der geöffneten Hand (Handinnenfläche und Finger)

Professor Paul E. Gold, Fakultätsmitglied des Neurowissenschaftlichen Programms und Medizinischen Colleges der Universität von Illinois in Urbana-Champaign, hat die Auswirkungen des Blutzuckerspiegels auf die Performance untersucht. Er sagt: »Glukose verbessert die Lernfähigkeit und das Gedächtnis, und zwar nicht nur bei Ratten, sondern auch bei Menschen. Für Schulkinder bedeutet das, dass Inhalt und Zeitpunkt der Mahlzeiten mit intellektuellen Aktivitäten abgestimmt werden sollten, um die besten kognitiven Effekte zur Verbesserung der Lernfähigkeit zu erzielen.«

Angesichts dieser Forschungsergebnisse dürften schwache Leistungen als Ergebnis ungesunder Essgewohnheiten oder zeitlich schlecht abgestimmter Mahlzeiten nicht überraschen. Da das Gehirn keine Energie speichern kann, ist es auf eine konstante Blutzuckerquelle angewiesen. Man stelle sich nur vor, wie positiv sich koordinierte Schulmahlzeiten und Snacks auf die Leistung der Kinder auswirken würden.

Und wenn wir das auf Führungskräfte übertragen?

Ganz einfach: Die Entscheidungen, die Sie im Hinblick auf Inhalt, Zeitpunkt und Menge Ihrer Mahlzeiten treffen, wirken sich auf Ihr Erinnerungsvermögen, Ihre Kreativität, Ihre Performance in Meetings und letztlich Ihre Produktivität aus.

Studien belegen, dass unter Stress stehende Führungskräfte in Gedächtnistests besser abschneiden, wenn ihre Ernährung einen konstanten Blutzuckerlevel sicherstellt.

Beginnen Sie mit dem Frühstück

Forschungsergebnisse zeigen eindeutig, dass die »Aufhebung der morgendlichen Nüchternheit« durch eine High-Performance-Mahlzeit sowohl in Zusammenhang mit optimierter Konzentration und geistiger Wachheit als auch mit weniger Energietiefs am späten Vormittag, höherer Stressresistenz und einer effektiveren Gewichtskontrolle steht. Ein High-Performance-Frühstück liefert dem Körper zudem essenzielle Vitamine, Mineralien und Fettsäuren, die für die Zellerneuerung nötig sind.

Ein High-Performance-Frühstück besteht aus drei Elementen:

einem hochwertigen Eiweißlieferanten, wie zum Beispiel Eier, Käse, Joghurt, Nüsse oder Nussbutter, mageres Fleisch, Fisch, Huhn, Soja, Bohnen;

einem komplexen, ballaststoffreichen Kohlehydratelieferanten wie zum Beispiel Vollkornbrot, Getreideprodukte, Müsli, Obst und Gemüse;

einem Lieferanten von essenziellen Fettsäuren, wie zum Beispiel Olivenöl, Leinsamen, Sesam, Nüsse, Avocado, Weizenkeime, Vollkorn oder Fisch.

Hinweis: Eine Mischung dieser essenziellen Fettsäuen findet sich auch in Eiern, Soja, Milchprodukten und einigen Gemüsesorten.

Sie sollten beachten, dass das Auslassen von Mahlzeiten Ihren Stoffwechsel aus dem Gleichgewicht bringt und unkontrollierte Schwankungen im Blutzuckerhaushalt auslöst. Dieses Ungleichgewicht kann die Kalorienverbrennung in Ihrem Körper beeinträchtigen und den Stoffwechsel verlangsamen, was zu einer Gewichtszunahme führt.

Außerdem enthüllen Schlafstudien, dass das Absinken des Blutzuckerspiegels eine der häufigsten Ursachen für schlechten Schlaf ist. Dieses Absinken ist wahrscheinlich auf ein ungünstiges Mahlzeiten-Timing oder übermäßigen Konsum von Zucker oder Alkohol vor dem Zubettgehen zurückzuführen. Ein kleiner High-Performance-Snack vor dem Schlafengehen dagegen kann Ihnen zu einem erholsameren Schlaf verhelfen.

Das Auslassen von Mahlzeiten trägt zu Heißhunger und Gewichtszunahme, Konzentrationsschwäche, Stimmungsschwankungen und schlechter Schlafqualität bei.

Strategische Snacks sind Energiespender

Strategische Snacks spielen eine große Rolle für den Erhalt Ihres Energiepegels und auch die Optimierung Ihrer Nährstoffaufnahme. Wenn Sie angemessene (kleinere) Portionen essen, kann es sein, dass Sie zwei oder drei Stunden nach der Mahlzeit ein leichtes Hungergefühl verspüren. Um Ihren Blutzuckerspiegel konstant zu halten, empfiehlt sich ein strategischer Snack als Zwischenmahlzeit, der eine Mischung aus Eiweiß, Kohlehydraten, einer geringen bis mittleren Menge Fett und Ballaststoffen enthält.

Der US-Markt bietet eine Fülle an nährstoffreichen Riegeln, die diese Kriterien erfüllen. Leider ist es nicht immer einfach, einen High-Performance-Snack auszuwählen, da einige dieser Riegel eher Süßigkeiten sind als echte Nahrung. Sinn und Zweck dieser ursprünglichen leistungssteigernden Riegel war, arbeitende Muskeln schnell mit Glukose (Zucker) zu versorgen. Heute erfüllen diese Riegel die Aufgabe einer Nahrungsergänzung, die gelegentlich auch als Mahlzeitenersatz dienen kann.

Wenn Sie allerdings einen Riegel oder Snack wählen, der zu viel Zucker, zu wenig Ballaststoffe oder zu wenig Eiweiß oder ungesättigte Fettsäuren enthält, werden Sie sich höchstwahrscheinlich träge und schläfrig fühlen und unter Gehirnnebel leiden. Das ist das Gegenteil von dem High-Performance-Zustand, den Sie erreichen wollen.

Entscheidend sind Topnährwerte

Es gibt jede Menge Gesundheitsriegel, aber nur weil das Wort »Gesundheit« draufsteht, sind diese noch lange keine High-Performance-Snacks. Frische Nahrungsmittel sind natürlich stets vorzuziehen. Ihr voller Terminkalender, Ihre Reisetätigkeit und der Mangel an Kühlmöglichkeiten lassen dies jedoch nicht immer zu. In diesen Fällen empfehlen wir, dass Sie den besten Snack nach folgenden Kriterien auswählen:

Verhältnis Kohlehydrate zu Eiweiß

Versuchen Sie das Verhältnis von 2:1 zwischen Kohlehydraten und Eiweiß einzuhalten (für jedes Gramm Eiweiß 2 Gramm Kohlehydrate). Ein Snack mit 22 Gramm Kohlehydraten sollte ungefähr elf Gramm Eiweiß enthalten.

Fett

Wählen Sie einen Riegel aus, der fünf bis zehn Gramm Fett enthält. Er sollte größtenteils aus einfach ungesättigten Fettsäuren bestehen. Achten Sie darauf, dass er keine Transfette, wie zum Beispiel gehärtetes Fett oder teils gehärtete Öle, enthält.

Ballaststoffe

Ihr Snack sollte drei bis fünf Gramm Ballaststoffe enthalten. Ballaststoffe sind wichtig für die Verdauung und einen gleichbleibenden Blutzuckerspiegel.

Verhältnis Zucker zu Kohlehydraten

Versuchen Sie, ein Verhältnis von Zucker zu Kohlehydraten von nicht mehr als 1:2 einzuhalten. Wenn ein Snack zum Beispiel 22 Gramm Kohlehydrate enthält, sollte sein Zuckergehalt elf Gramm nicht überschreiten.

Portionsgröße

Ein Snack oder Riegel hat idealerweise 200 bis 280 Kalorien. Das reicht aus, um eine High-Performance-Gehirnfunktion zu unterstützen und gleichzeitig den Stoffwechsel anzuregen, ohne dass Sie eine Gewichtszunahme befürchten müssen.

Neben High-Performance-Riegeln empfehlen wir die folgenden High-Performance-Snacks:

_Ein Stück Obst mit Nüssen
_Joghurt mit Früchten
_Hüttenkäse mit Obst
_Käse mit Vollkornkräckern
_Hart gekochte Eier und Vollkornbrot oder Brot aus gekeimtem Getreide
_Studentenfutter mit getrockneten Früchten

_Hummus mit Vollkornkräckern und rote Paprika- oder Karottenstreifen
_Eine kleine Schale Suppe mit einem Vollkornbrötchen
_Erdnussbutter mit einer Banane oder einem Apfel
_Ein halbes Sandwich mit Pute und Schweizer Käse

Mit Nüssen harte Nüsse knacken

Viele unserer Kunden sind auf der Suche nach einem Power-Snack, um ihren Blutzucker zu stabilisieren und ihre Hirnleistung zu steigern. Untersuchungen haben ergeben, dass Nüsse, Samen und Kerne die kognitive Performance steigern, für eine stabile Stimmungslage und einen konstanten Blutzuckerspiegel sorgen können, was letztlich zu nachhaltiger Energie führt.
Nüsse, Samen und Kerne sind reich an essenziellen Fettsäuren – auch als Omega-3-Fettsäuren bekannt –, die wichtiger Bestandteil des Hirngewebes sind und sowohl die Ausgeglichenheit als auch die mentale Performance verbessern. Omega-3-Fettsäuren unterstützen eine adäquate Serotoninausschüttung. Serotonin ist ein Hormon, das sowohl die Stimmungslage positiv beeinflusst als auch den Appetit zügelt und somit eine Rolle in der Gewichtskontrolle, beim emotionalen Wohlbefinden und der Verringerung der geistigen Ermüdung spielt.
Die verschiedenen B-Vitamine und Mikronährstoffe wie Selen, Magnesium und Chrom, die sich ebenfalls in Nüssen, Samen und Kernen finden, werden mit der Optimierung der kognitiven Gesamtfunktion – Erinnerungsvermögen, Geistesgegenwart und mentale Stärke – in Zusammenhang gebracht.
Außerdem wurde nachgewiesen, dass Nüsse (vor allem Mandeln und Walnüsse) eine wichtige Rolle beim Schutz der Hirnzellen vor oxidativen Schäden spielen und einen gesunden Alterungsprozess sowie die Hirnzellenfunktion fördern.
Wenn Sie das nächste Mal einen schnellen, natürlichen Snack brauchen, der Ihr Gehirn powert, sodass Ihnen das Knacken selbst harter Nüsse leichter fällt, empfehle ich Ihnen Nüsse …

Tignum-Blog

Ihr High-Performance-Plan

Eine der besten Strategien zur Steuerung Ihrer Essgewohnheiten ist, sich Ihre eigene Verpflegung mitzubringen. Das mag eine Veränderung Ihres Mindsets darstellen, aber auf diese Weise bestimmen Sie, was Sie essen, und sind nicht dem gängigen Nahrungsangebot ausgeliefert. Sie können Ihre eigenen Snacks in Meetings mitnehmen oder sie in Ihrem Büro aufbewahren. Beispiele für gute Snacks sind Eiweiß-Shakes im Einzelpack (die Sie einfach mit Wasser oder Saft mischen), Studentenfutter, Müslis mit getrockneten Früchten, Energieriegel, Käse, Hummus, Joghurt und hart gekochte Eier.

Wie oft haben Sie in Restaurants schon die Speisekarte studiert und sich gefragt, welches Gericht wohl am ehesten einer High-Performance-Mahlzeit entspricht?

Die Portionen, die in Restaurants serviert werden, sind häufig 25 bis 40 Prozent größer als nötig und es kommen mehr gesättigte Fette zum Einsatz als bei Mahlzeiten, die zu Hause zubereitet werden. Wer häufig auswärts isst, sollte sich stets an die Richtlinie »satt, aber nicht übersättigt« halten. Wenn Sie geschäftlich viel unterwegs und auf Restaurants angewiesen sind, ist das Wissen um die optimale Auswahl Ihres Essens von großer Bedeutung für Ihren Energielevel, Ihre Performance und Ihre Gesundheit.

»Do's and Dont's« für einen konstanten Blutzuckerspiegel

Do's

_Regelmäßige, kleine Mahlzeiten
_Strategische Snacks (Nüsse, Kerne, Hummus, Energieriegel)
_Komplexe Kohlehydrate (Vollkorn, Obst, Gemüse)
_Vitamin-B-reiche Kost (Vollkorn, Bohnen, Nüsse, Fisch, Geflügel, Bananen, Avocados, grünblättrige Gemüsesorten)
_Chromreiche Kost (Vollkorn, Pilze, Rüben, Trauben/Rosinen, Brokkoli)
_Kombination eiweißreicher Kost mit komplexen Kohlehydraten
_Begrenzter Konsum an koffein- und stark zuckerhaltigen Getränken
_Begrenzter Alkoholgenuss

Dont's
_Auslassen von Mahlzeiten
_Übergroße Portionen oder üppige Mahlzeiten, die Völlegefühle erzeugen
_Raffinierte Kohlehydrate (Weißmehle, Kuchen, Kekse, Süßigkeiten, versteckter Zucker in Nahrungsmitteln)
_Häufiger Verzehr von industriell verarbeiteten Lebensmitteln (Convenience Food)
_Übermäßiger Konsum von koffein- und stark zuckerhaltigen Getränken
_Übermäßiger Alkoholkonsum

Stufe 3 – Nährstoffreiche Lebensmittel zur Steigerung Ihrer Performance

Jedes Nahrungsmittel lässt sich anhand der Zahl von Nährstoffen bewerten, die es im Verhältnis zur Kalorienmenge enthält. Untersuchungen haben gezeigt, dass eine nährstoffreiche Ernährung positive Effekte auf Performance, Gesundheit und Gewichtskontrolle hat. Unsere High-Performance-Nutrition-Strategien dieser Stufe haben zum Ziel, jede Kalorie, die Sie zu sich nehmen, zu maximieren, indem Sie nährstoffreiche Nahrungsmittel auswählen und leere Kalorien (mit geringer Nährstoffkonzentration) meiden.

Die amerikanische Küche steht seit jeher im Ruf, übergewichtige, jedoch mangelernährte Menschen zu erzeugen. Leider hat dieser Trend auch auf Großbritannien und viele weitere Länder der EU übergegriffen. Dafür gibt es eine einfache Erklärung: In einer Gesellschaft, in der so viele Menschen Fast-Food, Dosenkost, Tiefkühlkost und Convenience Food, aber keine frischen Lebensmittel essen, ist das Risiko, kalorienreiche, aber nährstoffarme Nahrung zu sich zu nehmen, sehr hoch. Auf den ersten Blick mag das nur nach einem negativen Trend betreffs Gewichtszunahme und Fettleibigkeit aussehen. Leider hat diese Art der Ernährung jedoch auch schädliche Auswirkungen auf Ihre geistige Wachheit und Konzentration, Ihre Energie, Performance, Nachhaltigkeit und Gesundheit.

Statistiken zeigen, dass sich schon durch Zugabe von frischem Obst und Gemüse bei zwei von drei Mahlzeiten oder Snacks pro Tag die Nährstoffzufuhr um 35 bis 42 Prozent steigern lässt. Das ist eine ganz erhebliche Verbesserung.

Was sind das für Nährstoffe? Es handelt sich um Vitamine, Mineralien und andere Phytonährstoffe.

Zwar liefern sie selbst keine Energie, aber sie sind für die Reaktionen zuständig, die Energie aus Kohlehydraten, Proteinen und Fetten freisetzen. Außerdem unterstützen sie jede einzelne Körperfunktion und sind unverzichtbar für High Performance, Immunfunktion und Zellregeneration.

Bei jedem Essen hat man die Wahl. Für manche geht es einfach darum, welche Fast-Food-Kette sie aufsuchen wollen. Für andere wiederum, welchen Snack sie aus dem Snack-Automaten ziehen. Und für wieder andere, welche Vorspeisen auf der Speisekarte sie wählen. Und für manche, was sie zu Hause kochen. In der heutigen Gesellschaft gibt es eine ganze Fülle an Wahlmöglichkeiten.

Nährstoffreiche Lebensmittel

Knoblauch, grünblättrige Gemüsesorten, Lachs, Olivenöl, Ingwer, Bohnen, Kiwi, Beeren, Aprikosen, Mangos, Papaya, Pak Choy; Kürbis, Kohl, Süßkartoffeln, Rote Bete und Quinoa (ein hocheiweißhaltiges Getreide, das in Südamerika angebaut wird).

Dr. Joel Fuhrman, amerikanischer Hausarzt und einer der führenden Experten für Ernährung und natürliche Heilverfahren, hat bewiesen, dass eine nährstoffreiche Ernährung der Schlüssel zu optimaler Gesundheit, High Performance und Gewichtskontrolle ist. Anhand seiner eigenen Untersuchungen sowie Hunderten von ernährungswissenschaftlichen Studien hat Fuhrman herausgefunden, dass Menschen, die eine nährstoffreiche Kost zu sich nehmen, eine wesentlich höhere Lebenserwartung haben. Von ihm stammt die folgende Gleichung für »essen, um zu leben«:

Gesundheit = Nährstoffe / Kalorien

Die Anwendung dieser Gleichung ist einfach. Eine gute Gesundheit bedarf einer nährstoffreichen und kalorienarmen Kost. Wenn Sie sich im Wesentlichen von frischen Lebensmitteln ernähren (frisches Obst und Gemüse), erhöhen Sie den Nährstoffgehalt Ihrer Nahrung und verbessern damit Ihre Gesundheit und Performance. Dunkelgrünes Gemüse ist erste Wahl, da es die meisten Nährstoffe enthält.

Die Farben von High-Performance-Lebensmitteln

Um unsere Kunden dabei zu unterstützen, eine neue Haltung bei der Wahl ihrer Lebensmittel einzunehmen, hat unsere Ernährungsexpertin Patti Milligan den *Tignum Color Code of Restorative Nutrition* (Farbcode für regenerierende Kost) entwickelt. Dieses Diagramm ging aus einer Metaanalyse zahlreicher Studien und Berichte über Lebensmittelpigmentierung und ihre Wirkung auf physiologische Funktionen hervor. Es ist sehr wichtig, regelmäßig abwechslungsreich zu essen. Die Farbcodes sind dafür da, um es Ihnen einfacher zu machen.

Allzu oft unterschätzen Menschen die Wirkung ihrer Entscheidungen. Der *Tignum Color Code Body* zeigt die tief greifenden Auswirkungen, die unterschiedlich pigmentierte Früchte und Gemüse auf die zahlreichen Körpersysteme haben. Wenn Sie sich bewusst machen, welche Vorteile Ihnen eine vernünftige Essensauswahl bringt, können Sie damit Ihre Energie, Resilienz, mentale Performance und Gesundheit optimieren und gleichzeitig Ihre Kapazität, Nachhaltigkeit und Performance als Ganzes steigern.

Nachfolgend haben wir eine Obst- und Gemüse-Auswahl nach unserem Tignum-Color-Code-Body-Schema zusammengestellt.

Gelbe Lebensmittel optimieren die Gehirnfunktionen:
_Kürbis
_Mais
_Gelbe Paprika
_Ananas

Rote Lebensmittel unterstützen Ihr Herz-Kreislauf-System:
_Erdbeeren
_Rote Paprika
_Preiselbeeren
_Rote Bete

Grüne Lebensmittel verjüngen Ihre Muskeln und Knochen:
_Spinat
_Kohl
_Brokkoli
_Zucchini
_Grünes Blattgemüse

Weiße Lebensmittel stärken Ihr Immun- und Lymphsystem und verbessern Ihre Zellerneuerung:
_Zwiebeln
_Knoblauch
_Ingwer
_Blumenkohl

Orange Lebensmittel sind gut für die Haut und die Verdauung:
_Papaya
_Mango
_Süßkartoffeln
_Karotten

Violette Lebensmittel fördern die Mikrozirkulation:
_Auberginen
_Dörrpflaumen
_Pflaumen/Zwetschgen
_Heidelbeeren
_Brombeeren

»Wir werden häufig aufgefordert, Lebensmittel in allen Farben des Regenbogens zu essen, aber die Bedeutung dieser Weisung blieb mir lange verborgen – bis ich den Color Code Body zum ersten Mal sah.
Da stellte sich dann das Aha-Erlebnis ein. Und als mir die Vorteile, die eine »bunte« Ernährung mit sich bringt, bewusst wurden, erschien mir alles plötzlich sehr einleuchtend.
Heute – ob ich nun selbst koche oder im Restaurant esse – achte ich stets auf eine Auswahl verschieden pigmentierter Lebensmittel. Damit führe ich mir nicht nur weitaus mehr Nährstoffe zu, sondern reduziere auch meinen Konsum an industriell verarbeiteter Nahrung. Ich bin viel auf Reisen, und auch hier ist »Farbauswahl« eine Topmethode, High-Performance-Lebensmittel zu mir zu nehmen – egal wo ich gerade unterwegs bin. Auch wenn die Küche in jedem Land eine andere ist, halte ich mich doch immer und überall an Lebensmittel mit den Farben, die ich benötige.
Aufgrund dieser einfachen Kursänderung in meiner Ernährung habe ich in meinem ersten Monat nach der Zusammenarbeit mit Tignum vier Kilogramm abgenommen. Ich fühle mich wohler und bin voller Energie – und das verdanke ich meiner farbenreichen Kost.

Ein Tignum-Kunde

Die folgende Tabelle veranschaulicht zwei verschiedene Tage mit zwei unterschiedlichen Performance-Ergebnissen. Am nährstoffarmen Tag sind die konsumierten Speisen sehr kalorienreich, sehr gehaltlos, hoch an gesättigten Fetten und Zucker. Das hat eine erhebliche Wirkung auf Ihre Leistung. Lethargie und Schläfrigkeit, möglicherweise auch Stimmungsschwankungen und Gehirnnebel sind die Folge. Und eine solch nährstoffarme Ernährung wirkt sich negativ auf Ihre Performance bei Must-win-Events aus, die vielleicht auf Ihrer Tagesordnung stehen.

Am nährstoffreichen Tag ist die Kalorienzufuhr geringer, die Nährstoffmenge wesentlich höher, die Speisen sind ballaststoffreich und enthalten mehr gesunde (einfach ungesättigte) Fette. Eine solche Ernährung hat auf Ihre Performance ebenfalls eine starke Wirkung, nur dass sie diesmal im Gegensatz zum ersten Beispiel positiv ist. Sie besitzen mehr Energie, bessere kognitive Fähigkeiten, eine bessere Konzentration und größere geistige Klarheit. Diese Essensauswahl wirkt sich außerdem positiv auf Ihr Herz, Ihre Blutgefäße, Ihr Gehirn und letztlich Ihre gesamte Gesundheit aus. Sie werden bereit und in der Lage sein, jedes Meeting, jede Verhandlung und jedes Must-win-Event erfolgreich zu bestreiten.

	GERINGER Nährstoffgehalt	HOHER Nährstoffgehalt
Frühstück	Süßes Gebäck und Kaffee mit Milch	Haferflocken und Beeren mit grünem Tee und Cranberry-Saft
Mittagessen	Hamburger, Pommes frites und ein Softdrink	Putenbrust-Sandwich mit grünem Salat/ Tomate auf Vollkornbrot und Eistee
Abendessen	Nudeln mit Meeresfrüchten, Eisbergsalat, Knoblauchbrot und ein Softdrink	Gegrillter Lachs, Caesar-Salat, Brokkoli, brauner Reis und Rotwein oder Mineralwasser
Zwischenmahlzeit I	Eine Tüte Chips und ein Softdrink	Banane mit Erdnussbutter
Zwischenmahlzeit II	Muffin oder Schokoriegel	Eine Handvoll Nüsse (Walnüsse oder Mandeln)
GESAMTE Kalorien	3800 Kalorien	2400 Kalorien
GESAMTE Nährstoffe	Minimale Phytonährstoffe	› 64 Phytonährstoffe
Vitamine	Minimale Vitamine	Viele Vitamine
Fette	Viele Transfette und gesättigte Fette	Viele einfach ungesättigte Fette
Ballaststoffe / Zucker	Stark zuckerhaltig und ballaststoffarm	Ballaststoffreich und zuckerarm

Nährwertangaben auf Packungen erleichtern die Lebensmittelauswahl

Das Lesen von Nährwertangaben auf Packungen ist eine weitere Methode, um sich bewusst zu machen, was man isst, und sich dann für das bessere Lebensmittel zu entscheiden. Zu bedenken ist allerdings, dass jedes Land seine eigenen gesetzlichen Vorschriften zur Auszeichnung von Lebensmitteln hat.

Eines ist schon einmal klar: Sobald ein Nahrungsmittel ein Etikett mit Nährwertangaben trägt, ist es kein frisches Produkt. Daher fällt es bereits in die Kategorie der teilweisen industriellen Verarbeitung. Es ist an Ihnen zu entscheiden, wie oft Sie verarbeitete Lebensmittel essen wollen. Ihre Wahl sollte tendenziell immer zugunsten frischer Lebensmittel ausfallen – vorausgesetzt, Sie haben die Möglichkeit und die Zeit, sie zuzubereiten.

Tignum-Richtlinien

Wählen Sie Lebensmittel mit einem Kohlehydrat-Eiweiß-Verhältnis von 4:1.
Üblicherweise ist auf den Lebensmitteletiketten die Menge der Makronährstoffe (Eiweiß, Kohlehydrate, Fette) aufgeführt, die zum Kaloriengehalt des Produkts beitragen. Achten Sie auf den jeweiligen Anteil dieser Nährstoffe, um Lebensmittel auszusuchen, die Ihren Blutzuckerspiegel stabilisieren. Versuchen Sie, einen Artikel auszuwählen, bei dem das Verhältnis von Kohlehydraten zu Eiweiß nicht größer als 4:1 ist. Das ist für einen konstanten Blutzuckerspiegel entscheidend. Wenn Sie zum Beispiel ein Etikett studieren, auf dem die Kohlehydrate des Produkts mit 35 Gramm angegeben werden, dann sollte dieses mindestens 9 Gramm Eiweiß enthalten. (Hinweis: Hier handelt es sich um ein höheres Verhältnis als das, welches wir bei unseren High-Performance-Snacks empfehlen, weil Sie Ihr Eiweiß überwiegend aus frischen Lebensmitteln ohne Etiketten beziehen.)

Wählen Sie Lebensmittel mit gesunden Fetten aus.
Prüfen Sie die Fettarten, die in Lebensmitteln enthalten sind. Alle gehärteten Transfette und teilweise gehärteten Fette sollten Sie reduzieren oder ganz meiden. Außerdem sollten die meisten Fette einfach ungesättigt sein. Je höher der Prozentsatz der gesamten ungesättigten Fette, desto besser.

Wählen Sie kalorienarme Lebensmittel mit niedrigem Zuckergehalt.
Prüfen Sie den Gesamtgehalt und die Art der enthaltenen Kohlehydrate. Sie treffen eine High-Performance-Entscheidung, wenn der Zuckergehalt des Produkts in Gramm weniger als die Hälfte der gesamten Grammangaben an Kohlehydraten beträgt. So sollte ein Produkt mit 34 Gramm Kohlehydraten nicht mehr als 17 Gramm Zucker enthalten.

Wählen Sie Lebensmittel mit möglichst wenig Konservierungsstoffen und Chemie. Prüfen Sie die Liste der Zutaten und probieren Sie, wie viele davon Sie aussprechen können. Wenn ein Produkt chemische Konservierungsstoffe, Lebensmittelfarben und künstliche Inhaltsstoffe enthält, merken Sie das an den vielen unbekannten Begriffen, die Sie nur verstehen, wenn Sie fundierte Kenntnisse in Chemie besitzen. Wenn Sie sie nicht aussprechen können, wollen und brauchen Sie sie auch nicht.

Nun, da Sie mit einigen High-Performance-Nutrition-Strategien vertraut sind, überlegen Sie sich Folgendes:

Welche High Performance-Snacks können Sie im Büro aufbewahren, um Ihren Blutzuckerspiegel den ganzen Tag über konstant zu halten?

Welche spezifischen Lebensmittel (oder farbige Lebensmittel) sollten Sie öfter essen?

Welche Auswahl an Nahrungsmitteln steht Ihnen im Laufe des Tages zur Verfügung, um sich in High-Performance-Art zu ernähren?

Welche High-Performance-Lebensmittel können Sie bei vollem Terminkalender oder auf Reisen zu sich nehmen?

Kapitel 10
Ernährungsplan für Sustainable High Performance

Wenn Sie Ihr Ernährungsbewusstsein geschärft und Ihre Essgewohnheiten so geändert haben, dass Sie ausreichend hydriert sind, Ihren Blutzuckerspiegel konstant halten und eine höhere Nährstoffzufuhr erreichen, sind Sie auf dem besten Weg, ein Sustainable High Performer zu werden.

Um Sustainable High Performance aufrechtzuerhalten, gilt es, die Toxine anzugehen, die sich in einer aus industriell verarbeiteten Lebensmitteln und künstlichen Inhaltsstoffen bestehenden Ernährung finden. Zwar läuft in Ihrem Körper jeden Tag ein natürlicher Entgiftungsprozess ab, der Verzehr bestimmter Lebensmittel und der Verzicht auf bestimmte andere kann diese Entgiftung jedoch zusätzlich unterstützen und fördern. Auch ist es aufgrund hoher Lebensanforderungen mitunter schwierig, täglich alle notwendigen Nährstoffe in der Ernährung aufzunehmen. Hier können dann Nahrungsergänzungsmittel durchaus förderlich sein.

Stufe 4 – Nahrung zur Förderung von Nachhaltigkeit

Diese Stufe unseres Tignum-Performance-Nutrition-Systems wird Sie mit dem nächsten Schritt vertraut machen und Möglichkeiten zur Entgiftung Ihres Körpers und der Zufuhr von Nahrungsergänzungsmitteln vorstellen, um jedes mögliche Ernährungsdefizit ausgleichen und individuelle Strategien entwickeln zu können. Außerdem werden Sie lernen, spezifische Ernährungsstrategien anzuwenden, um sich auch bei Geschäftsessen, auf Reisen und in Must-win-Situationen oder wichtigen Veranstaltungen richtig zu ernähren.

Ihr Körper entgiftet sich ständig selbst auf natürliche Weise. Auch wenn Ihnen dies nicht bewusst ist, so arbeitet Ihr Körper doch ständig daran, sein Gleichgewicht zu wahren und für seine Funktionen eine optimale interne Umgebung zu schaffen. An der

Entgiftung und Ausscheidung von Abfallprodukten aus dem Körper sind fünf Systeme beteiligt. Dazu gehören das Atmungssystem, das Magen-Darm-, das Harnwegs-, das Haut- und das Lymphsystem. Wenn alle diese Systeme richtig arbeiten, findet eine natürliche und effektive Entgiftung statt.

Mit der Zeit können sich jedoch Gifte ansammeln und die Fähigkeit Ihres Körpers, sich selber zu entgiften, lässt möglicherweise nach. Von allen möglichen Seiten sind die Menschen heute höheren Mengen und Intensitäten von Umweltgiften ausgesetzt als früher. Dazu gehören Schadstoffe, Pestizide, Chemikalien, elektromagnetische Felder und Strahlen. Außerdem sind wir Lebensmittelgiften wie Konservierungsstoffen, chemischen Zusatzstoffen, künstlichen Farbstoffen, künstlichen Süßstoffen und Hormonen ausgesetzt.

Die Vorteile der Entgiftung

Über Tausende von Jahren haben östliche Philosophien den Wert regelmäßiger Entgiftungsrituale gelehrt. In jüngerer Zeit haben auch westliche Forscher bei der Ursachenforschung zu bestimmten Krankheiten Verbindungen zwischen der Krankheit und der mangelnden Fähigkeit des Körpers, Gifte auszuscheiden, festgestellt. Bei einer Anhäufung dieser Toxine erhöht sich das Risiko von Herzerkrankungen, Krebs, Reizdarmsyndrom, emotionalem Stress, Gelenkschmerzen und Angstzuständen. Das kann eine systemische Entzündung und negative Auswirkungen auf die Kommunikation zwischen den Körperzellen zur Folge haben. Da der Körper ein ganzheitliches System ist, kann dies zusätzlich zu einem Mangel an Energie und dem Ausbruch von Krankheiten, chronischen Schmerzen und nachlassender Leistung führen.

Wie können Sie die Menge der Gifte reduzieren, die Sie mit Ihrer Ernährung aufnehmen?

Wie können Sie die Umweltgifte in Ihrer Umgebung reduzieren?

Es gibt viele unterschiedliche Ansätze und Methoden zur Entgiftung des Körpers; die meisten sprengen jedoch den Rahmen dieses Buches. Wir empfehlen, dass Sie Ihren

Arzt oder einen anderen qualifizierten Gesundheitsexperten zurate ziehen, bevor Sie an einem intensiveren Entgiftungsprogramm teilnehmen.

Wenn Sie die ersten drei Strategie-Stufen des Tignum-Performance-Nutrition-Systems durchgeführt haben, kommt dies bereits einer milden und natürlichen Entgiftung gleich. Folgende Lebensmittel und Getränke tragen ebenfalls zur Entgiftung Ihres Körpers bei:

_dunkelgrüne Gemüsesorten
_ungesüßter Cranberry-Saft
_Ingwer
_grüner Tee

Nahrungsergänzungsmittel für Nachhaltigkeit

Theoretisch sollte Ihre Ernährung Ihren gesamten Nährstoffbedarf decken. Bei unseren derzeitigen Agrar- und Transportpraktiken müssten Sie jedoch mehr als 5000 bis 6000 Kalorien pro Tag zu sich nehmen, um gerade eben die optimalen Anforderungen zum Erhalt Ihrer Gesundheit zu erfüllen. Diese Kalorienmenge würde bei den meisten Menschen zu Fettleibigkeit führen. Deshalb raten wir zum Verzehr nährstoffreicher Nahrung und zum Verzicht auf leere Kalorien (mit hohem Zucker- und geringem Nährstoffanteil).

Natürlich gibt es keine für alle Menschen allgemeingültige Ernährungsempfehlung. Ayurveda, die Wissenschaft des Lebens, der Vorbeugung und Langlebigkeit, die als ältestes ganzheitliches medizinisches System Indiens praktiziert wird, berücksichtigt seit 5000 Jahren die individuell unterschiedlichen Bedürfnisse. Die ayurvedische Ernährung ist auf das jeweilige Alter, das Geschlecht und die Konstitution (dosha) sowie auf die Jahreszeit abgestimmt.

Auch Dr. Roger J. Williams, Autor des Buches *Individuality: Key to Understanding What Shapes Your Health*, bestätigt, dass wir alle verschieden sind und gerade diese Verschiedenartigkeit wichtig für das Überleben der Spezies Mensch ist. Sie erzeugt unterschiedliche Fähigkeiten, Nahrung zu verdauen und aufzunehmen (enzymatische Veranlagung); sie bestimmt die Reaktion der Hormondrüsen auf Nahrung sowie die Fähigkeit Ihres Körpers, Nahrungsreste auszuscheiden. Und letztlich erzeugt diese individuelle Verschiedenartigkeit der Körperchemie Ihre einzigartigen Ernährungsbedürfnisse.

Dr. William Wolcott, Autor des Buches *Essen, was mein Körper braucht: Metabolic Typing – die passende Ernährung für jeden Stoffwechseltyp* hat zudem den Eindruck, dass sich die steigenden Fettleibigkeitsraten, das Überhandnehmen von Krebs- und Herzerkrankungen sowie vieler anderer ernährungsbedingter Krankheiten teilweise auf unseren individuellen Stoffwechsel zurückführen lassen. Wolcott zufolge entstehen ernsthafte Ernährungsdefizite, wenn wir versuchen, einer allgemeingültigen Einheitsdiät zu folgen, weil jeder von uns andere, individuelle Bedürfnisse hat. Warum ist diese Individualität so wichtig?

Nehmen wir das Beispiel Nahrungsergänzungsmittel. Auch hier gilt: Was dem einen guttut, ist nicht unbedingt gut für den anderen. Um Nahrungsergänzungsmittel wirklich nutzbringend und die High Performance fördernd einzusetzen, ist es höchst empfehlenswert, mit einem qualifizierten Gesundheitsexperten zusammenzuarbeiten, der Ihre Bedürfnisse genau kennt. Dennoch gibt es einige Nahrungsergänzungsmittel, die manchen Menschen durchaus zuträglich sein können.

Allgemeine Empfehlungen:

_Viel beschäftigte, stressbelastete Menschen sollten Multivitamin-/Mineralpräparate nehmen.
_Die meisten Frauen sollten Eisenpräparate nehmen (gegen menstruationsbedingte Anämie) sowie Kalzium-/Magnesiumpräparate und Boron (zur Vorbeugung von Osteoporose) sowie Folsäure (zur Unterstützung der roten Blutkörperchen).
_Menschen, die große Mengen Softdrinks und stark zuckerhaltige Lebensmittel zu sich nehmen, brauchen Selen, Magnesium und B-Vitamine (für den

Nervenstoffwechsel und als Ersatz für wasserlösliche Vitamine, die mit dem Urin ausgeschieden werden).
- _Raucher sollten Vitamin C (ein Antioxidans) und Zinkpräparate (die das Immunsystem stärken) nehmen.
- _Menschen, die viel und regelmäßig Sport treiben, sollten einen Antioxidantiencocktail aus Betacarotin, Vitamin C, Vitamin E und Selen zu sich nehmen (zur Bekämpfung von freien Radikalen, die während der sportlichen Betätigung entstehen).
- _Und schließlich legen neueste Forschungsergebnisse nahe, dass Menschen, die mehr als 80 Prozent der Zeit in geschlossenen Räumen verbringen (was leider immer häufiger der Fall ist), ebenfalls von einem Multivitamin-/Mineralpräparat profitieren, das ausreichend Vitamin D enthält (zur Kalziumabsorption und Knochenentwicklung).

Strategien für Geschäftsessen

Geschäftsessen bieten oft die Gelegenheit, Beziehungen zu knüpfen und wichtige Geschäftsverhandlungen abzuschließen. Das geschieht jedoch nur, wenn Sie hellwach, aufnahmefähig, kreativ, dynamisch und fokussiert sind.

Wenn Sie folgende Hinweise beachten, sind Sie während des ganzen Geschäftsessens in Topform:

Ihr Geschäftsessen beginnt schon beim Frühstück. Ein gutes Frühstück und Mittagessen sowie kleine, strategische, über den Tag verteilte Zwischenmahlzeiten sind nicht nur Appetitzügler und Energielieferanten, sondern sie verhindern auch, dass Sie sich beim abendlichen Geschäftsessen den Teller überladen.

Essen Sie vor dem Geschäftsessen einen kleinen, ausgewogenen Snack (mit Eiweiß und etwas Fett). Das schützt Sie in der Zeit, bis das Essen serviert wird, vor einem Blutzuckerabfall und hält Ihr Gehirn wach. Ein kleiner Snack hilft außerdem, Alkohol zu absorbieren, und verhindert, dass Sie schläfrig werden.

Trinken Sie hauptsächlich Wasser. Damit sorgen Sie für eine ausreichende Hydrierung, reduzieren Ihren Alkoholkonsum, bleiben emotional ausgeglichen und verbessern Ihre Verdauung.

Entscheiden Sie sich für Lebensmittel, die Ihren Blutzuckerspiegel stabilisieren. Nahrungsmittel wie Nüsse, Käse, Bohnen und Fleisch halten Ihren Blutzuckerspiegel stabil, wohingegen Brot und Gebäck Ihren Blutzucker zunächst in die Höhe treiben und dann abstürzen lassen.

Wenn Sie Appetit auf ein Dessert haben, könnten Sie bei Ihrer Vorspeise oder dem Hauptgang Kohlehydrate sparen. Verzichten Sie auf Brot, Teigwaren, Reis oder Kartoffeln als Beilage und bestellen Sie stattdessen ein köstliches Dessert. Damit bleiben Sie innerhalb der Tignum-80/20-Richtlinie und haben gleichzeitig höchsten Gaumengenuss.

Denken Sie immer an die Portionsgröße. Viele Restaurants servieren Portionen, die leicht drei bis vier Personen satt machen. Zu opulentes Essen erzeugt Gehirnnebel und Verdauungsstörungen und – nicht zu vergessen – eine ungewollte Gewichtszunahme.

Beenden Sie die Mahlzeit mit Ingwer-, Pfefferminz- oder Kamillentee. Diese Tees wirken verdauungsfördernd und bereiten Sie auf einen guten Nachtschlaf vor.

Hinweis: Wenn Sie für die Organisation des Geschäftsessens verantwortlich sind, wählen Sie ein Restaurant aus, das einer High-Performance-Ernährung entgegenkommt.

»Am meisten freut mich immer wieder, dass so viele Führungskräfte ihr Ernährungsbewusstsein optimieren, um dann aus erster Hand zu erleben, wie großartig sie sich fühlen und wie hervorragend sie performen können. Uns liegt nichts an totaler Abstinenz. Vielmehr sind wir bei Tignum überzeugt, dass viele kleine Verhaltensveränderungen den großen Unterschied bewirken. Ob es nun gilt, Gehirnnebel zu verhindern, die Energie zu steigern, die Leistung zu verbessern oder die Resilienz zu stärken ... Ich liebe diesen Moment, in dem unsere Kunden erkennen, dass sie durch die Veränderung ihrer Ernährungsweise großartige Resultate erzielt haben.»

Patti Milligan, Director of Nutrition, Tignum

Essen am Flughafen für High Performance

Wie schon erwähnt, zeigen wissenschaftliche Untersuchungen, dass Menschen, die häufig reisen müssen, weitaus mehr Konservierungsstoffe, chemische Substanzen, Zucker und Transfette zu sich nehmen als Menschen, die zu Hause essen. Das führt nicht nur zu einer ungesunden Gewichtszunahme, sondern trägt auch zu Jetlag, häufigen Erkrankungen und schlechter Performance bei. Damit Sie auf Reisen eine bessere Essensauswahl treffen und dadurch Ihre Leistungsfähigkeit steigern, haben wir folgende Tipps für Sie zusammengestellt:

Erstellen Sie eine Essensliste für unterwegs. Wenn Sie einige High-Performance-Snacks für unterwegs mitnehmen, sind Sie nicht auf das Angebot der Flughafen-Gastronomie angewiesen und verhindern, dass Sie allzu hungrig werden. Empfehlungen für Reise-Snacks:

_Getrocknete Früchte (Aprikosen, Rosinen, Cranberrys, Mangos, Feigen)
_Frisches Obst (Bananen, Orangen, Äpfel, Grapefruits)
_Beef Jerky (getrocknete Rindfleischstreifen)
_Nüsse und Kerne (Mandeln, Sonnenblumenkerne, Pekannüsse, Sojanüsse, Walnüsse)
_Studentenfutter oder Erdnussbutter-Gebäck
_Energieriegel (beachten Sie die zuvor gegebenen Empfehlungen)
_Karotten, Selleriestangen, Erbsenschoten oder Edamame (junge grüne Sojabohnen)
_Instant-Haferflocken oder andere Getreideprodukte, die man in heißem Wasser auflösen kann (heißes Wasser und eine Tasse finden Sie überall)
_Tees (grüner Tee, Ingwertee, Kamillentee)
_Emergen-C-Päckchen (Lieferant von Vitamin C, Vitamin B und Mineralien)

Vor Reiseantritt brauchen Sie ein gutes Frühstück. Starten Sie also mit einem nahrhaften Frühstück, das Ihren Blutzuckerspiegel stabilisiert und Ihrem Körper und Gehirn Nahrung liefert.

Genügend Flüssigkeit ist das A und O. In Flugzeugen findet ein Druckausgleich statt, der dem Luftdruck auf 2400 Metern Höhe entspricht. Das kann schnell zu Dehydrierung führen. Eine ausreichende Hydrierung ist die Voraussetzung, um Jetlag zu verhindern und Ihr Immunsystem intakt zu halten. Bringen Sie, wenn irgend möglich, eine eigene Wasserflasche mit. Koffeinhaltige, stark gezuckerte und alkoholische Getränke sollten Sie einschränken oder am besten ganz weglassen, da diese Ihrem Körper Wasser entziehen.

Essen Sie alle drei bis vier Stunden. Blutzuckerabfall und übermäßiges Hungergefühl werden dadurch verhindert. Denken Sie daran, dass Flüge Verspätung haben können, verlassen Sie sich also nicht auf die Mahlzeit an Bord. Nehmen Sie lieber vor dem Flug einen kleinen Snack zu sich. Wenn alles planmäßig verläuft, brauchen Sie ja nicht die gesamte Mahlzeit an Bord zu essen.

Verzichten Sie auf stark zuckerhaltige Nahrung und schwere Soßen. Wenn Sie am Flughafen essen müssen, verzichten Sie auf zuckerhaltige Backwaren wie Donuts oder Ähnliches. Diese bringen Ihren Blutzuckerspiegel durcheinander und führen Ihrem Körper nicht die nährstoffreichen Vitamine und Mineralien zu, die er auf Reisen braucht. Wählen Sie Nahrungsmittel, die Sie mit einer ausgewogenen Menge an Kohlehydraten, Eiweiß, Fett und Ballaststoffen versorgen.

Achten Sie auf die Portionen. Flughäfen und Flugzeuge sind wie Restaurants – die Mahlzeiten übersteigen üblicherweise die von uns empfohlenen Portionsgrößen. Optimale Mahlzeiten sind:

_Gegrillter Fisch oder gegrilltes Huhn
_Mageres Fleisch (magere Schweinefleischpfanne oder ein kleiner gegrillter Hamburger)
_Frischer grüner Salat oder gedämpftes Gemüse
_Obst und Joghurt
_Gourmet-Sandwiches auf Pita- oder Fladenbrot
_Bohnen oder gegrilltes Fleisch und Gemüse auf Vollkorntortilla
_Gebackene Kartoffel oder Süßkartoffel (mit Gemüsebeilage, Salsa und einer kleinen Portion Crème fraîche oder Butter)

High-Performance-Nahrung für Must-win-Events

Es ist 14 Uhr und Sie treffen die letzten Vorbereitungen für Ihre Kundenpräsentation um 14.30 Uhr. Sie haben ein leichtes Mittagessen aus gegrilltem Lachs und gemischtem Blattsalat eingenommen und Sie fühlen sich ausgezeichnet. Als Sie wieder im Büro waren, haben Sie noch ein paar kleine Änderungen an den Folien vorgenommen, die Ihnen auf dem Rückweg eingefallen sind. Sie habe Ihre Zahlen noch einmal überprüft und das Schriftbild aufpoliert. Sie haben letzte Recherchen angestellt, um sicherzugehen, dass Sie die Bedürfnisse Ihres Kunden genau kennen. Sie haben alle erdenklichen Was-wäre-wenn-Szenarien durchgespielt. Sie sind mehrmals alle Folien durchgegangen und haben Mental Imagery betrieben, um Energie zu tanken und sich zu konzentrieren.

Sie gehen noch mal schnell zur Toilette. Auf dem Rückweg machen Sie einen Abstecher in die Küche und füllen Ihre Wasserflasche auf. Sie sehen, dass noch Kaffee in der Maschine ist, aber Sie fühlen sich so dynamisch, dass Sie nicht einmal in Versuchung geraten. Sie kehren an Ihren Schreibtisch zurück, machen einige Kniebeugen, bei denen Sie tief durchatmen, und überprüfen kurz Ihre Körperhaltung. (Diese Strategien sind das Thema des nächsten Kapitels.)

Es ist 14.21 Uhr, Zeit, Ihren Computer auszustöpseln und sich auf den Weg zum Präsentationsraum zu machen. Sie nehmen Ihren strategischen Snack mit (Mandeln und getrocknete Cranberrys), Ihre Wasserflasche, Ihre Aufzeichnungen und Ihren Laptop, gehen in den Konferenzraum, schließen Ihren Laptop an, atmen ein paarmal tief durch, prüfen ein letztes Mal Ihre Körperhaltung und lächeln, denn nun sind Sie startbereit.

Sie sind in der Tat hundertprozentig darauf vorbereitet, eine erfolgreiche Performance abzuliefern!

Bewerten Sie Ihre Nutrition Habits

Jeder Mensch hat eine einzigartige Beziehung zu Essen, und diese Beziehung bestimmt seine Nutrition Habits. Ein wichtiges Konzept für Sustainable High Performance ist, dass Sie sich Ihrer Gewohnheiten, Bedürfnisse und der Vorteile, die Ihnen Ihre Ernährung bringt, bewusst sind. Wenn Sie sich Ihr Körpergefühl nach einer Mahlzeit ganz deutlich bewusst machen, motiviert Sie das, Ihre Nutrition Habits zu verbessern. Das Großartige am Essen ist, dass Sie nur eine Mahlzeit davon entfernt sind, wieder auf Kurs zu kommen.

Wollen Sie ein Sinker, Floater oder Swimmer sein?

Die Entscheidung liegt allein bei Ihnen.

Sie haben die Nutrition Habits eines **Sinkers**, wenn Sie:

_sich nicht bewusst sind, warum, wann und wie viel Sie essen
_häufiger als dreimal pro Woche Fast-Food essen
_Ihr Speiseplan viele industriell verarbeitete Lebensmitteln enthält
_selten Obst und Gemüse essen
_jedes Mal zu viel essen, bis Sie sich vollgestopft und unbehaglich fühlen
_mit dem Essen warten, bis Sie am Verhungern sind
_zu den meisten Mahlzeiten Softdrinks trinken
_selten (bewusst) Wasser trinken
_täglich mehr als vier Tassen Kaffee oder andere koffeinhaltige Getränke trinken und Koffein brauchen, um wach zu bleiben und aktiv an Meetings teilnehmen zu können
_an mehr als drei Tagen in der Woche mehr als drei alkoholische Getränke zu sich nehmen
_die 80/20-Regel so auslegen, dass Sie bei 80 Prozent Ihrer Essensauswahl nur Ihrem Genuss nachgeben
_ständig Mahlzeiten auslassen, vor allem während der Arbeit
_sich nicht darüber im Klaren sind, dass Mindset, Nutrition, Movement und Recovery Habits Ihre Energie, Resilienz, mentale Performance und Kapazitäten beeinflussen

Sie haben die Nutrition Habits eines **Floaters**, wenn Sie:

_sich bewusst sind, warum, wann und wie viel Sie essen, sich aber deshalb nur gelegentlich für ein besseres Essen entscheiden
_sich überwiegend von Tiefkühlkost oder abgepackten Lebensmitteln ernähren
_häufiger als viermal pro Woche industriell verarbeitete Lebensmittel essen
_gelegentlich Obst und Gemüse essen
_oft so viel essen, dass Sie sich unangenehm voll fühlen
_fast jeden Tag stark zuckerhaltige Snacks essen
_fast jeden Tag zwei bis drei Softdrinks trinken
_drei bis vier Gläser Wasser pro Tag trinken
_fast täglich Kaffee oder andere koffeinhaltige Getränke brauchen, um den Tag zu überstehen
_fast jeden Tag mehr als zwei alkoholische Getränke zu sich nehmen
_gelegentlich Mahlzeiten und Snacks für Ihren Arbeitstag planen
_oft während des Mittagessens weiterarbeiten
_in Restaurants essen und Gerichte auswählen, ohne sich darüber Gedanken zu machen, wie es mit Ihrer Leistungsfähigkeit nach dem Essen aussieht
_sich selten auf Meetings, Reisen oder Geschäftsessen vorbereiten, indem Sie ganz bewusst High-Performance-Nutrition-Strategien anwenden
_sich nur begrenzt über die Wirkung Ihrer Ernährung auf Ihre Performance im Klaren sind und sich nur selten der Mindset, Nutrition, Movement und Recovery Habits bedienen, um dies zu ändern

Sie haben die Nutrition Habits eines Swimmers, wenn Sie:

- sich stets bewusst sind, warum, wann und wie viel Sie essen, und dieses Bewusstsein einsetzen, um eine sinnvolle Essensauswahl zu treffen
- selten, wenn überhaupt, Fast-Food essen
- bei Ihren Mahlzeiten und Snacks auf eine ausgewogene Menge an Eiweiß, gesunden Fetten und komplexen Kohlehydraten achten
- bei fast jeder Mahlzeit nährstoffreiches Gemüse essen
- jeden Tag mit einem High-Performance-Frühstück beginnen, das Eiweiß und komplexe Kohlehydrate enthält
- selten zu viel auf einmal essen (das heißt, unabhängig von äußeren Einflüssen aufhören zu essen, wenn Sie sich angenehm gesättigt fühlen)
- gleich nach dem Aufwachen das erste Glas Wasser trinken und den ganzen Tag über hauptsächlich Wasser trinken
- Ihren Konsum an Kaffee und anderen koffeinhaltigen Getränken auf maximal zwei Tassen oder zwei Getränke pro Tag begrenzen
- Ihren Alkoholkonsum auf ein Glas pro Tag beschränken
- in Ihren Arbeitstag strategische Zwischenmahlzeiten einplanen
- niemals Mahlzeiten auslassen
- sich an unsere Tignum-80/20-Richtlinie halten, vor allem, wenn Sie in Restaurants essen und anschließend High Performance erbringen müssen
- Mahlzeiten und Snacks strategisch planen, um Ihre Leistung zu maximieren
- sich auf Meetings, Reisen und Geschäftsessen vorbereiten, indem Sie ganz bewusst High-Performance-Mahlzeiten und -Getränke auswählen
- neben Mindset-, Movement- und Recovery-Strategien effektiv Nutrition-Strategien einsetzen, um Ihre Energie, Resilienz, mentale Performance und Kapazität zu erhöhen

Entwickeln Sie Ihre Performance-Nutrition-Ziele

Die in diesem Abschnitt vorgestellten Sustainable-High-Performance-Nutrition-Strategien sind Teil eines ganzheitlichen Systems, das mit unseren Performance-Mindset-, Performance-Movement- und Performance-Recovery-Strategien zusammenwirkt. Die Ernährungsstrategien alleine machen aus Ihnen weder automatisch einen High Performer noch steigern sie automatisch die Nachhaltigkeit Ihrer Performance. Es ist sogar sehr unwahrscheinlich, dass Sie High-Performance-Ernährungsgewohnheiten entwickeln, wenn Sie übermüdet sind, wenig Bewegung oder eine negative Einstellung haben. Die vier Tignum-Säulen der Sustainable High Performance sind eng miteinander verwoben und bedingen sich gegenseitig. Die wahre Stärke der persönlichen Innovation entsteht erst durch die Integration von Mindset, Nutrition, Movement und Recovery Habits.

Um alles, was Sie gelernt haben, umzusetzen und eine High Performance Nutrition zu erreichen, müssen Sie nun Ihre eigenen, persönlichen Ernährungsziele formulieren. Dabei dürften folgende Fragen hilfreich sein:

Welche drei Action-Schritte zur Verbesserung Ihrer Ernährung können Sie jetzt gleich unternehmen?

Wenn Sie einen High-Performance-Nutrition-Tag einlegen würden, wie würde Ihr Speise- und Getränkeplan aussehen?

Wie sorgen Sie den ganzen Tag über für genügend Flüssigkeitszufuhr?

Wie werden Sie High-Performance-Nutrition-Strategien einsetzen, um bei Geschäftsessen, Reisen und Must-win-Events Ihre Essensauswahl zu verbessern?

Welche Ernährungsstrategien werden Sie anwenden, um Ihre Energie, Resilienz, mentale Leistung und Kapazität für Sustainable High Performance zu steigern?

Teil IV
Performance Movement

Performance Movement bedeutet: Körperliche Aktivität zur Linderung von Beschwerden, Erzeugung von Energie, Stärkung der Widerstandskraft, Optimierung der mentalen Leistung, Maximierung der Kapazitäten und Erzielung nachhaltigen Erfolgs

Kapitel 11
Ich denke, also bewege ich mich / 186

Kapitel 12
Bewegung für High Performance / 200

Kapitel 11
Ich denke, also bewege ich mich

»Für mich hatte Bewegung immer mit Sport, Fitness oder Abnehmen zu tun. Es wäre mir nie in den Sinn gekommen, dass sie für meine berufliche Performance von Bedeutung sein könnte. Was mich jedoch am meisten überrascht, ist die Tatsache, dass ich den ganzen Tag voller Energie bin, wenn ich morgens meine »Daily Prep«-Übungen mache, bei jeder Gelegenheit die Treppe statt den Aufzug nehme und mich insgesamt mehr bewege. Ich stehe aufrechter, ich fühle mich besser und ich habe mehr Selbstvertrauen und Leidenschaft.
Das hat nichts mit Fitness zu tun, sondern das sind zentrale Bausteine des Mosaiks, das einen High Performer ausmacht. Inzwischen betrachte ich körperliche Bewegung mit ganz anderen Augen. Ich kann mir einen Tag ohne Bewegung gar nicht mehr vorstellen. Ich bewege mich, um morgens fit zu werden, Energie aufzutanken und mich auf Meetings zu konzentrieren, eine Mittagspause einzulegen und am Ende des Tages abzuschalten.«

Ein Tignum-Kunde

Die Fähigkeit des menschlichen Körpers, sich an regelmäßige Aktivität und Bewegung zu gewöhnen, indem er stärker, effizienter, nachhaltiger und krankheits- und verletzungsresistenter wird, zeigt seine einzigartige Beschaffenheit. Die Beschaffenheit Ihrer Anatomie – von der Art, Position und Funktion Ihrer Knochen und Gelenke über die Anordnung und Anpassungsfähigkeit Ihrer Muskeln und die Ausdehnung Ihres Kreislaufsystems bis hin zur Komplexität Ihres Nervensystems – demonstriert, dass Ihr Körper für Bewegung geschaffen ist.

Die meisten von uns wissen, dass unsere Gesundheit von täglicher Bewegung enorm profitiert. Sie bewirkt zum Beispiel eine Senkung des Cholesterinspiegels, reduziert das Risiko von Herz-Kreislauf-Erkrankungen, Krebs und Diabetes sowie von Stress, Bluthochdruck, Schmerzen im unteren Rücken und Übergewicht. Eine Studie, die vor

Kurzem in den *Archives of Internal Medicine*, einem medizinischen Fachjournal des US-Medizinerverbands Amercian Medical Association, veröffentlicht wurde, hat darüber hinaus noch weitere Nutzen aufgezeigt. Wussten Sie, dass 30 Minuten zügiges Gehen an fünf oder mehr Tagen die Woche nicht nur Ihre Fitness und Lebensqualität steigert, sondern auch Ihre Lebenserwartung um durchschnittlich dreieinhalb Jahre verlängern kann? Und nicht nur das: Die Studie zeigte, dass diese Jahre fast durchweg frei von Herzerkrankungen waren, und bewies damit, dass regelmäßige Bewegung definitiv lebensverlängernd wirkt und die Lebensqualität erhöht.

Nicht so viele wissen jedoch, dass regelmäßige Bewegung auch die Selbstachtung und das Selbstvertrauen stärkt, das Gleichgewicht zwischen der linken und rechten Gehirnhälfte verbessert, die geistigen Fähigkeiten und die Schlafqualität steigert sowie Depressionen entgegenwirkt. Die jüngste Studie über Bewegung und Gehirn wird Sie vielleicht überraschen. Die Harvard Medical School hat festgestellt, dass regelmäßige körperliche Bewegung (vor allem aerobische Übungen an fünf Tagen der Woche) das Wachstum neuer Gehirnzellen anregt und sogar den Fortschritt der Alzheimer-Erkrankung bremsen beziehungsweise stoppen kann. Es ist zudem erwiesen, dass Bewegung die neurochemischen Hirnfunktionen stimuliert und stärkt. Eindeutig ist Bewegung nicht nur gut für den Körper, sondern auch hervorragend für das Gehirn.

Viele sind auf der Suche nach dem magischen Jungbrunnen; regelmäßige Bewegung ist ein solcher. Denn sie erhöht die Herzeffizienz, die Zahl der Blutgefäße, die Ihr Herz versorgen, den Sauerstoffgehalt des Blutes, aber auch Ihr Selbstwertgefühl, Ihre Kreativität und Performance und sorgt nicht zuletzt für ein gesundes, gutes Aussehen.

Wie viel bewegen Sie sich?

Beginnen Sie gleich heute mit der Bewusstseinserweiterung hinsichtlich Ihrer Bewegung. Achten Sie darauf, wann und wie Sie sich täglich bewegen. Nehmen Sie den Aufzug oder die Treppe? Stellen Sie sich am Flughafen aufs Laufband, die Rolltreppe oder gehen Sie zu Fuß? Suchen Sie sich grundsätzlich den Parkplatz aus, der Ihrem Ziel am nächsten liegt? Wie gut ist Ihr Gleichgewichtssinn? Können Sie Ihre Zehen berühren? Diese Fragen sind wichtig, weil sie Ihnen ein neues Bewusstsein für Ihre Movement Habits und die Wirkung, die diese auf Ihre Energie haben, liefern.

Ihr erweitertes Bewusstsein hilft Ihnen, die richtige Bewegungsstrategie aufzubauen. Dazu folgende Fragen:

Sitzen Sie stundenlang am Schreibtisch, ohne aufzustehen und auf- und abzugehen, sich zu dehnen oder ein paar Übungen zu machen?

Ignorieren Sie Ihr Körpergefühl und die Signale, die Ihr Körper aussendet?

Sträuben Sie sich gegen tägliche Bewegung?

Ihr Körper passt sich an Aktivität und körperliche Betätigung an, indem er stärker wird und Ihre Erkrankungs- und Verletzungsresistenz erhöht. Umgekehrt gilt: Wenn Sie aufhören, sich zu bewegen, entwickelt Ihr Körper eine Vielzahl von Beschwerden. Ein Mangel an Bewegung schlägt sich zudem auf Ihre Laune nieder und senkt die Qualität der Zeit. Es gibt unzählige Untersuchungen, die belegen, dass mit einer sitzenden Lebensweise bestimmte Gesundheitsrisiken verbunden sind. Außerdem leiden Ihre beruflichen Leistungen und Ihr Privatleben, wenn Sie sich nicht regelmäßig bewegen.

Experten glauben zudem, dass Übungen, die Gleichgewicht, Koordination, Drehungen, Rhythmus und Bewegungsmuster auf vielen Ebenen erfordern, die Integration der rechten und linken Gehirnhälfte fördern können. Das ist logisch, da die linke Gehirnhälfte die rechte Körperseite und die rechte Gehirnhälfte die linke Körperseite steuert. Bewegungen, die eine komplexe neurologische Beteiligung wie das Ausbalancieren, eine Bewegung in mehrere Richtungen oder Ebenen sowie die Integration von Rhythmen oder Koordination erfordern, setzen ein ausgeprägtes Eigenempfinden – in der Fachsprache auch »Propriozeption« (rechte Gehirnhälfte) genannt – sowie eine Feedback-Analyse (linke Gehirnhälfte) voraus. Wie zuvor erwähnt, verfügen Sie über ein High-Performance-Gehirn, wenn beide Gehirnhälften nahtlos zusammenarbeiten.

Wir von Tignum sind davon überzeugt, dass ein Bewegungssystem funktionell sein muss. Es sollte dafür sorgen, dass Sie sich besser fühlen, sich schneller erholen, Ihre Alltagsaktivitäten leichter durchführen und Ihr Leben in vollen Zügen genießen können. Die meisten Übungsprogramme fokussieren darauf, wie viel Muskelmasse Sie aufbauen, wie viele Kilometer Sie laufen oder wie viele Stunden Sie in einem Fitnessstudio verbringen. Tatsache ist, dass Sie auf dem Holzweg sind, wenn Sie zwar 60 Kilometer pro Woche laufen können, aber erschöpft sind, Schmerzen haben und oft krank werden. Und nur weil Sie wenig Körperfett und gut definierte Muskeln haben und fünf Tage die Woche ein 90-Minuten-Hantelprogramm zum Muskelaufbau absolvieren, heißt das noch lange nicht, dass Sie innerlich gesund und ausgeglichen sind.

Um maximale Vorteile aus Ihrem Bewegungsprogramm zu ziehen, sollten Sie daraus eine tägliche Gewohnheit machen. Kaum eine Entscheidung macht sich im Hinblick auf Ihre Performance mehr bezahlt als gute Movement Habits.

Eine revolutionäre Methode

Das Tignum-Performance-Movement-System ist einfach, aber revolutionär. Es konzentriert sich auf die grundlegenden Bewegungsmuster, die in Ihre neuronale Programmierung integriert sind. Es kombiniert Bewegungen und Energiesysteme so, dass Sie maximale Wirkung bei minimalem Zeitaufwand erzielen. Unsere Strategien sind darauf angelegt, Ihre Gehirnfunktionen zu optimieren, Ihr Immunsystem zu kräftigen, Ihre Körperhaltung zu verbessern und zu stärken, Ihr vegetatives Nervensystem wieder ins Gleichgewicht zu bringen, Ihre Kapazitäten zu erweitern, Ihre Alltagsaktivitäten effektiver zu machen, Ihre Knochendichte zu erhöhen und Ihr neuromuskuläres System zu verbessern. Kurz: Das Tignum-Performance-Movement-System wird Ihre berufliche und private Performance verbessern.

Welche Vorteile bringt körperliche Bewegung mit sich?

Bewegung steigert:

_die Fettverbrennung
_die Anzahl der Herzkranzgefäße
_die Herzeffizienz
_die Effizienz der peripheren Durchblutung sowie des Blutrückflusses
_die Elektronentransportkapazität
_die fibrinolytische Fähigkeit (körpereigene Auflösung von Blutgerinnseln)
_den arteriellen Sauerstoffgehalt
_die roten Blutkörperchen und das Blutvolumen
_die Schilddrüsenfunktion
_die Produktion von Wachstumshormonen
_die Balance zwischen der rechten und linken Gehirnhälfte
_die Kreativität und den mentalen Fokus
_das Selbstwertgefühl und Selbstvertrauen
_die Stressresistenz

Bewegung senkt:

_das Serum-Cholesterin und Triglyceride (Blutfette)
_die Glukosetoleranz (reduziert Ihr Diabetesrisiko)
_Fettleibigkeit
_die Anfälligkeit für das Sticky-Platelet-Syndrom (Blutgerinnungsstörung)
_den Blutdruck in den Arterien
_den Ruhepuls
_die Anfälligkeit für Herzrhythmusstörungen (Herzinfarkte)
_die Überreaktion auf Hormone
_das Risiko für Erkrankung, Verletzungen und bestimmter Krankheiten
_Angstzustände
_Depression

Unsere Bewegungsphilosophie ist einzigartig. Wir kombinieren Übungen aus dem Tai-Chi, Qigong, Yoga und Leistungssport. Der Faktor Zeit und benötigte Trainingsgeräte sind für Führungskräfte die Haupthinderungsgründe für ein regelmäßiges Bewegungstraining. Menschen, die ständig unterwegs sind, viel Zeit in Meetings verbringen und unter Höchststress arbeiten, benötigen Übungen, die ihren Körper aufbauen, ihr vegetatives Nervensystem ins Gleichgewicht bringen und ihre Energiereserven auffüllen. Mit unserer Methode bieten wir Kunden Lösungen an, die das Immunsystem stärken, Energie generieren, die geistige Leistung, die Mobilität, Stabilität und den Gleichgewichtssinn verbessern, die Kapazitäten erweitern und Kraft aufbauen – und zwar bei minimalem Zeitaufwand.

Bewegungsmuster des Alltags

Immer wenn Sie Ihren Aktenkoffer, Koffer oder Ihr Kind hochheben, müssen Sie Ihren Rumpf stabilisieren, um Ihre Wirbelsäule zu schützen und die Kraft aufzubringen, das Gewicht zu stemmen. Immer wenn Sie eine Treppe hochlaufen oder rennen, um einen Bus oder ein Flugzeug zu erreichen, mit Ihrem Kind Fangen spielen oder wandern gehen, müssen Sie eine Reihe an Energiesystemen sowie ihr Herz-Kreislauf-System als Energielieferanten für diese Aufgaben aktivieren.

Auch wenn die Anforderungen Ihres Alltags nicht mit denen eines Leistungssportlers zu vergleichen sind, so braucht Ihr Körper dennoch Mobilität, Stabilität, Gleichgewicht, Kraft sowie Ausdauer, um Top-Performance zu erbringen.

Um den üblichen Alltagsaktivitäten gerecht zu werden, gibt es grundlegende Bewegungsmuster, die ausgeführt werden müssen. Jede Bewegung ist eine der folgenden Aktivitäten oder eine Kombination mehrerer davon:

_stehen und sich bewegen (vorwärts, rückwärts, seitwärts)
_Gewicht heben und senken
_ziehen und drücken
_drehen

Um sich richtig zu bewegen, und zwar schmerzfrei und ohne Ausgleichsbewegungen, müssen Sie in der Lage sein, diese grundlegenden Bewegungsmuster effizient und in perfekter Körperhaltung auszuführen. Leider marschieren viele Menschen völlig gedankenlos ins Fitnessstudio, um mit Aufbau von Muskelmasse und Krafttraining dysfunktionale Bewegungsmuster eher noch zu verschlimmern. Mit dem Erfolg, dass sie unter Verletzungen, Schmerzen oder Ermüdung leiden. Deshalb ist uns der Satz, den Gray Cook – Autor des Buches *Athletic Body in Balance* – geprägt hat, so enorm wichtig. Er lautet: Der Schlüssel zu jeder Leistungssteigerung und Reduzierung des Verletzungsrisikos sind gute Bewegungsmuster.

Die Bedeutung der Körperhaltung

Eine grundlegende Strategie zur Erzeugung und Steuerung der Energie sowie zur Reduzierung des Erkrankungs- und Verletzungsrisikos ist eine gute Körperhaltung. Ihre Körperanatomie besitzt eine gewisse Ausrichtung mit eingebauten Kurven und Stoßdämpfern. Wird diese Ausrichtung verändert, hat das Folgen für alle Körperfunktionen, ja sogar für Ihr Selbstvertrauen und Ihr Selbstwertgefühl. Ist Ihre Haltung ausbalanciert, haben Sie mehr Energie, weil Sie effizienter sind. Ist Ihre Haltung beeinträchtigt, setzt eine Kettenreaktion der Muskelverspannungen ein, die Ihnen Energie entziehen, Ihre Blutzirkulation sowie die Funktion Ihres Nervensystems beeinträchtigen und Schmerzen erzeugen kann. Viele Ihrer täglichen Aktivitäten (am Computer sitzen, Auto fahren oder in High Heels laufen) können Ihre Körperhaltung verändern, ohne dass Sie es merken.

Körperhaltung ist sowohl statisch (bewegungslos, zum Beispiel wenn Sie stehen oder sitzen) als auch dynamisch (in Bewegung, zum Beispiel beim Sport). Ihr Kopf ist wie eine circa fünf Kilogramm schwere Bowlingkugel. Stellen Sie sich die Belastung ihres Halsgelenks, Ihrer Sehnen, Bänder und Muskeln vor, wenn Ihr Kopf vornübergeneigt wird, wie das bei der Arbeit am Computer oft der Fall ist.

Sie sollten sich zu jeder Zeit Ihrer Körperhaltung bewusst sein.

Ein guter Ausgangspunkt: Denken Sie an die Bowlingkugel (Ihren Kopf), wenn Sie sich durch den Tag bewegen, und arbeiten Sie daran, diese Kugel perfekt mittig auf einem perfekt ausgerichteten Unterstützungssystem zu halten.

Darüber hinaus bedeutet eine perfekte Haltung für den Rest Ihres Körpers, dass Ihre Knie über Ihren Knöcheln, Ihre Hüften über Ihren Knien, Ihre Schultern über Ihren Hüften und Ihre Ohren über Ihren Schultern ausgerichtet sein sollten.

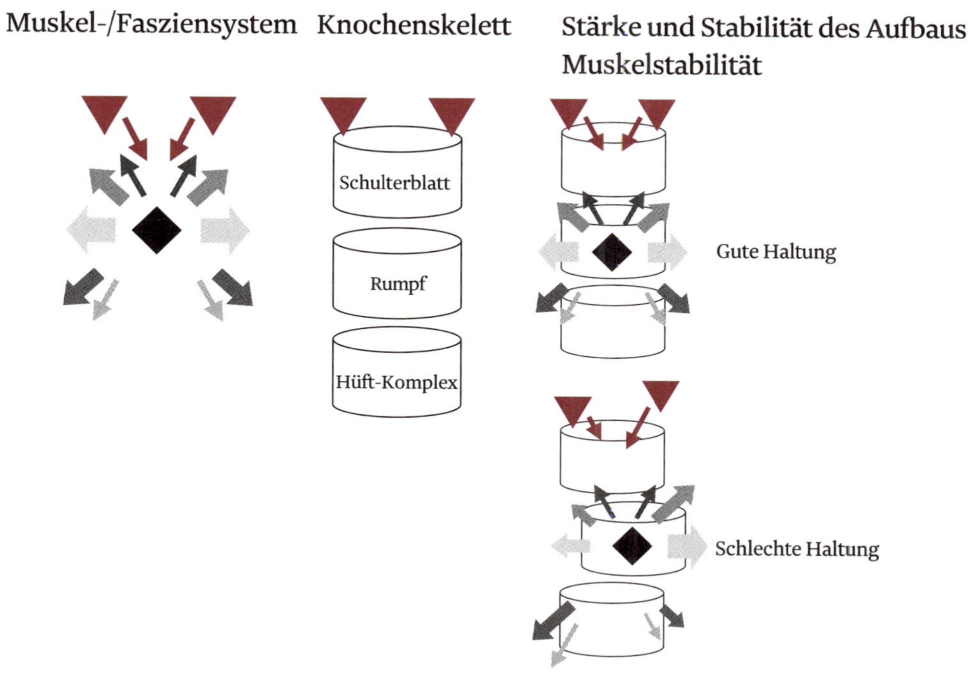

Quelle: Angepasste Version einer Grafik von Mark Verstegen von EXOS/Athletes' Performance

Das Tignum-Performance-Movement-System

Unser System basiert darauf, Ihre Selbstwahrnehmung für Ihre derzeitigen Movement Habits zu steigern und die zahlreichen Gelegenheiten zur Bewegung in Ihren Tagesablauf einzubauen. Ein weiterer Schwerpunkt ist die Verbesserung Ihrer Mobilität, Stabilität und des Gleichgewichts, wodurch – wissenschaftlichen Untersuchungen zufolge – das Risiko von Schmerzen und Verletzungen des Bewegungsapparates minimiert wird. Und es versetzt Sie in die Lage, Ihren Alltag weitaus aktiver zu gestalten, was wiederum Ihrer Gesundheit, Performance und Lebensqualität zugutekommt. Weiterhin sieht unser System vor, mithilfe einer hocheffektiven und effizienten Herz-Kreislauf-Trainingsmethode Ihre Kapazitäten zu steigern. Die letzte Leistungsstufe zur Optimierung Ihrer funktionellen Kraft beinhaltet ein Kraft-Zirkeltraining, das Sie dabei unterstützt, Ihre Kraft und Ausdauer zu verbessern und Ihr Verletzungsrisiko zu senken.

Die vier Stufen des Tignum-Performance-Movement-Systems:

_Verbessern Sie Ihre Durchblutung und stärken Sie Ihr Immunsystem
_Verbessern Sie Ihre Mobilität, Stabilität und Ihr Gleichgewicht
_Erweitern Sie Ihre Kapazitäten durch Energy System Development (ESD)
_Erzielen Sie Nachhaltigkeit durch funktionelle Kraft

In jeder Stufe unterstützen wir Sie dabei, die effektivsten Strategien für Ihre individuellen Bedürfnisse zu entwickeln und umzusetzen. Auf jedem der genannten Gebiete wurde einschlägig geforscht, aber das wirklich Wichtige ist, dass Sie diese Konzepte verstehen und erkennen, wie leicht sie sich in Ihren Alltag integrieren lassen, um Ihre High Performance Movement Habits zu verbessern.

Stufe 1 – Verbessern Sie Ihre Durchblutung und stärken Sie Ihr Immunsystem

Wecken Sie Ihren Körper, lösen Sie Spannungen und steigern Sie Ihre Performance

Die erste Bewegungsstufe ist ein Muss. Häufig muss Zeitmangel als Ausrede für Bewegungsunlust herhalten. Die Wahrheit ist, dass es im Laufe des Tages unzählige Gelegenheiten gibt, sich zu bewegen. Und wenn Sie diese nutzen, können Sie Ihre Blutzirkulation verbessern und Ihr Immunsystem stärken. Jede Bewegung regt den Lymphfluss an, der Antigen-präsentierende Zellen transportiert und Ihre Immunreaktion stimuliert.

Auf dieser Stufe ermuntern wir Sie dazu, nach mehr Bewegungsmöglichkeiten in Ihrem Alltag Ausschau zu halten. Nehmen Sie regelmäßig die Treppe anstatt den Aufzug. Gehen Sie im Flughafen zu Fuß und meiden Sie Laufbänder und Rolltreppen. Parken Sie Ihr Auto in einer gewissen Entfernung von Eingängen, sodass Sie ein Stück gehen müssen. Führen Sie jeden Tag eine Selbstmassage (siehe nachfolgend beschriebene Tennisballmassage) durch. Vermeiden Sie lange Sitzperioden und machen Sie stattdessen alle 90 Minuten einen kurzen Spaziergang oder einige Dehnübungen.

Tennisballmassage
Wir von Tignum lieben einfache Lösungen mit großer Wirkung. Deswegen lieben wir den Tennisball. Er ist klein, leicht zu transportieren, kostengünstig und kann Schmerzen und Verspannungen mildern, Ihre Durchblutung verbessern, Ihr Immunsystem stärken und sogar Ihre rechte Gehirnhälfte stimulieren. Die Tennisballmassage ist eine einfache und praktische Methode, Ihre Verspannungen wegzumassieren. Und sie ist genau das Richtige, um den Tag zu beginnen, sich eine Pause zu gönnen oder einfach nach einem stressigen Meeting oder einer Veranstaltung die Anspannung zu lösen.

Praktische Übung

- *Ziehen Sie die Schuhe aus.*
- *Stehen Sie auf einem Fuß und legen Sie den Tennisball unter den anderen Fuß.*
- *Belasten Sie den Ball langsam und massieren Sie dabei Ihren Fuß.*
- *Rollen Sie den Ball vorwärts, rückwärts und seitwärts und achten Sie auf jeden empfindlichen Punkt ihrer Fußsohle.*
- *Üben Sie zehn bis 30 Sekunden lang gleichbleibenden Druck auf jeden empfindlichen Bereich aus, bis der Schmerz nachzulassen beginnt.*
- *Rollen Sie den Ball als Nächstes rund um die Stelle, die Sie massiert haben, um alle Abfallprodukte, die soeben freigesetzt wurden, in Bewegung zu setzen.*
- *Gehen Sie zum nächsten Punkt.*
- *Sie können mit dem Tennisball auch Ihren Körper nach anderen verhärteten oder schmerzhaften Stellen absuchen. Versuchen Sie die gleiche Übung im Nacken, im Brustbereich, im Oberschenkel- und Wadenbereich oder an anderen verspannten Stellen.*
- *Packen Sie Ihren Tennisball einfach in Ihren Koffer oder Aktenkoffer. So haben Sie immer Ihren eigenen Reisemasseur dabei.*

Stufe 2 – Verbessern Sie Mobilität, Stabilität und Gleichgewicht

Beanspruchen Sie Ihr Muskel- und Nervensystem, entwickeln Sie Ihre Mitte und bringen Sie Ihren Stresshormonhaushalt ins Gleichgewicht, damit Sie Bestleistung erzielen können.

Ein weiteres Muss ist die Verbesserung Ihrer Mobilität, Stabilität und Ihres Gleichgewichts. Für diese Stufe haben wir das Übungsprogramm Tignum *Daily Prep* entwickelt, das Bewegungen aus dem Yoga, Tai-Chi, Qigong und sportlichem Training kombiniert. Wenn Sie Daily Prep mindestens dreimal die Woche absolvieren, werden Sie eine unglaubliche Verbesserung Ihrer Energie und Produktivität erleben. Die Übungsserie nimmt weniger als 15 Minuten in Anspruch und lässt sich tagsüber jederzeit durchführen.

Dabei können Sie auch Bewegungsstrategien aus unserem Meeting-Prep-Programm integrieren, die aus drei einfachen Bewegungen bestehen, die sich auch in Businesskleidung in Ihrem Büro in weniger als einer Minute absolvieren lassen.

Tignum Daily Prep bietet fantastische Übungen zur Verbesserung der Ganzkörpermobilität, der Stabilität und des Gleichgewichts. Kombinieren Sie diese mit Ihrer Atmung, und Sie werden Ihren Energiefluss sowie die Sauerstoffversorgung Ihres Körpers und Gehirns verbessern. Diese Übungen fordern sowohl Ihr neurologisches System als auch Ihr Muskelsystem und regen nebenbei Ihre rechte Gehirnhälfte an. Außerdem hat diese Übungsserie eine regenerierende Wirkung auf Ihr Immunsystem und bringt Ihr vegetatives Nervensystem ins Gleichgewicht.

Diese Übungen garantieren einen exzellenten Start in den Tag und eine hervorragende Vorbereitung auf jede Aktivität; sie sind echte Energiebomben zu jeder Tageszeit und Stresskiller nach einem arbeitsintensiven Tag. Viele unserer Kunden beginnen ihr Bewegungsprogramm ausschließlich mit diesen Übungen. Dabei steigern Sie sich allmählich (über drei Wochen) auf zehn Wiederholungen jeder Übung und stellen plötzlich fest, dass sie voller Energie und Motivation für weitere Aktivitäten sind. Für diejenigen, die sich körperlich überhaupt nicht betätigen, sind diese Übungen ein idealer Einstieg und Zugang zu besseren Bewegungsgewohnheiten.

Tignum Meeting Prep verwendet drei einfache Bewegungsübungen, mit denen Sie Energie tanken und sich auf ein wichtiges Meeting vorbereiten können. Sie bekämpfen die nachteiligen Auswirkungen von Schreibtischjobs und bereiten Ihre Körperhaltung auf wichtige Ereignisse wie Must-win-Events vor. Außerdem dienen diese Übungen dazu, Ihre rechte Gehirnhälfte zur Optimierung Ihrer Kreativität zu stimulieren.

Vor einem Meeting oder einer Präsentation steht Ihr Körper oft unter Stress und Anspannung. Die normale Reaktion des Körpers ist ein Kampf-oder-Flucht-Reflex. Die Durchführung eines kurzen Übungssatzes, bevor Sie ins Meeting gehen oder präsentieren, kann die Stresswirkung reduzieren, Ihre Kreativität verbessern, Nervosität ausschalten und Ihr Selbstwertgefühl steigern. Alle diese Punkte sind von entscheidender Bedeutung für Ihre persönliche Höchstleistung.

Überlegen Sie Folgendes:

Wie ist Ihre Körperhaltung heute und wie können Sie sie verbessern?

Was können Sie *heute* für mehr Bewegung tun?

Welche anderen Aktivitäten würden Sie reizen, wenn Sie Ihre Mobilität, Stabilität und Ihr Gleichgewicht mit den Daily-Prep-Übungen verbessern könnten?

Wie engagiert sind Sie in puncto regelmäßiger Bewegung (auf einer Skala von 1 bis 10)?

Kapitel 12
Bewegung für High Performance

Nachdem Sie die Grundlagen (Bewegungsmuster) entwickelt, Ihre Körperhaltung verbessert und jede Gelegenheit zur Bewegung genutzt haben, können Sie Ihre Anstrengungen nun intensivieren, um maximalen Nutzen aus der Bewegung zu schöpfen. Dieses Kapitel dreht sich um die Möglichkeiten, mit Bewegung Ihre Kapazitäten zu erweitern und Ihre funktionelle Muskelkraft zu steigern. Wir werden Sie dabei unterstützen, auf effektivste und effizienteste Weise High Performance zu erzielen.

Viele unserer Kunden denken, wenn sie den Ausdruck »sportliche Betätigung« hören, an Herz-Kreislauf-Training, was üblicherweise bedeutet, lange Strecken zu laufen oder mit dem Fahrrad zu absolvieren. Zwar mag das die Art und Weise sein, wie Herz-Kreislauf-Training traditionellerweise stattfindet, Tignum jedoch geht völlig neue Wege.

Wir wissen, dass Sie üblicherweise wenig Zeit haben oder auch keine langen, anstrengenden Trainingseinheiten mögen. Mit unserem zeitsparenden Übungsprogramm, das Ihre individuellen Bedürfnisse erfüllt, haben wir eine Methode entwickelt, mit der Sie alle Vorteile des (aeroben) Herz-Kreislauf-Trainings genießen können, ohne übermäßig viel Zeit zu investieren. Zu den Vorteilen zählen unter anderem folgende:

_bessere Gesundheit durch Reduzierung kardiovaskulärer Risikofaktoren (zum Beispiel Körperzusammensetzung, Blutfettprofil, Blutdruck)
_weniger Angstzustände
_verbesserte Schlafqualität
_höheres Energielevel
_verbesserte mentale Performance
_gestärkte Widerstandskraft
_Gewichtskontrolle

Stufe 3 – Erweitern Sie Ihre Kapazitäten mit ESD

Entwickeln Sie Ihre Kapazitäten mit Intervalltraining, um Ihre Performance zu maximieren

Auf dieser Stufe stellen wir Ihnen das Tignum-ESD-Intervall-Trainingsprogramm vor – eine sehr effektive und effiziente Methode des Herz-Kreislauf-Trainings. Energy System Development (ESD) ist ein Trainingsmodell, das von unserem Partner EXOS/Athletes' Performance entwickelt wurde. Es ist eine ausgezeichnete Methode, um die vielfältigen Energiesysteme Ihres Körpers zu entwickeln. High-Performance-Coach Paul Robbins verwendet diese Methoden beim Training mit Welt-Spitzensportlern.

Mit diesen Methoden werden Sie Ihre Energie, Ihre Resilienz und Ihre Kapazitäten in kürzestmöglicher Zeit verbessern. Und bei nur zweimaliger Durchführung des Tignum-ESD-Trainingsprogramms pro Woche für 20 bis 30 Minuten können Sie enorm profitieren – vorausgesetzt, Sie sind fest entschlossen, diesen nächsten Schritt konsequent zu gehen. Selbst wenn Ihnen Herz-Kreislauf-Training normalerweise verhasst ist, unsere Methode wird Sie ansprechen und Ihnen Spaß machen.

Bei Tignum besteht der erste Schritt darin, unsere Kunden einer Reihe von Tests zu unterziehen. Dafür verwenden wir das iMETT Metabolic Cardiovascular Testing System – eine Spezialmaschine, die die aerobe Fitness (Sauerstoffverbrauch) und die ventilatorische Schwelle misst. Diese Ergebnisse liefern uns die folgenden wertvollen Informationen über jede Testperson, damit wir anschließend ein maßgeschneidertes Trainingsprogramm erstellen können:

_Erstens verschaffen wir uns ein klares Bild über die aerobe Fitness unseres Kunden. Dieser Test sagt uns, wie gut der Körper unseres Kunden Sauerstoff aus der Luft aufnimmt, ihn zu den arbeitenden Muskeln transportiert und anschließend zur Erzeugung von Energie nutzt.

_Zweitens liefert uns der Test die spezifischen Trainingsherzfrequenzwerte, die unsere Kunden an ihren verschiedenen Trainingstagen zugrunde legen sollten. Jeder unserer Tignum-Kunden erhält sein eigenes, individuell erstelltes Trainingsprogramm.

_Drittens zeigt uns der Test, wie gut sich unsere Kunden nach Anstrengung erholen. Das liefert uns eine Momentaufnahme der Resilienz jeder Testperson. Wenn jemand intensiv trainiert und sich anschließend schnell erholt, wissen wir, dass diese Person äußerst belastbar und extrem gut in Form ist.

Trainingsenergiesysteme

Hier bieten wir Ihnen eine alternative Methode zur Bestimmung Ihrer Herzfrequenzwerte für jedes Energiesystem (Zone). Bevor wir Ihnen diese Methode jedoch vorstellen, bedarf es der Erklärung, was jede Herzfrequenzzone bedeutet.

Aerobes Energiesystem

Der Körper verfügt über drei Hauptenergiesysteme, auf die er für die Energieerzeugung beim Atmen oder bei der Bewegung zurückgreifen kann. Das bekannteste ist das aerobe Energiesystem (Zone 1), das bei geringer Belastung eingesetzt wird. Dieses Energiesystem verbrennt Kohlehydrate, Eiweiß und Fett bei umfangreicher Sauerstoffversorgung zur Energieerzeugung. Das aerobe Energiesystem ist recht effizient, das heißt, es produziert wenig Abfallstoffe (Milchsäure) und ist daher gut für Langstrecken oder Langzeittraining.

Diese Energiequelle nutzen Sie, wenn Sie von der U-Bahn nach Hause gehen oder locker joggen. Dies ist auch das Energiesystem, auf das Langstreckenläufer, Radfahrer oder andere Ausdauersportler sich hauptsächlich verlassen.

Die aerobe Kapazität wird üblicherweise als VO2 Max (maximale Sauerstoffmenge, die Sie während einer intensiven körperlichen Anstrengung verwerten können) bezeichnet. Die VO2 Max ist individuell sehr verschieden und hängt von den Genen, dem Alter, dem Geschlecht, der Höhenlage und natürlich vom individuellen Trainingszustand ab. Die durchschnittliche VO2 Max einer Person, die keinen Sport treibt, beträgt ungefähr 35 Milliliter pro Kilogramm in der Minute. Im Gegensatz gibt es Spitzensportler mit einer aeroben Kapazität von 85 Milliliter pro Kilogramm in der Minute – fast das Doppelte der VO2 Max eines extrem durchtrainierten 45 Jahre alten Mannes.

Auch wenn selbst ausgiebiges Training Ihre aerobe Kapazität nicht auf Spitzensport-Level hochpushen wird, so können Sie mit konsequentem Training Ihre Kapazität durchaus erhöhen. Das erweist sich – besonders in Kombination mit dem Training Ihrer anderen Energiesysteme – als äußerst nützlich bei der Regeneration von beruflichem Stress.

Die anaerobe Schwelle

Bei intensiverer Anstrengung schaltet Ihr Körper an einem bestimmten Punkt vom aeroben zum anaeroben Energiesystem um. Das geschieht auf ganz natürliche Weise, und Sie bemerken es daran, dass Sie außer Atem geraten und Mühe haben, sich nebenbei zu unterhalten. An diesem Punkt haben Sie die anaerobe Schwelle erreicht (Zone 2), die für das Intervalltraining und die Steigerung Ihrer Performance sehr wichtig ist.

Anaerobes Energiesystem

Das anaerobe Energiesystem (Zone 3) kommt für kurze, intensive Anstrengungen (von zehn Sekunden bis drei Minuten) zum Einsatz. Dieses Energiesystem liefert dem Körper Energie, wenn Sauerstoff nicht in ausreichender Menge vorhanden ist. Das hat allerdings seinen Preis. Das anaerobe Energiesystem kann nur Kohlehydrate und Zucker, aber kein Fett verbrennen und produziert dabei als Abfallprodukt der Energieerzeugung Milchsäure. Die Anhäufung von Milchsäure macht sich in einem Brennen in den beanspruchten Muskeln bemerkbar.

Diese Energiequelle setzen Sie ein, wenn Sie eine Treppe hinaufsprinten oder einen Spurt hinlegen, um Ihren Zug zu erwischen. Da Ihr Körper während dieser kurzen, intensiven Anstrengung Milchsäure ausschüttet, sind Sie nach kurzer Zeit gezwungen, langsamer zu laufen oder anzuhalten.

ATP-PC-System

Dieses letzte Energiesystem wird für kurze, abrupte Bewegungen – wie zum Beispiel schweres Heben oder Ansetzen zu einem heftigen Sprung, um einem Auto auszuweichen – eingesetzt. Das System wird als ATP-PC (ATP = Adenosintriphosphat) bezeichnet und wird vom Körper maximal für zehn Sekunden bereitgestellt. Dieses Energiesystem werden Sie auf Stufe 4 mit dem Tignum-Performance-Movement-System trainieren, wenn Sie unser »No-Excuse-Workout« durchführen.

Die Vorteile des ESD-Trainings

Beim ESD-Training kommt eine Intervallmethode zum Einsatz, die den Körper auf eine effizientere Fettverbrennung und eine schnellere Regenerierung trainiert. Darüber hinaus finden viele unserer Kunden das Training geistig anregend (aufgrund der vielen Intervallwechsel), zeitsparend und weitaus weniger langweilig und unangenehm als andere Trainingsprogramme (weil Sie jedes Intervall nur für kurze Zeit ausführen).

Für Führungskräfte, die den Höchstnutzen aus ihrem Zeitinvestment ziehen wollen, ist das ESD-Training die High-Performance-Lösung schlechthin. In nur 15 Minuten können die ersten spürbaren und sichtbaren Erfolge einsetzen. Viele Kunden berichten uns, dass sie sich bereits nach vier Wochen ESD-Training schneller regenerieren, schneller einschlafen, dynamischer fühlen und Körperfett verlieren.

Nach Reisen durch verschiedene Zeitzonen oder stressigen Meetings gehen viele Kunden joggen, was die Belastung ihres vegetativen Nervensystems nur noch erhöht. Vor Anwendung unserer ESD-Methode berichteten sie, dass sie nach Tagen, an denen sie sich zu sehr verausgaben, häufig krank werden oder sich übermüdet fühlen. Sieht so High Performance aus? Nein, das ist Übertraining und harte anstatt smarte Anstrengung.

Wenn unsere Kunden allerdings ihre Herzfrequenz überwachen, merken sie schnell, dass sie die Trainingsintensität verringern müssen, um in ihrer persönlichen Herzfrequenzzone zu bleiben. Heißt das, dass sie Weicheier sind? Keineswegs. Ihre Herzfrequenz teilt ihnen mit, dass ihr Körper an diesem Tag und zu dieser Uhrzeit nicht in der Lage ist, sich intensiver anzustrengen, ohne sich zu überlasten.

Nach unserer Erfahrung ist das einer der größten Vorteile des auf Herzfrequenz basierenden ESD-Trainings. Der Pulsmesser hilft Ihnen dabei, Ihr Training an Ihre körperlichen Fähigkeiten anzupassen, die jeweilige Beanspruchung zu bewältigen. Diese objektive Bewertung ist eine hervorragende Methode, um festzustellen, ob Sie den richtigen Kurs steuern, ob Sie zu viel und zu hart trainieren und wie gut Sie sich anschließend erholen.

Mit ESD-Training

_trainieren Sie smart anstatt hart
_sind Sie motivierter
_trainieren Sie mehrere Energiesysteme
_lernt Ihr Körper, sich schneller zu regenerieren
_lernt Ihr Körper, Fett effizienter zu verbrennen
_verbrennen Sie mehr Kalorien
_nutzen Sie Ihre Zeit effizienter

Bestimmen Sie Ihre Herzfrequenz-Trainingszone

Ein Test wäre zwar die genaueste Methode zur Ermittlung Ihrer Herzfrequenz für die drei Trainingszonen, aber wir bieten Ihnen noch eine alternative Methode zur Bestimmung Ihrer korrekten Herzfrequenzen an. Bevor Sie jedoch ein Übungsprogramm starten, sollten Sie auf jeden Fall das Okay von Ihrem Hausarzt einholen.

Folgende Tabelle zeigt Ihnen, wie Sie Ihre Herzfrequenz berechnen, und liefert eine Beschreibung, wie Sie sich bei bestimmten Herzfrequenzwerten fühlen sollten. Das haben wir aus zwei Gründen gemacht. Erstens können Sie damit Ihre Herzfrequenzwerte an Ihre Befindlichkeit anpassen (weil es sich hier nur um Schätzwerte handelt). Zweitens haben wir beides aufgeführt, damit Sie selbst dann ESD-Training machen können, wenn Sie kein Pulsmessgerät besitzen. Das ist natürlich nicht die genaueste Trainingsmethode, aber sie ist einfach und kostengünstig.

Trainingszone	**Formel**	**Wie Sie sich fühlen sollten**	**Nutzen**
Zone 1: Aerobes Energiesystem	Spanne zwischen (220 – Alter) x 0,65 und (220 – Alter) x 0,75	Am Anfang geraten Sie möglicherweise außer Atem, aber in dieser Zone sollten Sie in der Lage sein, sich normal zu unterhalten, auch wenn Sie das Gefühl haben, sich etwas anzustrengen.	Erhöht Ihre aeroben Kapazitäten, was Ihre Regeneration verbessert, Ihre Herz- und Lungenkapazität steigert und Ihre Fettverbrennung optimiert.
Zone 2: Anaerobe Schwelle	Spanne zwischen (220 – Alter) x 0,75 und (220 – Alter) x 0,85	Sie sollten das Gefühl haben, nur kürzere Sätze sprechen zu können und langsam außer Atem zu geraten. Sie sollten das Gefühl haben, dass Sie sich ein wenig über Ihre Komfortzone hinaus anstrengen.	Verbessert Ihr aerobes und Ihr anaerobes Energiesystem und hilft Ihnen, Ihre anaerobe Schwelle zu erhöhen, was Ihre Performance insgesamt steigert.
Zone 3: Anaerobes Energiesystem	Spanne zwischen (220 – Alter) x 0,90 und (220 – Alter) x 0,92	Sie sollten das Gefühl haben, sich wirklich schwer anzustrengen und zu atmen. Sie sollten Schwierigkeiten haben, nebenher eine Unterhaltung zu führen.	Steigert Ihr Tempo und Ihre Kraft, beschleunigt Ihren Stoffwechsel und lehrt Ihren Körper, Kohlehydrate und Fett (während der Regenerationsphase) effizient zu verbrennen.

Stellen Sie sich vor, Sie wären 48 Jahre alt. Um Ihre aerobe Herzfrequenzzone zu berechnen, würden Sie folgende Gleichung aufstellen:

(200 – 48) x 0,65 = 152 x 0,65 = 98,8 (Ihr Mindestpuls für diese Zone)

(200 – 48) x 0,75 = 152 x 0,75 = 114 (Ihr maximaler Puls für diese Zone)

Ihre Herzfrequenz für Trainingszone 1 sollte sich somit zwischen 99 und 114 Pulsschlägen pro Minute bewegen.

»Ich habe meine Laufleistung ausschließlich daran gemessen, wie schnell ich meiner Meinung nach laufen sollte. Wenn ich müde wurde, ging ich bis an meine Grenzen, um mein vorbestimmtes Tempo halten zu können. Als ich mit dem Herzfrequenz-basierten Training begann, stellte ich schnell fest, dass ich mich oft zu stark und einige wenige Male auch zu wenig belastete.
Mein Pulsmessgerät teilt mir mit, was mein Körper in diesem Moment leisten kann, und hilft mir dabei, die Intensität meines Trainings darauf abzustimmen. Seit ich den Pulsmesser verwende und das Tignum-ESD-Programm durchführe, habe ich meine persönliche Bestleistung über zehn Kilometer und bei einem Halbmarathon erreicht. Und, was mir persönlich noch wichtiger ist: Ich war nicht ein einziges Mal krank oder verletzt.«

Ein Tignum-Kunde

So führen Sie das ESD-Training durch

Wenn Sie Ihre drei Herzfrequenzzonen berechnet haben, sind Sie startbereit. Es ist zwar nicht zwingend erforderlich, aber wir empfehlen doch die Anschaffung eines Pulsmessgeräts, damit Sie Ihre Trainingseinheiten so effizient und produktiv wie möglich gestalten können.

Stufe 1 des ESD-Trainings:
Für Anfänger, Untrainierte und alle, die noch nie nach der ESD-Methode trainiert haben.

_Beginnen Sie langsam und steigern Sie sich von 20 auf 60 Minuten in Zone 1. Das kann Gehen, Joggen, Wandern, Schwimmen, Rudern, Radfahren oder jede andere beliebige Bewegungsart sein, die Ihnen Spaß macht. Je länger Sie sich bewegen, desto mehr Kalorien verbrennen Sie. Fühlen Sie sich aber bitte nicht unter Druck, öfter und länger zu trainieren.
_Anfangs schaffen Sie es vielleicht nur fünf Minuten lang, in dieser Zone zu bleiben. Denken Sie daran: Selbst ein Marathon kann in Fünf-Minuten-Stufen gelaufen werden. Das Wesentliche ist, dass Sie sich bewegen und darauf achten, dass Ihre Herzfrequenz nicht über die für Zone 1 definierten Werte steigt.
_Wenn Ihr Puls ansteigt, verlangsamen Sie Ihr Tempo, bis er wieder in die Zone 1 zurückkehrt.
_Achten Sie auch darauf, dass Ihr Puls nicht unter die Werte der Zone 1 sinkt.
_Idealerweise sollten Sie das Training der Stufe 1 drei- bis fünfmal die Woche durchführen.

Stufe 2 des ESD-Trainings:
Für alle Personen mit moderatem Fitnessniveau, die Stufe 1 abgeschlossen haben oder bereits etwas Erfahrung mit ESD-Training besitzen.

_Beginnen Sie mit einem fünfminütigen Aufwärmtraining auf Stufe 1. Während dieser Aufwärmzeit sollten Sie Ihre Trainingsintensität schrittweise steigern, bis Sie Ihren Puls in den Herzfrequenzbereich der Zone gebracht haben, aber nicht höher.
_Nach der fünfminütigen Aufwärmzeit steigern Sie die Intensität Ihrer Bewegung (zwei Minuten lang), bis Ihre Herzfrequenz den Bereich der Zone 2 erreicht hat. Es spielt keine Rolle, wie hoch Ihr Puls ist, Hauptsache, er bleibt innerhalb des vorgegebenen Rahmens. Steigt Ihr Puls zu stark an, verlangsamen Sie Ihr Tempo und verringern Sie Ihre Trainingsintensität, damit sich Ihr Puls wieder im definierten Bereich einpendelt.
_Nach den zwei Minuten in Zone 2 verlangsamen Sie Ihr Tempo und verringern Ihre Trainingsintensität drei Minuten lang, damit Ihr Pulsschlag wieder in den Bereich der Zone 1 zurückkehrt. Achten Sie darauf, dass Ihr Puls nicht unter den Mindestwert

dieser Zone sinkt. Merken Sie sich, wie schnell Ihr Puls in Zone 1 zurückgekehrt ist, denn Ihr oberstes Ziel ist die schnelle Regeneration nach Belastung.

_Wiederholen Sie die Sequenzen der Zone 2 (zwei Minuten) und Zone 1 (drei Minuten) so oft, wie Ihre gesamte Trainingszeit dauert. Wiederholen Sie diese Sequenz möglichst drei- bis fünfmal.

_Beenden Sie Ihre Trainingseinheit mit einem Cool-down von drei bis fünf Minuten in Zone 1.

Stufe 3 des ESD-Trainings:
Für all diejenigen, die Stufe 2 abgeschlossen haben oder topfit sind.

_Beginnen Sie mit einem fünfminütigen Aufwärmtraining auf Stufe 1. Während dieses Warm-ups sollten Sie Ihre Trainingsintensität schrittweise steigern, bis Sie Ihren Puls in den Herzfrequenzbereich der Zone 1 gebracht haben, aber nicht höher.

_Nach dem fünfminütigen Aufwärmtraining steigern Sie die Intensität Ihrer Bewegung (eine Minute lang), bis Ihre Herzfrequenz den Bereich der Zone 2 erreicht hat. Es spielt keine Rolle, wie hoch Ihr Puls ist, Hauptsache, er bleibt innerhalb des vorgegebenen Rahmens. Steigt Ihr Puls zu stark an, verlangsamen Sie Ihr Tempo und verringern Sie Ihre Trainingsintensität, damit sich Ihr Puls wieder im definierten Bereich einpendelt.

_Nach einer Minute in Zone 2 steigern Sie Ihre Trainingsintensität noch einmal für weitere 30 Sekunden. Es kann sein, dass Ihr Puls zunächst nicht Ihre Zone 3 erreicht, aber mit einiger Übung wird es Ihnen gelingen.

_Nach diesen 30 Sekunden in Zone 3 verlangsamen Sie Ihr Tempo und verringern Ihre Trainingsintensität zwei Minuten lang, damit Ihr Pulsschlag wieder in den Bereich der Zone 1 zurückkehrt. Achten Sie darauf, dass Ihr Puls nicht unter den Mindestwert Ihrer Zone 1 sinkt. Merken Sie sich, wie schnell Ihr Puls in Zone 1 zurückgekehrt ist, weil Ihr oberstes Ziel die schnellere Regeneration nach Belastung ist.

_Wiederholen Sie die Sequenzen der Zone 2 (eine Minute), Zone 3 (30 Sekunden) und Zone 1 (zwei Minuten) so oft, wie Ihre gesamte Trainingszeit dauert. Wiederholen Sie diese Sequenz möglichst drei- bis fünfmal.

_Beenden Sie Ihre Trainingseinheit mit einem Cool-down von drei bis fünf Minuten in Zone 1.

Perfektion ist kein erstrebenswertes Ziel

Oft lerne ich High Performer kennen, die glauben, dass Perfektion die einzige Quelle für Zufriedenheit ist, die sie je wirklich genießen und feiern können. Zwar bin ich ein leidenschaftlicher Verfechter davon, dass man ständig an sich arbeiten sollte, aber ich bin auch fest davon überzeugt, dass Perfektionismus das größte Hindernis für jede Weiterentwicklung ist. Meiner Meinung nach liegt ausgesprochenem Perfektionismus meist eine unterschwellige Angst zugrunde, die weder gesund noch produktiv ist.

In meiner Zusammenarbeit mit Kunden, die sich im Prozess der persönlichen Weiterentwicklung befinden, sind diejenigen am erfolgreichsten, die es schaffen, ihre Ängste zu bewältigen. Die größte Angst, die sie überwinden müssen, ist die, dass sie möglicherweise nicht alle gesetzten Ziele erreichen. Obwohl diese Angst vor allem zu Beginn normal ist, versuche ich dennoch, ihnen zu erklären, dass jeder Schritt in Richtung Ziel eine Leistung ist.

Ich erinnere mich an eine Klientin, die ihren Bewegungstag auf einer Skala von 1 bis 10 nur mit 5 bewertete, weil sie nur fünf Meilen anstatt der angepeilten acht Meilen gelaufen war. An einem perfekten Tag (eine fiktive Vorstellung fern jeder Realität) hätte sie vielleicht ihr Ziel, acht Meilen zu laufen, geschafft. An diesem hektischen und chaotischen Tag jedoch waren die fünf Meilen eine wirklich reife Leistung. Mit ihrer alten Denkweise hätte sie aber den Fünf-Meilen-Lauf ganz weggelassen, weil er nicht an ihr »perfektes« Ziel heranreichte.

Nachdem sie ihre Angst vor Unvollkommenheit überwunden hatte, lernte sie, jeden Tag zu nehmen, wie er ist, und auf jeden Schritt in Richtung ihrer persönlichen Weiterentwicklung stolz zu sein. Mehrere Monate später lief sie bei einem Halbmarathon ihre persönliche Bestzeit. Aber was noch wichtiger ist: Sie hatte ebenfalls die meisten ihrer Mindset-, Nutrition- und Recovery-Ziele erreicht.

Eine High-Performance-Lebensweise ist gleichbedeutend mit sinnvoller Zielsetzung, vernünftiger und umsetzbarer Planung, smartem anstatt hartem Training, konsequenter und sorgfältiger Durchführung auch einfacher Dinge und, last, but not least, mit der Wertschätzung und Freude an den Fortschritten in Richtung des eigenen Leistungspotenzials.

Die Überwindung der Angst, nicht perfekt zu sein, ist der erste Schritt hin zu einer neuen Ebene der High-Performance-Lebensweise, die Sie wirklich genießen werden.

Tignum-Blog

Stufe 4 – Erzielen Sie Nachhaltigkeit durch funktionelle Kraft

Stellen Sie sich auf Ihre täglichen Anforderungen ein und erhalten Sie Ihre High Performance.

Auf dieser Stufe stellen wir Ihnen das Tignum-Krafttraining vor, mit dem Sie die funktionelle Muskelkraft entwickeln, die Ihnen Ihre Alltagsaktivitäten erleichtert. Dieses Training zielt darauf ab, Ihre Muskelmasse zu entwickeln beziehungsweise zu erhalten, um Ihren Stoffwechsel zu verbessern und Ihr Verletzungsrisiko zu senken. Wir bezeichnen es auch als »No-Excuse-Workout«, weil es zeitsparend ist, nur minimale Hilfsmittel erfordert und überall durchgeführt werden kann.

Im Krafttraining gibt es den Begriff der »absoluten Kraft«; das ist das maximale Gewicht, das Sie einmal heben können. Für Gewichtheber und einige kraftbasierte Sportarten mag das notwendig sein, aber für Führungskräfte eher nicht. Deswegen arbeiten wir auf Stufe 4 unseres Tignum-Movement-Systems mit dem Begriff »funktionelle Muskelkraft«. Damit ist die Kraft gemeint, die Ihnen Ihre alltäglichen Aktivitäten erleichtern sollen.

Zu den alltäglichen Aktivitäten gehört zum Beispiel Treppen steigen, ins Auto ein- und aussteigen, im Büro einen Karton hochheben oder zu Hause Ihr Kind auf dem Arm tragen. Es ist daher sinnvoll, Zeit darauf zu verwenden, die Kraft aufzubauen, die Sie brauchen, um in allen Lebensbereichen effizienter zu werden. Nicht mehr und nicht weniger.

Diese Art des funktionellen Trainings mithilfe unseres »No-Excuse-Workouts« liefert Ihnen all die Vorteile des traditionellen Kraftsporttrainings, wie zum Beispiel:

_mehr Muskelkraft und -ausdauer
_höhere Knochendichte
_beschleunigten Stoffwechsel
_verbesserten Körperbau

Zudem optimiert dieses Training Ihre Koordination, ihre Rumpfstabilität und die Energieverbrennung. Gleichzeitig sinken Ihr Verletzungsrisiko und die Gefahr von Gelenkschmerzen. Das bedeutet nicht nur, dass Sie sich effizienter bewegen, sondern auch, dass Sie die alltäglichen Aktivitäten müheloser durchführen. Damit bleibt Ihnen mehr Energie für Ihre Arbeit und Ihr Privatleben.

Wir haben festgestellt, dass viele Führungskräfte vor Beginn ihrer Zusammenarbeit mit Tignum überhaupt kein Kraftsporttraining betrieben haben. Daher hat sich ihre Muskelmasse seit dem Alter von Mitte 20 deutlich verringert. Bei Frauen ist dieses Phänomen oft noch viel stärker ausgeprägt, weil sie nicht den Testosteronspiegel von Männern aufweisen. Das mag man als Lappalie abtun, es ist in Wahrheit jedoch viel wichtiger, als man glaubt. Die Muskelmasse trägt in hohem Maße zu Ihrem Grundumsatz bei. Das bedeutet: Je mehr Muskeln Sie haben, desto mehr Kalorien verbrennen Sie 24 Stunden am Tag, sieben Tage die Woche, 52 Wochen im Jahr.

Der amerikanische Fitnessverband American Council on Exercise hat festgestellt: »In jedem Jahrzehnt ab dem Alter von 25 Jahren verliert der Mensch drei bis fünf Prozent Muskelmasse.« Das ist auf einen veränderten Lebensstil und den nachlassenden Einsatz des neuromuskulären Systems zurückzuführen. Studien haben jedoch gezeigt, dass Ältere, die einen bewegungsarmen Lebensstil pflegten, nach einem regelmäßigen Krafttrainingsprogramm ihre Muskelmasse erheblich steigern konnten. Kurzum, was Sie nicht nutzen, verkümmert. Umgekehrt gilt jedoch: Wenn Sie jetzt beginnen, können Sie den Prozess der Muskelatrophie, der mit zunehmendem Alter einsetzt, aufhalten.

Unser »No-Excuse-Workout« bedarf nur minimaler Hilfsmittel und kann somit überall durchgeführt werden. Ob Sie unterwegs, im Büro oder zu Hause sind, mit einem paar Thera-Bändern oder Fitness-Tubes können Sie das komplette Programm absolvieren. Das heißt, Sie können natürlich mit Gewichten oder an Geräten trainieren, aber das muss gar nicht unbedingt sein.

Außerdem ist unser System zeitsparend. Wir wissen, dass Sie normalerweise unter Zeitdruck stehen. Daher haben wir unser Programm so gestaltet, dass Sie Ihre Zeit effektiv nutzen und die Erfolge erzielen, für die Sie bei manchen Programmen stundenlang trainieren müssen. Indem Sie Ganzkörperbewegungen im Zirkeltraining durchführen, bauen Sie nicht nur mehr funktionelle Kraft, sondern zusätzlich auch kardiovaskuläre Kondition auf und verbrennen mehr Kalorien.

Bei unserer Methode trainiert jede Übung den gesamten Körper, von den Beinen über den Rumpf bis zum Oberkörper. So arbeitet Ihr Körper in der Realität, folglich sollte er auch so trainiert werden. Das Resultat: Sie werden sofort eine höhere physische Leistungsfähigkeit bei all Ihren Tätigkeiten registrieren.

Integrieren Sie die Tignum Levels of Movement

Eine häufig von unseren Kunden gestellte Frage ist, wie oft diese vier Tignum Levels of Movement absolviert werden sollten. Darauf haben wir zwei verschiedene Antworten. Welche davon gilt, hängt von Ihren Antworten auf folgende Fragen ab:

Wie hoch ist Ihr derzeitiger Stresspegel?

Was wollen Sie erreichen?

Wenn Ihr Stresspegel insgesamt hoch ist und Sie sich überfordert, erschöpft, reizbar, total außer Form und apathisch fühlen sowie schlecht schlafen, dann sollten Sie bei Stufe 1 und 2 bleiben, bis Sie sich besser fühlen. Sie können diese Stufen jeden Tag üben. Innerhalb weniger Wochen werden Sie sichtbare und spürbare Resultate erzielen.

Wenn Sie sich dann besser fühlen oder wenn Sie voller Energie stecken und über eine gute Gesundheit verfügen, empfehlen wir Ihnen, sofort alle vier Stufen umzusetzen. Nein, das wird nicht viel Zeit in Anspruch nehmen, aber es verlangt Konsequenz. Nachfolgend die Tignum-Empfehlungen zur Häufigkeit, mit der Sie die Bewegungsstufen pro Woche trainieren sollten:

Stufe 1 – Verbessern Sie Ihre Blutzirkulation und stärken Sie Ihr Immunsystem:
täglich.

Stufe 2 – Verbessern Sie Mobilität, Stabilität und Gleichgewichtssinn:
drei- bis fünfmal die Woche (15 Minuten pro Trainingseinheit)

Stufe 3 – Erweitern Sie Ihre Kapazitäten mit ESD:
zwei- bis fünfmal die Woche (15 bis 30 Minuten pro Trainingseinheit)

Stufe 4 – Erzielen Sie Nachhaltigkeit durch funktionelle Kraft:
zwei- bis dreimal die Woche (10 bis 30 Minuten pro Trainingseinheit)

Bewerten Sie Ihre Movement Habits

Ob Sie nun ein Athlet sind oder nicht, Tatsache ist, dass Ihr Körper für Bewegung gemacht ist. Wenn Sie ein bewegungsarmes Leben führen, haben Sie keine Möglichkeit, die Energie, Widerstandskraft, mentale Performance und Kapazitäten zu entwickeln, die Sie benötigen. Beim Tignum-Programm geht es nicht darum, einen Triathleten, Marathonläufer, einen Leistungssportler oder Fitness-Fan aus Ihnen zu machen. Worum es jedoch geht, ist, die Verbindung zwischen Ihrem Geist und Ihrem Körper herzustellen, Ihr persönliches Leistungspotenzial auszuschöpfen und Ihr Befinden und Ihre Performance sowohl im Berufs- als auch im Privatleben zu verbessern. Oft betrachten Menschen ein Bewegungsprogramm als etwas, was man in jungen Jahren macht. Heute erscheint es ihnen zu schwierig, zeitaufwendig oder einfach als netter Zeitvertreib. Das ist ein gewaltiger Irrtum.

Wollen Sie ein Sinker, Floater oder Swimmer sein?

Das entscheiden immer Sie allein.

Sie haben die Movement Habits eines **Sinkers**, wenn Sie:

_Bewegung unter allen Umständen vermeiden
_den Aufzug nehmen, selbst wenn Sie nur eine Etage hochgehen müssten
_auf dem Parkplatz herumkurven, bis Sie eine Parklücke so nah wie möglich am Geschäftseingang gefunden haben
_am Flughafen immer das Laufband und die Rolltreppe nehmen, anstatt zu gehen
_länger als zwei Stunden am Schreibtisch sitzen, ohne aufzustehen und sich zu bewegen
_während des gesamten Flugs sitzen bleiben, anstatt aufzustehen und sich zu strecken
_weder regelmäßig Dehnübungen noch irgendwelche anderen Körperbewegungen machen
_ständig Schmerzen haben und nichts dagegen tun
_sich nicht bücken und bei durchgestreckten Beinen Ihre Zehen berühren können
_nicht einmal eine Etage hochgehen können, ohne außer Atem zu geraten
_beim Ein- und Aussteigen in Ihren/aus Ihrem Wagen Schwierigkeiten haben
_am Wochenende mehr als fünf Stunden vor dem Fernseher verbringen
_die Zeichen ignorieren, die Ihr Körper Ihnen hinsichtlich eines Über- oder Untertrainings signalisiert
_sich nie mit Bewegungsübungen für ein Meeting fit machen
_sich nicht darüber bewusst sind, dass Bewegung und Arbeitsleistung in direktem Zusammenhang stehen
_Bewegung für ein reines Gesundheitsthema halten

Sie haben die Movement Habits eines **Floaters**, wenn Sie:

_sich der Möglichkeiten zur Bewegung bewusst sind, sie aber selten in die Tat umsetzen
_die Treppe nur dann benutzen, wenn es sich nicht vermeiden lässt
_gelegentlich – wenn auch eher selten – weiter weg parken, sodass Sie laufen müssen
_normalerweise, aber nicht immer das Laufband und die Rolltreppe am Flughafen benutzen
_manchmal länger als zwei Stunden sitzen, bevor Sie aufstehen und sich bewegen
_auf Langstreckenflügen nur gelegentlich aufstehen und sich bewegen und strecken
_sich nur zwei- bis dreimal die Woche regelmäßig bewegen
_sich nur strecken und dehnen, wenn Ihnen etwas wehtut
_nur sporadisch Krafttraining durchführen
_nur an den Wochenenden für Ihre Bewegung sorgen
_regelmäßige Bewegung planen, ihr aber dann keine Priorität einräumen, sodass sie meistens ausfällt
_ausschließlich Herz-Kreislauf-Training, aber kein Krafttraining oder Mobilitätsübungen durchführen
_ausschließlich Krafttraining betreiben
_sich ein für Ihre derzeitige Kondition viel zu anstrengendes Trainingsprogramm zumuten
_sich Übungsziele wie zum Beispiel einen Marathon oder Halbmarathon setzen, aber dann nur halbherzig oder falsch trainieren
_hart, aber nicht smart trainieren
_glauben, dass Sie sich quälen müssen, um Resultate zu erreichen
_sich gelegentlich mit Übungen für ein Meeting fit machen
_Bewegung für wichtig halten, aber keinen Zusammenhang zwischen Bewegung und Leistung sehen

Sie haben die Movement Habits eines **Swimmers**, wenn Sie:

_ stets nach Gelegenheiten Ausschau halten, sich zu bewegen
_ sich wann immer möglich fürs Treppensteigen und gegen den Aufzug oder die Rolltreppe entscheiden
_ am Flughafen lieber gehen als auf dem Laufband oder der Rolltreppe zu stehen
_ selten länger als 90 Minuten sitzen, bevor Sie aufstehen und sich bewegen
_ auf Langstreckenflügen regelmäßig aufstehen, sich bewegen und strecken
_ sich täglich bewegen, um Ihre Blutzirkulation zu stimulieren, Ihr Immunsystem zu stärken und Beschwerden zu lindern
_ mindestens fünfmal pro Woche Ihr Nervensystem mit einer morgendlichen Bewegungsroutine aktivieren
_ regelmäßig Selbstmassagetechniken anwenden, um Muskelschmerzen und Verspannungen zu beseitigen und Ihre Blutzirkulation zu verbessern
_ Übungen zur Verbesserung der Mobilität, Stabilität und Balance in Ihren täglichen Terminkalender einplanen
_ zwei- bis dreimal pro Woche funktionelles Krafttraining betreiben
_ mindestens zweimal pro Woche Intervalltraining machen
_ smart statt hart trainieren
_ sich der Signale bewusst sind, die Ihr Körper im Hinblick auf sein Bewegungs- und Ruhebedürfnis aussendet
_ sich vor fast allen Meetings mit Übungen fit machen
_ erkennen, dass Bewegung mit Ihrer mentalen und allgemeinen Leistung in unmittelbarem Zusammenhang steht
_ Ihr Bewegungstraining mit Mindset-, Nutrition- und Recovery-Strategien integrieren, um beruflich und privat an Ihrer High Performance zu arbeiten und sie aufrechtzuerhalten

Entwickeln Sie Ihre Performance-Movement-Ziele

Die in diesem Kapitel vorgestellten High-Performance-Movement-Strategien sind dafür gedacht, dass sie zusammen mit unseren Performance-Mindset-, Performance-Nutrition- und Performance-Recovery-Strategien integriert angewandt werden. Die Movement-Strategien alleine machen aus Ihnen weder zwangsläufig einen High Performer noch steigern sie die Nachhaltigkeit Ihrer Leistung. Die entscheidende Voraussetzung zur Überwindung von Bequemlichkeit und Trägheit ist das richtige Mindset. Wenn Sie sich erst gar nicht vorstellen können, dass Bewegung Ihnen Spaß machen könnte, dann ist dieses Thema für Sie uninteressant, sprich: erledigt. Die vier Tignum-Säulen der Sustainable High Performance sind eng miteinander verknüpft und bedingen einander gegenseitig. Die wahre Kraft der persönlichen Innovation liegt in der ganzheitlichen Verinnerlichung und Anwendung von Mindset, Nutrition, Movement und Recovery Habits.

Um alles, was Sie bisher gelernt haben, in High Performance Movement umzusetzen, gilt es, sinnvolle Bewegungsziele für sich selbst zu setzen. Relevant dazu sind folgende Fragen, über die Sie einmal nachdenken sollten:

Welche drei Action-Schritte können Sie jetzt sofort zur Verbesserung Ihres Körpertrainings unternehmen?

Wenn Sie einen Tag mit High Performance Movement einlegen würden, in welcher Form würden Sie aktiv werden?

Wie werden Sie High-Performance-Movement-Strategien anwenden, um Ihre Business-Meetings und Must-win-Events positiv zu beeinflussen?

Wie werden Sie Bewegungsstrategien anwenden, um Ihre Energie, Resilienz, mentale Leistungsfähigkeit und Kapazitäten auf Sustainable High Performance hochzuschrauben?

Teil V
Performance Recovery

Performance Recovery bedeutet: Zielbewusstes Pendeln zwischen Belastung und Regeneration zur Entwicklung Ihrer Energie, Resilienz, mentalen Performance und Kapazität – um Ihr Engagement und Ihre Zielstrebigkeit zu verbessern und nachhaltigen Erfolg zu erzielen.

Kapitel 13
Regenerieren und neue Kraft tanken / 224

Kapitel 14
Schlafen, atmen und lachen! / 238

Kapitel 15
Oszillieren Sie an die Spitze / 254

Kapitel 13
Regenerieren und neue Kraft tanken

Der Irrglaube, nur die Schwachen bedürften der Erholung, hat erheblich zur der Produktivitätsabwärtsspirale und dem explosiven Anstieg der Burn-out-Rate in der Geschäftswelt geführt.

Wenn man einmal Spitzensportler betrachtet und überlegt, was sie davon abhält, ihr gesamtes Potenzial auszuschöpfen, stellt man fest, dass mangelndes Training nicht der Grund dafür ist. Vielleicht trainieren sie nicht immer richtig, aber üblicherweise geben sie alles. Was sie stattdessen oft versäumen, ist, auf ihre Regeneration zu achten. Damit verhindern sie, dass Körper und Geist maximal von ihrem Training profitieren können.

Dasselbe gilt für die Geschäftswelt. Hochleistungsfähige Führungskräfte vertreten häufig die Ansicht, Regeneration wäre nur etwas für Schwache. Dieser Irrglaube trägt dazu bei, dass die Produktivitätsverluste steigen, Effektivität und Performance beeinträchtigt werden und die Burn-out-Rate sich erhöht. Durch einen Paradigmenwechsel, indem Regeneration als entscheidende Performance-Strategie etabliert wird, lässt sich ein Burn-out vermeiden und Sustainable High Performance erzielen.

Wenn Sie die Trainingsanlagen unseres Partners EXOS/Ahtletes' Performance in Arizona betreten, fällt Ihnen als Erstes auf, dass es einen Trainings- und einen Regenerationsbereich gibt. Wurde dieser Regenerationsbereich geschaffen, weil die Sportler faul sind und einen Platz brauchen, wo sie untätig herumhängen können? Natürlich nicht. Es gibt einen Trainings- und Regenerationsbereich, weil unsere Partner wissen, dass der Körper (und der Geist) angemessene Regeneration braucht, um maximal leistungsfähig zu sein. In anderen Worten: Regeneration ist ein strategisches Element ihrer High-Performance-Formel.

Regeneration – ein strategisches Muss

Paradoxerweise stößt der Gedanke des physiologischen Bedürfnisses nach Regeneration nur auf sehr wenig Verständnis in der Geschäftswelt. Selbst die renommiertesten Business Schools der Welt beginnen gerade erst zu begreifen, dass es nicht unbedingt nachhaltig oder produktiv ist, immer noch härter zu arbeiten. Doch im Gegensatz zu EXOS/Athletes' Performance haben diese Schulen das Thema »Regeneration als strategisches Muss« noch nicht anerkannt.

Wenn Sie das Wort »Regeneration« hören, denken Sie vielleicht an Urlaub, weniger Arbeitsstunden oder die Ablehnung neuer Projekte. Vielleicht bedeutet Regeneration für Sie ein Reha-Programm für Menschen, die eine Sucht überwinden und ihre Gesundheit wiederherstellen wollen. Die ersten Reaktionen unserer Kunden auf den Begriff »Regeneration« sind noch aufschlussreicher.

Viele glauben, Regeneration sei

_für schwache Menschen
_etwas, worum sie sich kümmern müssen, wenn sie schlapp machen
_für faule Menschen
_für Menschen, die nicht viel zu tun haben
_für Menschen, die keine echten Kämpfernaturen sind
_totale Zeitverschwendung (weil unproduktiv)
_eine Methode, Dinge auf die lange Bank zu schieben

Wir sind damit überhaupt nicht einverstanden. Wir sind fest davon überzeugt, dass Regeneration ein grundlegender Bestandteil der Sustainable High Performance ist. Daher wiederholen wir: **Regeneration ist ein strategisches Muss.**

So wie ein Formel-1-Pilot Boxenstopps einlegen muss, um zu gewinnen, so muss das auch eine hochleistungsfähige Führungskraft. Und wie bei einem Rennfahrer müssen diese »Boxenstopps« der Führungskräfte kurz, hochproduktiv und strategisch sein. Die von uns entwickelten Regenerationsstrategien sind genau das: zeitsparend und effektiv. Durchführbar in Ihrem Büro, in einem Meeting oder am Flughafen, wenn Sie in der Schlange stehen. Wir betrachten Performance Recovery als einen integralen Bestandteil einer intelligenten Arbeitsweise.

Aufgrund der zahlreichen vorgefassten negativen Meinungen über Regeneration ist es wichtig, dass Sie sich zunächst auf Ihr Mindset konzentrieren. Um Ihre Gedanken und letztlich Ihre Habits zu ändern, müssen Sie alle Vorteile aufrufen, die Performance-Recovery-Strategien Ihnen bieten. Dazu gehören:

_mehr Energie
_weniger Muskelverspannung und Gelenkschmerzen
_ein gestärktes Immunsystem
_erhöhte mentale Klarheit
_mehr Ausgeglichenheit
_erhöhte Kreativität (Rechtsgehirnfunktion)
_gesteigerte Kapazitäten
_größere Jobzufriedenheit
_mehr Lebenslust und Lebensfreude!

Welche dieser Vorteile werden Ihnen persönlich – beruflich und privat – zu mehr Produktivität verhelfen?

Planen Sie Ihre Regeneration ein oder überlassen Sie sie dem Zufall?

Wie wissen Sie, wann es Zeit ist für mehr Regeneration?

Im Jahr 1931 entdeckte Dr. Hans Selye das General Adaptation Syndrome (GAS), das die katastrophalen Folgen von Dauerstress ohne angemessene und häufige Regenerationsphasen für Gesundheit und Leistung beschreibt. Dr. Selye entwarf auch das Oszillationskonzept, bei dem gestressten Personen Strategien an die Hand gegeben werden, um sich vollständig von Stressphasen zu erholen.

Weitere Forschungsinitiativen Dr. Selyes führten zur Entwicklung der Superkompensationstheorie (die üblicherweise bei Spitzenleistung zum Einsatz kommt). Forscher haben festgestellt, dass Menschen, die progressiven hohen Belastungen ausgesetzt werden, sich durch Einlegen aktiver Regenerationsphasen nicht nur so weit erholen, dass sie ihre vorherige Verfassung wiedererlangen, sondern sie erreichen sogar höhere (fortgeschrittenere) Performance-Ebenen. Diese Entdeckung hat zum aktuellen periodischen (oder Oszillations-)Training von Sportlern geführt, bei dem die Ruhephasen denselben hohen Stellenwert einnehmen wie die Trainingsbelastung.

»Ich habe an mehreren High-Performance-Programmen teilgenommen. Alle betonten die Notwendigkeit, mehr Motivation zu entwickeln, sich mehr zu pushen und die Schmerzgrenze zu ignorieren (nach dem Motto »No pain, no gain«). Nach diesen Programmen war ich immer sehr begeistert, aber meine Motivation hielt nicht lange vor, weil die Strategien sich als wenig nachhaltig erwiesen. Ich glaube, die einprägsamste Lektion, die Tignum mir mit auf den Weg gab, ist die richtige Einschätzung des Stellenwerts, den Regeneration für meine Performance einnimmt. Ich dachte immer, eine Pause zu machen sei etwas für meine leistungsschwächeren Kollegen. Heute weiß ich: Das Wichtigste, was ich für meinen Status als High Performer tun kann, ist meiner Regeneration Priorität einzuräumen. Denn sie ist meine Leistungsgrundlage.
Seit ich einige einfache und kurze Regenerationspausen in meinen Tag integriert habe, fühle ich mich produktiver, konzentrierter und definitiv weniger gestresst. Bemerkenswert sind auch die Reaktionen meiner Kollegen, die nie und nimmer erwartet hätten, dass ein Workaholic wie ich eine Pause einlegen würde, um einen kurzen Spaziergang, geschweige denn Atemübungen zu machen! Aber selbst sie geben zu, dass ihnen mein neues Ich gefällt. Ich bin nicht mehr so aufbrausend, viel ruhiger, besser zu ertragen und ich erledige definitiv mehr als zuvor.«

Ein Tignum-Kunde

Was stresst Sie am meisten?

Ob Sie Sportler sind oder Führungskraft eines Unternehmens, einer der Hauptfaktoren für High Performance und ihre Nachhaltigkeit ist, wie gut Sie sich von Stress erholen. Der erste Schritt zur Umsetzung der Performance-Recovery-Strategien ist das Verständnis, woher der Stress kommt und was Sie so sehr nervt.

Oft verkennen Menschen das Ausmaß ihrer Stressbelastung völlig. Es gibt eine ganze Reihe von Stressoren, die Ihre Gesamtstressbelastung bestimmen und das Gleichgewicht Ihres vegetativen Nervensystems sowie Ihres Hormonsystems auf eine harte Probe stellen. Diese Ursachen Ihrer Stressbelastung zu erkennen ist ein grundlegender Schritt bei der Entwicklung Ihrer persönlichen Regenerationsstrategien.

Stressfaktoren

Umweltfaktoren:
_extreme Temperaturen – höher als 32 Grad Celsius oder unter 0 Grad Celsius
_Luftfeuchtigkeit – über 60 Prozent oder unter 20 Prozent
_Höhenveränderungen (jede Veränderung über 300 Höhenmeter innerhalb einer Woche)
_Umweltverschmutzung (Luft, Wasser, elektromagnetische Felder)

Psychologische/soziale Faktoren:
_Konflikte mit Kollegen oder Vorgesetzten
_berufliche Überforderung
_organisatorische Veränderungen (Vorschriften, Verfahren, Fokus)
_Jobwechsel
_Veränderung der Lebensumstände
_häusliche Renovierungsarbeiten
_Schulbesuch
_Langeweile
_fehlende echte Freunde/Unterstützung

_fehlender Spaß und Freude
_Urlaubsreise
_Geburt eines Kindes
_Kinder verlassen das Haus (Studium etc.)
_Trennung oder Scheidung
_krankes Familienmitglied
_Verlust eines Familienmitglieds oder eines engen Freundes
_Hypothek, die 80 bis 90 Prozent des Marktwerts ausmacht
_hohe Schulden

Physiologische/biochemische Faktoren:
_stark zuckerhaltige Ernährung
_stark glutenhaltige Ernährung
_eiweißarme Ernährung
_Einnahme von Medikamenten (verschreibungs- und nicht verschreibungspflichtige)
_Asthma
_Erkältung oder Grippe
_Darmparasiten
_Pilzinfektionen (Hefepilze, Fußpilz)
_Diabetes
_Bluthochdruck
_Schlafmangel
_Schlafstörungen (Apnoe, Restless-Legs-Syndrom)
_Alkohol (mehr als 14 alkoholische Getränke pro Woche)

Anatomische/strukturelle Faktoren:
_schlechte Körperhaltung
_akute Verletzung
_Nacken- oder Lumbalschmerzen
_jeder chronische Schmerz
_kürzliche Operation
_intensive sportliche Betätigung – häufiger als viermal pro Woche

Überlegen Sie – unter Zuhilfenahme dieser Liste –, welche Dinge in Ihrem Leben Stress auslösen:

Welche drei Stressfaktoren belasten Sie am meisten?

Welche weiteren Stressquellen gibt es in Ihrem Leben?

Was unternehmen Sie derzeit, um diese Stressfaktoren zu meistern?

Können Sie alle Ihre derzeitigen Stressfaktoren steuern?

Den Stresskreislauf verstehen

Unser Körper ist für kurzzeitige, stoßweise Stressbelastung gemacht. Auf jeden Stressor reagiert der Körper mit High Performance, um sein Überleben zu sichern. Das System funktioniert reibungslos, solange Ihr Körper zwischen den einzelnen Stressspitzen genügend Regenerationspausen erhält, um sich zu regenerieren. Es mag merkwürdig klingen, aber akuter Stress macht stärker, während chronischer Stress (ohne Regenerationspausen) eine zerstörerische Wirkung hat. Die Stressreaktion ist eine Kombination aus den Reaktionen des Nervensystems und des endokrinen Systems mittels eines komplexen Systems mit der Bezeichnung Hypothalamus-Hypophysen-Nebennieren-Achse (HPA). Diese Achse ist nicht für Dauerstress konzipiert, sondern für kurze Stressphasen, unterbrochen von angemessenen Regenerationspausen. Während dieser Regenerationsphasen werden die Hormone wieder ins Gleichgewicht gebracht und die Feedback-Rezeptorensensibilität wiederhergestellt.

Selye identifizierte den Stresskreislauf und seine Beziehung zur HPA-Achse, als er während der schweren Wirtschaftskrise in den Dreißigerjahren erlebte, wie Menschen an dem in dieser Zeit durchlittenen Stress erkrankten. Im Jahr 1956 veröffentlichte Selye ein Buch mit dem Titel *The Stress of Life*, von dem es seitdem unzählige Neuauflagen gegeben hat. Selye beschrieb darin drei Stufen der Reaktion auf Stress – Alarmreaktion, Widerstandsphase und Erschöpfungsphase – und zählte ein breites Spektrum an stressbedingten Krankheiten auf.

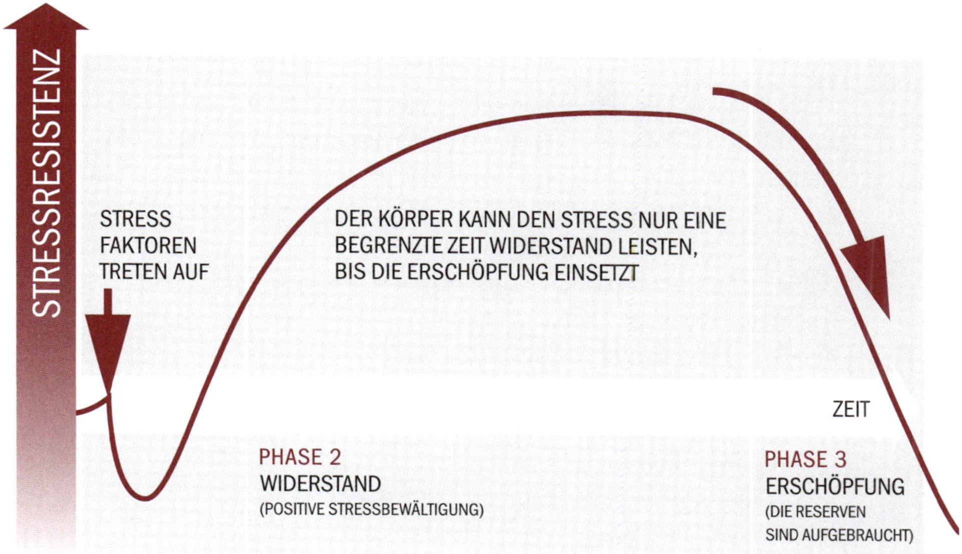

Die Alarmreaktion

Stress macht sich bei jedem Menschen körperlich anders bemerkbar. Einige klagen über Verspannungen oder Schmerzen in Nacken oder Rücken, andere leiden unter Verdauungsstörungen oder Sodbrennen. Wieder andere bekommen Kopfschmerzen oder Tinnitus (Ohrgeräusche). Je besser Sie darüber Bescheid wissen, wo in Ihrem Körper der Stress spürbar wird, desto früher werden Sie reagieren können, um Ihr vegetatives Nervensystem wieder ins Gleichgewicht zu bringen.

Mögliche Symptome der Alarmreaktion:
_erhöhte Herzfrequenz
_erhöhte Atmungsintensität
_abnehmende Schmerzintensität
_geschärftes Bewusstsein
_verbesserte Konzentration
_bessere Performance

Die Widerstandsphase

Zunächst reagiert der Körper perfekt auf Stress; die Performance steigt sogar. Gibt es eine Gelegenheit zur Oszillation (Regeneration vom Stress), dann wird die Performance weiterhin intensiviert und der Körper bleibt gesund. Gibt es keine ausreichende Regenerationsphase, sinkt die Leistungsfähigkeit ab und der Körper wechselt in die Widerstandsphase.

Mögliche Symptome beim Eintritt in die Widerstandsphase:
_trockener Mund und trockene Haut
_nervöser Magen oder Sodbrennen
_Müdigkeit
_Konzentrationseinbrüche
_Einschlafstörungen
_frühmorgendliches Erwachen mit Gedankenrasen
_Heißhunger auf Süßes
_Verlangen nach Kaffee
_aufgewühlte Emotionen
_Geduldverlust
_leichte Depression

Mögliche Symptome in der fortgeschrittenen Widerstandsphase, aber noch vor der Erschöpfungsphase:
_Nervosität, Zittern, Kältegefühl
_Herzrasen
_leichter Schwindel beim Aufstehen
_Verstopfung und gelegentlicher Durchfall
_häufiges nächtliches Aufwachen oder Schlaflosigkeit
_Schwierigkeiten, morgens aufzustehen
_Essensgelüste (zuckerhaltige, fetthaltige oder salzige Lebensmittel)
_Verlangen nach Kaffee
_Verlangen nach Alkohol
_Lethargie, außer direkt nach dem Essen
_Gewichtszunahme (vor allem um die Taille)
_Amenorrhoe (Ausbleiben der Menstruation bei Frauen)

_Geschwächtes Immunsystem (häufige Erkältungen, Grippe, Hautveränderungen)
_Schlechte Regeneration nach sportlicher Betätigung (Muskel- und Gelenkschmerzen, Muskelermüdung)
_unerklärliche Müdigkeit, selbst nach gutem Nachtschlaf
_unerklärliche Muskelschmerzen (in der Lumbalgegend, im Nacken, im Ellenbogen)
_verringerte Libido
_Stimmungsschwankungen
_Apathie
_Neigung zur Überreaktion
_Gehirnnebel
_Vermeidung von Konflikten oder Herausforderungen

Die Erschöpfungsphase

Das Problem ist, dass Ihre HPA-Achse bei chronischem Stress aus dem Gleichgewicht gerät und möglicherweise bleibt und Sie – gelegentlich dauerhaft – in die Erschöpfungsphase absacken. In dieser Phase ist der Cortisolspiegel so hoch, dass die Feedbackschleifen an Sensibilität verlieren und Sie für diese Ungleichgewichte empfänglicher und anfälliger werden. Anhaltender Stress zerstört vor allem das endokrine und das Herz-Kreislauf-System sowie das Magen-Darm-, das neurologische und das Immunsystem. Ein hoher Cortisolspiegel im Blut unterbricht auch den Biorhythmus und lässt den Blutzuckerspiegel ansteigen. Beides führt zu weiterer Ermüdung. Das kann schließlich zu chronischer Ermüdung, chronischen Entzündungskrankheiten und im schlimmsten Fall sogar zum Tod führen.

Mögliche Symptome beim Eintritt in die Erschöpfungsphase (Burn-out):
_Myokardkontraktur (dauerhafte Deformation von Herzmuskelzellen)
_unheilbare Erkrankungen (Magengeschwür, Tinnitus, Diabetes, Bluthochdruck, chronische Ermüdung, Fibromyalgie, Krebs, Demenz und kongestive Herzinsuffizienz)
_Gedächtnisverlust
_Depression
_plötzlicher Tod

Die folgende Kundenstory macht deutlich, wie selbst geringer Stress zu Burn-out führen kann, wenn Sie sich keine Regenerationspausen gönnen und nicht auf die Symptome achten:

> »Ich sah den Burn-out einfach nicht kommen. Ich hatte kein traumatisches Erlebnis wie Scheidung, Arbeitsplatzverlust oder Tod eines Angehörigen. Ich hatte lediglich den ›normalen‹ Stress eines Controllers in einem Unternehmen. Mein Arzt klärte mich schließlich über mein Problem auf:
> Ich hatte nie eine Pause eingelegt und hetzte stets von einem Projekt – einem Stressfaktor – zum nächsten.
> Erschwerend kam noch hinzu, dass ich nie auf die körperlichen Stresssignale achtete, weil sie sich unmerklich und allmählich aufbauten. Ich wurde schlichtweg davon überrumpelt. Hätte ich mehr auf mein Befinden geachtet, wäre mir die Gefahr bewusst geworden, in der ich schwebte.
> Ich gelte in meinem Unternehmen als Überflieger und ich bin immer ein High Performer gewesen. Ich dachte, ich wäre der Letzte, der je einen Burn-out erleiden würde.«

VNS-Balance – ein Drahtseilakt

Ihr Körper verfügt über ein Nervensystem, das automatisch alles verarbeitet, was in diesem Moment passiert: das vegetative Nervensystem (VNS). Es besteht aus dem sympathischen (dem Gaspedal) und dem parasympathischen Nervensystem (der Bremse). Das Gleichgewicht dieses Systems ist entscheidend für den Erhalt der Energie und der Reaktionsbereitschaft, Ihre körperliche Stressreaktion und letztlich für Ihre Performance und Gesundheit. Diese beiden Hauptsysteme, das sympathische und das parasympathische, haben jedes für sich einen Zweck und eine Funktion.

Sympathisches Nervensystem
Bei Stress (Herausforderung) bereitet das sympathische Nervensystem Ihren Körper schnell auf eine Reaktion vor, indem es sofort Adrenalin ausschüttet (Epinephrin und

Norepinephrin), das die Herzfrequenz, den Blutdruck, die Atmung und die Konzentration erhöht. Außerdem veranlasst es die Ausschüttung des Stresshormons Cortisol, das schmerzlindernd und entzündungshemmend wirkt. All das ist auf die sofortige Kampf- oder Fluchtreakion auf den jeweiligen Stressfaktor ausgerichtet. Das sympathische Nervensystem steuert

_Kampf oder Flucht (oder Erstarren),
_Vorbereitung auf Handeln,
_den Ablauf von kurzfristigen vor langfristigen Bedürfnissen.

Parasymphathisches Nervensystem
Das parasympathische Nervensystem hält die Dinge in Schach. Es ist für Entspannung, Regeneration und die Wiederherstellung des Körpers in seinen Prä-Stress-Zustand verantwortlich. Das parasympathische Nervensystem steuert

_Ruhe und Verdauung,
_Vorbereitung auf die nächste Kampf-oder-Flucht-Aktion und die
_Regeneration für langfristige Bedürfnisse.

Keines der beiden Systeme ist dabei besser oder schlechter, sondern beide werden gebraucht. Ihr Körper arbeitet, um im Gleichgewicht zu bleiben. Die aktuellen Arbeitsbedingungen und gesellschaftlichen Anforderungen bedingen jedoch häufig eine Überbeanspruchung des sympathischen Systems, während Ihr parasympathisches System unterfordert ist. Dieses Ungleichgewicht raubt Ihrem Körper Energie und schwächt Ihr Immunsystem. Denken Sie daran, dass das Immunsystem für eine langfristige Reaktion auf sich langsam entwickelnde Erkrankungen konzipiert ist. Falls notwendig, opfert der Körper diese langfristigen Bedürfnisse jedoch für eine dringende kurzfristige Notfallreaktion. Viele reden von Stressmanagement und der Satz »Sie stehen unter Stress« ist inzwischen zum Klischee geworden. Diese Aussage lässt allerdings unberücksichtigt, dass Sie die vielfältigen Anforderungen und Herausforderungen, die täglich auf Sie einstürmen, nicht immer steuern können. Manchmal wird die Aufforderung, man möge doch seinen Stress unter Kontrolle halten, zu einem zusätzlichen Stressfaktor.

Das bestärkt uns in unserer Überzeugung, dass es auf die Balance des vegetativen Nervensystems ankommt. Bei der Stressbewältigung geht es darum, im Einklang mit Ihrem Körper zu arbeiten. Unsere Strategien sind allesamt darauf ausgerichtet, das Gleichgewicht des vegetativen Nervensystems synergistisch zu erzeugen, was Ihnen letztendlich zu Sustainable High Performance, mehr Energie und besserer Gesundheit verhelfen wird.

Stress für High Performance

Jeden Tag, wenn ich die Nachrichten einschalte, höre ich Berichte über Stressbekämpfung und Stressvermeidung im täglichen Leben. Dabei wird außer Acht gelassen, dass wir Stress brauchen.
Wir brauchen Stress? Eine schockierende Vorstellung!
Aber es stimmt – wir brauchen Stress, um Bestleistung zu erbringen. Tatsächlich ist der Körper dafür gemacht, Herausforderungen mit Energie, Fokus, Leidenschaft und Kraft zu meistern. Eine hervorragende Beschreibung dieser Reaktion findet sich in Mihály Csíkszentmihályis Bestseller Flow: The Psychology of Optimal Experience *(deutsch: Flow: Das Geheimnis des Glücks). Klar und prägnant berichtet der Autor über Flow – einen High-Performance-Zustand, in dem Spitzenleistung unbewusst und mühelos stattfindet. In der Welt des Leistungssports ist gelegentlich davon die Rede, »in the zone« – so viel wie im Zustand absoluter Bestform – zu sein. Interessanterweise ist eines der wichtigsten Elemente, den Flow-Zustand zu erreichen, die Konfrontation mit einer Herausforderung, die über das Normalmaß hinausgeht. Und was ist eine Herausforderung, die das normale Maß übersteigt? Stress. Da haben wir's: Stress kann zu Bestleistung führen.*
Welch interessantes Paradox: Der Schlüssel zu Sustainable High Performance und das Erreichen des Flow-Zustands ist nicht die Vermeidung von Stress. Vielmehr müssen Sie Mindset, Nutrition, Movement und Recovery Habits entwickeln, die Stress auf positive Weise nutzen, um Sustainable High Performance zu erreichen.
Wie gut sind Ihre Habits?

Tignum-Blog

Das Tignum-Performance-Recovery-System

Unser System konzentriert sich auf die Vermittlung praktischer Strategien zur Wiederherstellung der VNS-Balance, um Nebennierenrindeninsuffizienz, Erschöpfung oder einen Kollaps zu vermeiden sowie Gehirn und Körper dabei zu unterstützen, High Performance zu erreichen. Die Grundlage dieser Arbeit besteht darin, die Selbstwahrnehmung für die natürlichen Oszillationszyklen des Körpers, wie den Schlafzyklus und den Biorhythmus, zu schärfen.

Wie können Sie also unter starkem Druck Spitzenleistung erbringen? Der Schlüssel liegt in der Umsetzung von Strategien, die die normalen Biorhythmen Ihres Körpers nutzen.

Unser Tignum-Performance-Recovery-System ist genau dafür konzipiert und besteht aus drei Ebenen:

_Beseitigung von Schlafmangel
_Wiederherstellung des Gleichgewichts und Auftanken neuer Energie
_Strategische Oszillation

Auf jeder Ebene unterstützen wir Führungskräfte dabei, die effektivsten Strategien für ihre individuellen Bedürfnisse zu entwickeln und umzusetzen. Auf jedem Gebiet wurde umfangreiche Forschung betrieben, das Wichtigste ist allerdings, dass Sie diese Konzepte verstehen und wissen, wie leicht sie sich in Ihren Alltag einbinden lassen, um Ihre High Performance Recovery zu optimieren.

Denken Sie über folgende Fragen nach:

Wie definieren Sie Regeneration?

Woher wissen Sie, wann eine Regenerationspause nötig ist?

Welche Tageszeiten bieten sich für Sie an, um Regenerationspausen einzulegen?

Kapitel 14
Schlafen, atmen und lachen!

Gäbe es eine Wunderpille, die Ihre Performance, Ihren Energiepegel und Ihre geistige Präsenz steigern, Ihr Immunsystem stärken, den Alterungsprozess aufhalten, Übergewicht verhindern und das Risiko eines vorzeitigen Todes reduzieren könnte, würden Sie sie nehmen?

Tatsache ist, es gibt diese Pille, und Sie nehmen sie jeden Abend ein. Ihr Name: Schlaf. Leider gönnen Sie sich davon wahrscheinlich zu wenig. Forschungsergebnissen zufolge geben 74 Prozent der Erwachsenen an, sie würden nicht genug Schlaf bekommen, und 46 Prozent leiden unter erheblichen Schlafstörungen.

Stufe 1 – Schluss mit Schlafmangel

Schlaf ist die natürliche Methode zur regelmäßigen Regeneration von Geist und Körper. Stufe 1 beinhaltet Strategien, mit denen Sie leichter einschlafen und besser schlafen können.

In den ersten drei Stunden des Schlafs schüttet Ihr Körper die größte Menge an Wachstumshormonen zur Reparatur der im Laufe des Tages entstandenen Schäden aus. Das könnte erklären, warum man sich so erschöpft fühlt, wenn man in dieser ersten Schlafphase aufgeweckt wird. Die ersten Forscher, die sich mit diesem Thema beschäftigten, glaubten, die Schlafzyklen vollzögen sich im 90-Minuten-Rhythmus, und ein gesunder Schlaf sollte deshalb in diese 90-Minuten-Blöcke passen.

Die aktuelle Schlafforschung zeigt jedoch, dass die Schlafzyklen im Verlauf der Nacht variieren, wobei die erste und die letzte Schlafphase jeweils fast eine Stunde und die mittleren Phasen bis zu zwei Stunden dauern. Diese Erkenntnisse sind wichtig, weil der Körper in seinem Bestreben, Schlafdefizite zu beseitigen, die Länge und Zahl der

Schlafzyklen an seine aktuellen Schlafbedürfnisse anpasst. Aus diesem Grund sind konsistente Schlafmuster (Zubettgehen und Weckzeit) einem erholsamen Schlaf am förderlichsten, wohingegen inkonsistente Schlafmuster (wie sie Führungskräfte aufweisen, die viel reisen) zu Schlafdefiziten führen.

Geschäftsreisestatistik (British Airways, Juli 2005):

Wie wirken sich reisebedingte Schlafdefizite auf Ihre Arbeit aus?

_ *23 Prozent der Geschäftsreisenden gaben an, sie seien in einem Meeting eingeschlafen.*
_ *18 Prozent gaben an, eine Präsentation sei schlecht gelaufen.*
_ *14 Prozent verpassten ein Meeting oder einen Flug.*

Nachfolgend einige allgemeine Tipps, mit denen Sie schneller einschlafen und besser schlafen:

Gehen Sie jeden Tag, auch am Wochenende, zur selben Zeit zu Bett und stehen Sie immer zur selben Zeit auf. Wenn Sie Ihre Schlafenszeit ändern, wachen Sie oft in der Mitte eines Schlafzyklus auf und fühlen sich nicht erholt. Regelmäßiges Aufstehen zur gleichen Uhrzeit am Morgen stärkt den natürlichen Biorhythmus und kann zu schnellerem Einschlafen verhelfen.

Gewöhnen Sie sich eine entspannende Einschlafroutine an, wie zum Beispiel Atemübungen, lesen oder beruhigende Musik hören. Eine entspannende Routineaktivität direkt vor dem Zubettgehen bei gedämpftem Licht hilft Ihnen dabei, Ihre Schlafenszeit von Beschäftigungen zu trennen, die Spannungen, Stress oder Ängste verursachen. Vermeiden Sie aufregende Tätigkeiten vor dem Schlafengehen wie zum Beispiel Arbeit, die Begleichung von Rechnungen, wettbewerbsintensive Spiele oder das Lösen von Familienproblemen. Setzen Sie sich 30 Minuten vor dem Schlafengehen keinem hellen Licht aus, weil dies Ihren Neuronen, die zur Steuerung des Wach-Schlaf-Zyklus beitragen, signalisiert, dass es Zeit zum Aufwachen und nicht zum Schlafen ist.

Sorgen Sie für eine schlaffördernde Umgebung, die dunkel, ruhig, bequem, kühl und frei von Unterbrechungen ist. Machen Sie Ihr Schlafzimmer zu einem Spiegelbild des Wertes, dem Sie Schlaf beimessen. Überprüfen Sie den Raum auf Lärm oder andere Ablenkungen wie zum Beispiel das Schnarchen Ihres Partners, geräuschvolle Geräte, Verkehrslärm, Licht und zu trockene Luft oder zu hohe Raumtemperatur. Überlegen Sie, ob Sie sich lichtundurchlässige Gardinen anschaffen, eine Augenmaske, Ohrstöpsel, White-Noise-Generatoren beziehungsweise -CDs (Geräte/CDs, die entspannende Geräusche wie zum Beispiel Wasserrauschen oder Vogelzwitschern generieren, um damit andere, als störend empfundene Geräusche zu maskieren) oder Luftbefeuchter, Ventilatoren oder andere Hilfsmittel verwenden.

Schlafen Sie auf einer bequemen Matratze und einem bequemen Kopfkissen. Stellen Sie sicher, dass Ihre Matratze bequem ist und Ihre Körperlagerung unterstützt. Die Matratze, die Sie seit Jahren benutzen, hat ihre Lebensdauer – bei den meisten guten Qualitätsmatratzen sind das sechs bis sieben Jahre – vielleicht überschritten. Verwenden Sie bequeme Kopfkissen und gestalten Sie Ihr Schlafzimmer so, dass es attraktiv ist und zum Schlafen einlädt, aber auch frei von Allergenen ist, auf die Sie vielleicht reagieren.

Nutzen Sie Ihr Schlafzimmer ausschließlich für Schlafzimmeraktivitäten. Am besten entfernen Sie Arbeitsunterlagen, Computer und Fernseher aus Ihrer Schlafumgebung. Wenn Sie eine bestimmte Aktivität oder ein bestimmtes Objekt mit Schlafproblemen assoziieren, verbannen Sie sie oder es aus Ihrem Schlafzimmer. Wenn Sie zum Beispiel der Blick auf den Wecker stets in Unruhe darüber versetzt, wie viele Stunden Schlaf Ihnen vor dem Aufstehen noch verbleiben, dann entfernen Sie die Uhr aus Ihrem Blickfeld.

Nehmen Sie zwei Stunden vor Ihrer regelmäßigen Schlafenszeit keine schwere Kost zu sich. Übermäßiges Essen und Trinken kann Ihnen im Liegen körperliches Unbehagen bereiten. Am besten verzichten Sie darauf, kurz vor dem Schlafengehen schweres Essen zu sich zu nehmen. Scharfes Essen kann Sodbrennen verursachen. Das kann dazu führen, dass Sie schwer einschlafen und eine unruhige Nacht verbringen. Ein kleiner, ausgewogener Snack vor dem Schlafengehen kann Ihrem Schlaf zuträglich sein. Darüber hinaus sollten Sie kurz vor dem Schlafengehen möglichst wenig trinken, um nachts nicht aufstehen zu müssen. Einige Menschen haben allerdings gute Erfahrungen mit Milch oder koffeinfreien Kräutertees als Teil ihres abendlichen Rituals vor dem Schlafengehen gemacht.

Bewegen Sie sich regelmäßig, aber vermeiden Sie zwei Stunden vor dem Schlafengehen anstrengende Übungen. Regelmäßige körperliche Betätigung erleichtert das Einschlafen und trägt zu einem tiefen Schlaf bei. Sporadisches Training oder Training kurz vor dem Zubettgehen können das Einschlafen schwieriger machen. Abgesehen davon, dass Sie davon eher wach werden, steigt Ihre Körpertemperatur während des Work-outs, und es dauert bis zu sechs Stunden, bis sie wieder sinkt. Eine niedrigere Körpertemperatur wird mit der Einschlafphase assoziiert. Beenden Sie Ihre Übungen mindestens zwei Stunden vor der Schlafenszeit. Übungen am späten Nachmittag sind die beste Methode, um abends gut einschlafen zu können.

Verzichten Sie kurz vor dem Schlafengehen auf Koffeinhaltiges (Kaffee, Tee, Softdrinks, Schokolade). Koffeinhaltige Produkte verbleiben im Schnitt drei bis fünf Stunden im Körper, können bei manchen Menschen aber bis zu zwölf Stunden Wirkung entfalten. Selbst wenn Sie meinen, dass Koffein keinerlei Auswirkungen auf Sie hat, so kann es doch Ihren Schlafrhythmus durcheinanderbringen und die Schlafqualität beeinträchtigen. Der Verzicht auf Koffein sechs bis acht Stunden vor dem Schlafengehen kann zu einer Verbesserung der Schlafqualität beitragen.

Rauchen Sie nicht kurz vor dem Schlafengehen. Da Nikotin ein Stimulans ist, erschwert das Rauchen kurz vor dem Zubettgehen das Einschlafen. Außerdem bekommen Sie Entzugssymptome, die Schlafprobleme verursachen. Zudem kann Nikotin Probleme beim morgendlichen Aufwachen sowie Albträume auslösen. Schlafstörungen sind ein weiterer Grund, das Rauchen aufzugeben.

Trinken Sie kurz vor dem Schlafengehen keinen Alkohol. Zwar mag Ihnen ein Drink beim Einschlafen helfen, Alkohol verändert jedoch Ihre Schlafmuster und kann dazu führen, dass Ihr Schlaf weniger erholsam ist. Wenn die Wirkung des Alkohols im Laufe der Nacht nachlässt, denkt Ihr Gehirn, dass es Zeit zum Aufwachen ist. Außerdem wirkt Alkohol entwässernd, sodass Sie womöglich nachts aufstehen und zur Toilette gehen müssen.

Strategien für einen guten Nachtschlaf

Es gibt zahlreiche gängige Empfehlungen zur Schlafoptimierung. Wir haben festgestellt, dass sich die folgenden Techniken bei unseren Kunden recht gut bewährt haben. Neben der Verbesserung der Schlafqualität und -quantität sind diese auch geeignet, Ihr vegetatives Nervensystem wieder ins Gleichgewicht zu bringen.

Progressive Entspannung

Progressive Muskelentspannung (ursprünglich von Edmund Jacobson, PhD, entwickelt), ist eine äußerst wirksame Technik zum Entspannen und Einschlafen, wenn Sie unter Muskelverspannung leiden. Sie funktioniert auf der Basis der Theorie, dass Gegensätze nebeneinander nicht existieren können. Wenn Sie verspannt sind, bauen Sie noch mehr Spannung auf, bis die einzige Option eine komplette Entspannung ist. Bei der progressiven Entspannung spannen Sie Ihre Muskeln an, und zwar beginnend bei den Füßen, und halten die Spannung, während Sie bis zehn zählen. Am Ende dieser Haltephase sind Ihre Muskeln es leid, angespannt zu sein, und Sie werden dann in der Lage sein, sie komplett zu entspannen. Arbeiten Sie sich langsam von Ihren Füßen nach oben und wiederholen Sie diese An- und Entspannungsmethode systematisch über sämtliche großen Muskeln Ihres Körpers. Viele unserer Kunden kommen gar nicht so weit, weil sie vorher schon eingeschlafen sind.

Autogenes Training

Autogenes Training (das von dem deutschen Psychiater Johannes Schultz entwickelt wurde), ist eine Entspannungstechnik, die Ihnen beim Einschlafen hilft, wenn Sie nicht abschalten können. Sie nutzt den Umstand, dass das Gehirn sich unbedingt beschäftigen will, indem sie es strategisch zum Nachdenken zwingt. Durch Autosuggestion (bestimmte Stichworte und Bilder) fokussieren Sie auf einen Bereich Ihres Körpers und verbinden dann ganz bewusst Ihre Atmung sowie entspannende Gedanken mit diesem Bereich. Autogenes Training ist zudem eine ausgezeichnete Technik, um Schmerzen oder Verspannung in einem bestimmten Körperteil zu lindern und eine natürliche Heilung zu fördern.

Mental-Imagery-Techniken

Oft ist es notwendig, die Gedanken in andere Bahnen zu lenken, bevor Sie zu Bett gehen, damit sich Ihr Körper entspannen kann.

Passiert es Ihnen, dass Sie im Bett liegen und Ihr Gehirn auf Hochtouren arbeitet?

Denken Sie an den nächsten Tag und all die Aufgaben, die Sie erwarten?

Ob Sie es wissen oder nicht, Ihre Gedanken erzeugen eine Kaskade an Stresshormonen. Das beeinträchtigt nicht nur die Schlafqualität, sondern auch Ihre Performance, und es schadet Ihrer Gesundheit.

Mental-Imagery-Übungen, zum Beispiel wenn Sie sich ein entspannendes Bild oder einen ruhigen Ort vorstellen oder sich auf die positiven Dinge des vergangenen Tags konzentrieren, haben sich als effektive Methode zur Erzeugung einer hohen Schlafqualität erwiesen. Eine Technik, die sich bei unseren Kunden als sehr erfolgreich erwiesen hat, ist die Visualisierung, sie lägen völlig locker und entspannt im Bett. Kunden, die nachts ständig aufwachen, empfinden dieses Bild der ruhigen, tiefen Entspanntheit – das Gegenteil einer Vorstellung nervöser Zappeligkeit, weil sie nicht einschlafen können – als eine wirkungsvolle Hilfe, um wieder einzuschlafen.

Dieses Einschlafritual ist eine einfache, aber äußerst wirkungsvolle Technik, die viele unserer Kunden anwenden, um den Tag abzustreifen, ihr Mindset positiv zu verändern, ihre Stressreaktion abzuschalten und ihre Schlafqualität zu verbessern.

Kurz bevor Sie schlafen gehen, legen Sie sich flach auf Ihr Bett und schließen die Augen. Atmen Sie dreimal tief durch die Nase ein und durch den entspannten Mund aus. Konzentrieren Sie sich mit jedem Atemzug auf das Heben und Senken Ihres Bauches (Zwerchfellatmung) und nicht des Brustkorbs. Fühlen Sie, wie sich Ihr unterer Rücken mit jedem Atemzug dehnt und tief ins Bett sinkt. Rekapitulieren Sie anschließend den Tag und denken Sie ganz bewusst an alles, was positiv gewesen ist. Dazu können die Bewegungsübungen gehören, die Sie gemacht haben, eine Umarmung Ihres Sohns, die Zeit, die Sie Ihrer Tochter aus einem Buch vorgelesen haben, die Art und Weise, wie Sie einen aufgebrachten Kunden beruhigt haben, Ihre Vorbereitung auf ein strategisches Meeting, eine High-Performance-Mahlzeit, die Sie zu sich genommen haben, oder jedes andere Ereignis, an das Sie sich gerne erinnern. Es gibt eine Vielzahl von positiven Dingen, die Menschen oder Ereignisse im Laufe eines Tages hinterlassen haben.

Anfangs können Sie sich vielleicht nur an zwei oder drei davon erinnern, aber mit entsprechender Übung werden Ihnen immer mehr einfallen! Das Gefühl der Wertschätzung und positiven Erinnerung trägt erwiesenermaßen zur Verbesserung Ihrer gesamten Physiologie, zur Entspannung und zur Balance Ihres vegetativen Nervensystems bei.

Und wenn Sie mitten in der Nacht aufwachen und Ihre Gedanken wieder anfangen zu rotieren? Kehren Sie einfach zu Ihrer Liste der Dinge zurück, die Ihnen am vergangenen Tag gelungen sind. Diese Technik wirkt erneut wie eine Zauberformel und Sie schlafen friedlich wieder ein.

Power Naps und strategischer Kurzschlaf

Der menschliche Körper hat angeborene Zyklen inklusive eines 24-Stunden-Biorhythmus. Diese Zyklen sind entscheidend für die Regulierung zahlreicher Körperfunktionen wie zum Beispiel Hormonspiegel, Körpertemperatur und Stoffwechselaktivität. Wenn Sie sich einmal die Mühe machen, Ihren eigenen Biorhythmus zu beobachten, merken Sie schnell, dass Sie immer zu bestimmten Tageszeiten müde werden. Und es gibt eine Zeit, zu der Ihnen Ihr Körper Schlafbedürfnis signalisiert. Diese Rhythmen sind völlig normal, und der richtige Moment für einen kurzen Power Nap ist während der niedrigen Biorhythmus-Phasen.

Das US-Militär hat Power Naps und ihre positive Wirkung auf Wachheit und Ermüdungsfreiheit ausgiebig untersucht. Ein High-Performance-Nap nimmt im Allgemeinen nicht mehr als 30 Minuten in Anspruch. Ein längerer Schlaf kann sich anschließend durch unangenehme Schlaftrunkenheit auswirken, mit dem Erfolg, dass Sie sich danach träger und müder fühlen als zuvor. Power Naps von 20 Minuten oder weniger sind Energiespender und haben praktisch keine negativen Effekte auf Ihre normalen Nachtschlafzyklen.

Außerdem hat sich gezeigt, dass Power Naps die anschließende Performance, körperliche und subjektive Wachheit sowie die Stimmung erhalten oder sogar verbessern. British Airways verlangt von seinen Piloten, dass sie auf transatlantischen Flügen einen Kurzschlaf einlegen, um bei der Landung hellwach zu sein.

Kurzschlaf-Dauer

um Schläfrigkeit schnell abzuschütteln	1 bis 5 Minuten
zur Leistungssteigerung	5 bis 30 Minuten
um Schlafmangel auszugleichen	90+ Minuten

Hinweis: Der 90-Minuten-Schlaf ist eine gute Methode, Schlafmangel am Wochenende wieder auszugleichen. Das ist ein voller Schlafzyklus, daher dürfte er keine Schlaftrunkenheit auslösen, die Ihre Energie für den restlichen Tag dämpfen könnte.

Power Naps förden die Produktivität!

Ein Nachmittagsschläfchen steigert die Produktivität um 35 Prozent und die Entscheidungsfähigkeit um bis zu 50 Prozent.
Quelle: NASA

Stufe 2 – Gleichgewicht und neue Energie

Auf der zweiten Stufe arbeiten Sie daran, Ihr Gleichgewicht wiederherzustellen und die Energie in Ihrem Körper und Gehirn wieder aufzuladen – durch aktive Regenerationstechniken, die Ihnen beruflich und privat mehr Energie, Engagement, Konzentration und Enthusiasmus verleihen. Zu diesen Strategien gehören Atemtechniken, Lachen und energiefördernde Bewegung. Die Techniken sind einfach, erfordern kaum Planung und lassen sich zu jeder Zeit in Ihren Tagesablauf integrieren.

Wie zuvor erwähnt, wollen wir erreichen, dass Sie Stress und Regeneration anders betrachten als bisher. Anstatt uns auf Stressmanagement zu konzentrieren, zielen wir darauf ab, Ihr vegetatives Gleichgewicht wiederherzustellen, um den natürlichen Regenerationsprozess zu aktivieren. Es sei noch einmal daran erinnert, dass das Problem nicht unbedingt zu viel Stress ist; häufiger ist es der Mangel an Oszillation, der Ihrem Körper und Gehirn eine vollständige Regeneration unmöglich macht.

Eine vollkommen natürliche, hochwirksame und technikfreie (keine Geräte) Methode zur Wiederherstellung des Gleichgewichts und Wiederaufladung mit Energie ist das konzentrierte Atmen. Viele Menschen machen sich niemals Gedanken über ihre Atmung, da diese automatisch und unbewusst geschieht, wobei der Körper Sauerstoff aufnimmt und das Abfallprodukt Kohlendioxid abgibt.

Wer glaubt, dass die Atmung keine Wirkung auf die Leistung hat, liegt falsch. Einer unserer Kunden sagte uns vor Kurzem: »Als ich das erste Mal mit Tignum arbeitete, hielt ich Atemtechniken für ziemlichen Quatsch. Doch nach mehreren Monaten Übung bin ich ganz verblüfft, wie groß die Wirkung auf meine Regeneration und meine Performance ist.«

Atmen Sie tief durch!

Vor Kurzem las ich einen Artikel über die Kräfte, die ein starkes Mindset bei Rennfahrern freisetzt. Bei einem Tempo von 322 Stundenkilometern – also nur knapp unter dem Tempo, das derzeit in unserer Businesswelt herrscht – löst das unvorbereitete Gehirn einen panikartigen Energieschub aus, der den Körper mit Adrenalin und Cortisol überflutet. Dabei besteht die natürliche Tendenz, den Atem anzuhalten. Das wiederum löst Panik aus, und das ist das Ende jeden vernünftigen Denkens.

Als Patrick Jacobs mit dem Rennfahrer und Sieger bei den 500 Meilen von Indianapolis, Gil de Ferran, arbeitete, trainierte er ihn darauf, seine Urinstinkte mit kontrollierten, aus dem Prana-Yoga stammenden Atemtechniken in Schach zu halten. Diese Methode zeigt, dass jeder – selbst unter noch so hohem Druck – lernen kann, durch bewusstes Atmen Stress zu bewältigen, klar zu denken und Bestleistung zu erbringen.

Wenn sich diese Techniken bei 322 Stundenkilometern bewähren, können sie auch bei einem Meeting, während einer Verhandlung oder jeder anderen Gelegenheit, die Ihnen High Performance abverlangt, eingesetzt werden.

Tignum-Blog

Atmen will gelernt sein

Westliche Wissenschaftler kamen zu dem Ergebnis, dass die Atmung der natürliche Stabilisator des vegetativen Nervensystems ist. Jedes Einatmen stimuliert Ihr sympathisches Nevensystem (Kampf oder Flucht) und jedes Ausatmen Ihr parasympathisches Nervensystem (Regeneration). Mit der richtigen Atemtechnik können Sie jederzeit und überall eine Mini-Regenerationspause einlegen.

Außerdem lehrt die östliche Philosophie seit vielen Tausend Jahren, dass der Atem die Verbindung zwischen Geist und Körper ist. Viele Kulturen pflegen Praktiken, die sich um die unglaubliche Macht der Atmung – Ihrer Lebensquelle – drehen. Es gibt eine Vielzahl an Atemtechniken, die für verschiedene Zwecke angewendet werden.

In der Zusammenarbeit mit unseren Kunden lehren wir vier verschiedene Techniken und verwenden viel Zeit darauf, sie bis zur Beherrschung zu üben. Für dieses Buch haben wir zwei einfache, aber wirksame Techniken ausgewählt, die leicht zu erlernen und anzuwenden sind und maximalen Nutzen liefern. Der Schlüssel zu allen Atemtechniken ist Übung, Übung, Übung.

Zwerchfellatmung

Der Vorgang des Ein- und Ausatmens bietet eine natürliche Gelegenheit zur Herstellung einer Balance innerhalb des vegetativen Nervensystems. Eine Atemform, Zwerchfellatmen, stimuliert den Vagusnerv, den größten Nerv des Parasympathikus, der im Hirnstamm beginnt und Sinnesreize an das zentrale Nervensystem weiterleitet. Der Vagusnerv ist für eine Reihe von Körperfunktionen verantwortlich, wie zum Beispiel Ihren Puls, die Transpiration, die Magen-Darm-Peristaltik (Weiterleiten des Inhalts durch ringförmige Muskelkontraktionen), das Sprechen und die Muskelbewegungen in Ihrem Mund.

- *Beim Zwerchfellatmen legen Sie Ihre rechte Hand auf Ihre Brust und die linke Hand auf den Bauch, und zwar knapp über dem Bauchnabel.*
- *Atmen Sie zunächst normal und achten Sie darauf, welche Hand sich stärker hebt und senkt.*
- *Atmen Sie durch die Nase ein und aus.*
- *Nach ungefähr einer Minute verändern Sie Ihre Atmung so, dass Ihre rechte Hand (auf der Brust) beinahe bewegungslos bleibt, während sich Ihre linke Hand (auf Ihrem Bauch) bei jedem Ein- und Ausatmen hebt und senkt.*
- *Schließen Sie bei dieser Übung die Augen, sodass Sie sich vollständig auf die Atmung über Ihr Zwerchfell konzentrieren können.*

Zwerchfellatmen ist eine einfache Technik, die sich überall und jederzeit anwenden lässt, um Ihr parasympathisches Nervensystem anzuregen, Ihr vegetatives Nervensystem wieder ins Gleichgewicht zu bringen, Ihre rechte Gehirnhälfte (Kreativität) zu aktivieren und Stressauswirkungen zu reduzieren. Besonders wirksam ist diese Technik in Kombination mit Mental Imagery.

Veränderung des Verhältnisses zwischen Ein- und Ausatmung

Da das Einatmen Ihr sympathisches Nervensystem (Kampf oder Flucht) und das Ausatmen das parasymphatische Nervensystem (Ruhe und Regeneration) anregt, können Sie die Reaktion, die Sie erhalten, durch die Veränderung des Verhältnisses der Einatmung zur Ausatmung variieren. Mit einer absolut gleichmäßigen Ein- und Ausatmung – sowohl was die Dauer als auch die Tiefe des Atemzugs betrifft – können Sie Ihr vegetatives Nervensystem wieder ins Gleichgewicht bringen. Mit dieser Technik können Sie auch Ihren Puls senken und die Herzfrequenzvariabilität verbessern.

- *Bei dieser Atemtechnik beginnen Sie erst mit Zwerchfellatmen, indem Sie durch die Nase ein- und ausatmen.*
- *Es gibt viele Variationen dieser Atemtechnik; ein guter Ausgangspunkt ist eine 4:4-Atmung. Zählen Sie beim Ein- und Ausatmen jeweils bis vier.*
- *Um die parasympathische Reaktion (eine Methode zur schnellen Selbstberuhigung) zu verbessern, können Sie zu einem Verhältnis von 4:8 wechseln. Das heißt, Sie atmen in vier Schritten ein und atmen in acht Schritten aus.*
- *Um die sympathische Reaktion zu verbessern (eine Methode zur Steigerung Ihrer Energie oder Ihrer Konzentration), können Sie zu einem Verhältnis von 8:4 wechseln. Das heißt, Sie atmen in acht Schritten ein und atmen in vier Schritten aus. Diese Atmung wird oft von Referenten bei öffentlichen Vorträgen angewendet, die sich kurz vor ihrem Auftritt noch mal psychisch aufbauen wollen.*

Wenn Sie diese Atemtechnik beherrschen, können Sie die Atemschritte beliebig erhöhen, solange Sie das richtige Verhältnis zwischen Ein- und Ausatmen für den erwünschten Nutzen wahren. Das Zählen der Atemschritte ist außerdem eine ausgezeichnete Methode, um ein hyperaktives Gehirn zu beruhigen, nämlich indem Sie gezwungen sind, sich beim Üben dieser Atemtechnik auf das Zählen der Atemschritte zu konzentrieren. Experimentieren Sie mit diesen Verhältnissen und achten Sie darauf, wie Sie sich dabei jeweils fühlen.

Atmen ist eine eingebaute Regenerationspause, die Sie jederzeit einlegen können: in einer Verhandlung, wenn Sie im Verkehr feststecken, am Telefon oder nach stressigen Situationen. Steuern Sie Ihre Oszillation und atmen Sie für High Performance!

»Im Alter von 61 Jahren habe ich begonnen zu lernen, wie man atmet – so merkwürdig das auch klingen mag ... und es hat mir das Leben gerettet und hilft mir dabei, meine Seele zu retten (oder zumindest sie zu finden). Ich beginne den Morgen mit Qigong und mache zweimal am Tag eine 20-minütige Meditationspause sowie stündliche ›Mini-Med‹-Pausen. Ich habe sogar Atemmeditation im Gehen geübt, während ich am Flughafen von Denver in einer scheinbar endlosen Schlange an der Sicherheitskontrolle stand. Und siehe da, es hat funktioniert!«

Tom Peters, amerikanischer Unternehmensberater und Autor

Lachen Sie sich gesund

Es ist kein Witz, dass Lachen Ihre Gemütsverfassung und Ihr Wohlbefinden verbessert. Es wurde zudem nachgewiesen, dass Lachen die Gesundheit auf unterschiedliche Weise fördert. Zum Beispiel baut Lachen Stress ab – durch Freisetzung von Endorphinen und Reduzierung von Stresshormonen wie Adrenalin und Cortisol. Und das wiederum führt zu einem natürlichen Hochgefühl.

Jüngste Studien belegen, dass Lachen gut für Herz, Körper und Immunsystem ist. Beim Lachen erweitern sich die Blutgefäße, was der Blutzirkulation zugutekommt und letztlich das Risiko von Herzleiden senkt. Außerdem vergrößert sich beim Lachen die Zahl tumor- und virusabtötender Zellen. Es ist erwiesen, dass Humor die Regeneration von Verletzungen und Erkrankungen beschleunigt.

Wenn Sie laut und herzlich lachen, sind Sie gezwungen, tiefer zu atmen, und damit steigt Ihre Sauerstoffaufnahme. Das erzeugt Tiefenentspannung und hat dazu eine energiefördernde Wirkung.

Humor verbessert auch die Kreativität und das Gedächtnis. Mit Spaß und Humor lernt es sich bedeutend leichter, und die Informationen, die mit Humor assoziiert werden, bleiben eher im Gedächtnis haften. Lachen ist förderlich für die Kreativität, weil es offener für neue Ideen, Innovation und künstlerischen Ausdruck macht.

Studien über Humor am Arbeitsplatz haben gezeigt, dass Lachen zwischenmenschliche Beziehungen fördert. Abgesehen davon, dass Lachen ein Instrument für die Herstellung sozialer Bindungen ist, fördert es auch die Kommunikation im Büro. Unternehmen, in denen eine humorvolle Atmosphäre herrscht, sind im Schnitt leistungsstärker und beständiger in ihrer Performance. Und Menschen in einem fröhlichen Arbeitsumfeld sind häufig besser organisiert und besser gewappnet, um souverän mit Stresssituationen umzugehen.

In einer spezifischen Studie fand Chris Robert, Juniorprofessor am Robert J. Trulaske Sr. College of Business der Universität von Missouri, zusammen mit dem Doktoranden der Betriebswirtschaft Wan Yan heraus, dass Humor bedeutende Auswirkungen auf die Qualität der Kommunikation, die Stabilität von Beziehungen und das gesamte Leistungsniveau am Arbeitsplatz hat. Robert stellte fest: »Die Fähigkeit, Humor zu pflegen, zu lachen und andere Menschen zum Lachen zu bringen, hat physiologische Effekte auf den Körper, und diese bewirken ein stärkeres Zusammengehörigkeitsgefühl.«

Die heilende Wirkung des Lachens

Ich habe von einer jüngst durchgeführten japanischen Studie gelesen, die die Wirkung von Lachen auf Diabetes-Patienten untersuchte. Die Forscher ermittelten die Effekte des Lachens auf den Blutzuckerspiegel und die Immunzellfunktion. Die Interventionsstudie wurde über zwei Tage durchgeführt.
Am ersten Tag wurden den Studienteilnehmern Comic-Videos vorgeführt, und während sie lachten, wurde ihnen zu drei unterschiedlichen Zeitpunkten Blut abgenommen, um den Blutzuckerspiegel und die Immunzellreaktion zu messen. Der zweite Tag war der »humorlose« Kontrolltag, die Teilnehmer wurden nicht zum Lachen gebracht, aber dieselben Blutparameter wurden gemessen.
Die Ergebnisse zeigten, dass der Blutzuckerspiegel nach einer Lachphase am ersten Tag im Verlauf von vier Stunden (selbst bei Einnahme einer Mahlzeit) kontrollierter und beständiger war als am zweiten, humorlosen Testtag. Außerdem berichteten die Forscher, der Anstieg der natürlichen Killerzellen am ersten Tag lasse vermuten, dass Lachen auch eine Wirkung auf das Immunsystem habe. Die japanischen Ärzte, die die Studie durchgeführt hatten, schlossen daraus, dass diese Ergebnisse die zunehmenden Hinweise auf die heilenden Effekte des Lachens untermauerten.

In der Zusammenarbeit mit unseren Kunden sprechen wir darüber, dass Lachen erholsam und verjüngend wirkt und die Performance und ihre Nachhaltigkeit positiv beeinflussen kann. Ich bin immer ganz begeistert, wenn wir messbare klinische Nachweise finden können, die die Tignum-Strategien mit Performance-Verbesserung und optimaler Gesundheit in Zusammenhang bringen. Wenn Sie Lachen als Erholungsinstrument nutzen, können Sie Ihren Blutzucker stabilisieren und eine positive Wirkung auf Ihr Immunsystem erzielen – beides grundlegende Elemente für Nachhaltigkeit und Spitzenperformance (geistige und körperliche).
Wie integrieren Sie Lachen in Ihren Tag? Ich gehe auf YouTube, amüsiere mich köstlich über die witzigen Videos und bekomme meine tägliche Lach-Dosis.

Sie können auch lächeln, um Ihr vegetatives Nervensystem wieder ins Gleichgewicht zu bringen. Von den 45 Gesichtsmuskeln werden 40 für Mimik verwendet. Forscher haben mehr als 1000 verschiedene Gesichtsausdrücke identifiziert. Sie sind ein Fenster zu Gedanken und Gefühlen. Unsere Emotionen sind uns buchstäblich ins Gesicht geschrieben.

Aber können Sie Ihre Emotionen und Ihre Physiologie ändern, indem Sie Ihren Gesichtsausdruck verändern?

Dr. Paul Ekman, PhD, Professor emeritus der psychiatrischen Fakultät an der Medical School der Universität von Kalifornien, ist davon überzeugt. Ekman, besser bekannt für seine Methode, anhand des Gesichtsausdrucks eines Menschen zu bestimmen, ob er die Wahrheit sagt, untersucht die Verbindung zwischen Gesichtsausdruck und Emotionen seit mehr als 32 Jahren. In einer seiner Studien sollte eine Gruppe von College-Studenten unterschiedliche Mienen aufsetzen. Anschließend prüfte er ihre Vitalparameter, einschließlich Blutdruck und Herzfrequenz. Wie sich herausstellte, sanken Blutdruck und Puls schon bei einem einfachen Lächeln. Ekman dazu: »Der Gesichtsausdruck ist kein Hinweis auf die innere Verfassung eines Menschen; er ist die innere Verfassung.«

Haben Sie jemals eine Präsentation vor einem angespannten Publikum gehalten und dabei den Druck der kritischen Blicke gespürt? Dann haben Sie plötzlich gelächelt, und das hat nicht nur Sie, sondern auch die Haltung Ihrer Zuhörer verändert?

Wie häufig laufen Sie mit finsterer Miene und tief in Gedanken versunken herum, während sich Ihr sympathisches Nervensystem im Kampf-oder-Flucht-Modus befindet? Beobachten Sie einmal, wie wenige Leute Ihnen im Vorbeigehen zulächeln. Wenn Ihnen das bewusst wird, versuchen Sie doch zu lächeln und ein freundliches »Hallo« zu sagen. Das ist nicht nur gut für die anderen, sondern auch für Sie selbst.

Jedes Mal, wenn Sie lächeln, ist das eine persönliche Regenerationsphase für Sie. Sie bringen Ihr vegetatives Nervensystem wieder ins Gleichgewicht, indem Sie den Cortisolspiegel, Ihren Puls und Ihren Blutdruck senken.

Welche einfachen Regenerationsstrategien können Sie ab heute anwenden?

Wie wissen Sie, dass sich Ihre Regeneration verbessert hat?

Wie entschlossen arbeiten Sie an der Verbesserung Ihrer Regeneration (Bewertung anhand einer Skala von 1 bis 10)?

Kapitel 15
Oszillieren Sie an die Spitze

Eines der grundlegendsten Prinzipien der körperlichen Bewegung ist das Adaptationsprinzip. Um stärker oder schneller zu werden, sollten Sie Ihre Muskeln belasten und anschließend – das ist genauso wichtig – Ihrem Körper eine angemessene Ruhephase gönnen. Während dieser Regenerationsphase setzen die Muskeln nicht nur einen Repair-Mechanismus in Gang, sondern es findet auch eine Superkompensation der Belastung statt. Das heißt, die Muskeln werden in Vorwegnahme zukünftiger Belastungen größer und stärker.

Ihr Geist funktioniert genauso wie Ihr Körper: Sie brauchen Beanspruchung, Herausforderung und Stress, um – mit einer anschließenden angemessenen Regenerationsphase – Ihre Konzentrations-, Denk- und Reaktionsfähigkeit zu optimieren. Ist die notwendige Regeneration jedoch nicht gegeben, werden Sie sich nicht verbessern. Im Gegenteil, Ihre Leistung wird rückläufig sein. Ohne angemessene Ruhephasen wird Ihre Performance selbst bei minimaler Beanspruchung nachlassen, und am Ende droht ein Burn-out.

Der typische (lineare) Ansatz besteht in der Annahme »Je härter Sie arbeiten, desto besser ist Ihre Performance«. Zunächst funktioniert das zwar, am Ende führt es jedoch zu Energieverlust und zur Schwächung des Immunsystems. Während Sie sich immer mehr anstrengen und immer länger arbeiten, werden Sie schließlich auf einem bestimmten Leistungsplateau stagnieren, und dann geht's steil bergab mit der Leistung. Worst Case: Ihre Energiereserven sind erschöpft, Ihr Immunsystem verliert seine Schutzfunktion und lässt Sie im Stich. Das ist kein nachhaltiger Ansatz.

Stufe 3 – Strategisches Oszillieren

Diese Stufe erfordert Planung, um sicherzustellen, dass Sie auf täglicher, monatlicher und jährlicher Basis zwischen Arbeit und Regeneration oszillieren. Tägliche Oszillation bedeutet die Planung strategischer, über den Tag verteilter Pausen, in denen Sie unsere Techniken der Stufe 2 anwenden. Auf wöchentlicher Basis ist es wichtig, für ausreichend Freizeit zu sorgen, in der Sie sich entspannen, Spaß haben und das »völlige Abschalten« genießen können. Monatlich und übers Jahr sollten Sie idealerweise Urlaub planen, in dem Sie sich für einige Tage oder Wochen ausklinken, die Seele baumeln und den Körper ausruhen lassen. Diese Pausen sind sowohl für Ihre Performance als auch Ihre Nachhaltigkeit entscheidend.

Wie das nachfolgende Diagramm zeigt, beinhaltet die Oszillationsmethode den Wechsel zwischen harter Arbeit und adäquater Regeneration. Mit dieser Methode sorgen Sie für eine kontinuierliche Verbesserung Ihrer Performance, beugen einem Burn-out vor und sind offen für die nächste Herausforderung. In anderen Worten: Sie werden zum Sustainable High Performer – zum Swimmer.

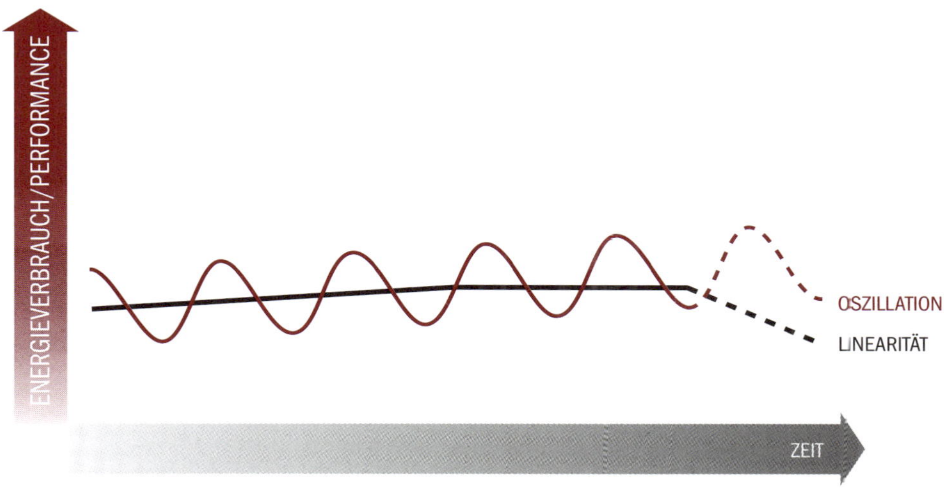

An diesem Punkt sollten Sie einige nützliche und praktische Regenerationsstrategien entwickelt haben, um im Verlauf Ihres Tages, Ihrer Woche und Ihres Monats zwischen Anstrengung und Entspannung zu oszillieren. Die Strategien, die wir bisher vorgestellt haben, wie zum Beispiel Power Naps, Atemtechniken und Lachen, bieten allesamt einfache, aber äußerst nützliche Regenerations- und Regenerationsmöglichkeiten im Laufe des Tages.

Unser Ziel ist es, Performance Recovery durch Oszillation für Sie zu einem strategischen Muss zu machen. Im Klartext heißt das: Sie überlassen Ihre Regeneration nicht dem Zufall, Sie warten nicht darauf, dass jemand anderes diese für Sie plant, und Sie warten auch nicht, bis Sie kurz vor dem Durchdrehen sind. Nein, Sie gehen den proaktiven und intelligenten Weg – Sie planen Ihre Regeneration vorausschauend und eigenverantwortlich.

Neben den bereits vorgestellten Methoden gibt es viele weitere Wege, um zu oszillieren. Zu diesen Strategien gehören die Selbstmassage, nährstoffreiche Snacks und sogar Bewegungspausen.

Wie planen Sie Ihre Oszillation für die kommende Woche, den kommenden Monat oder das kommende Jahr?

Beobachten Sie Spitzensportler bei der Olympiade – und lernen Sie von ihnen!

Während der Olympiade 2008 verpasste die 41-jährige Schwimmerin Dara Torres um 0,1 Sekunden die Goldmedaille und brachte Silber nach Hause. Worin bestand das Geheimnis dieser herausragenden Leistung in ihrem Alter und in einem Wettkampf, in dem sie gegen die besten Schwimmerinnen der Welt antrat?
Durch die Dara-Torres-Story fühlen wir, die wir die 40er-Grenze überschritten haben, uns alle angesprochen. Als sie 33 Jahre alt war, war sie die älteste Schwimmerin, die eine Medaille gewann. Doch das war bereits zwei Olympiaden früher! Wie viele von uns ist sie auch Elternteil (mit all den zusätzlichen Anforderungen, die das bedeutet) und wie vielen von uns ist ihr klar, dass sie sich nicht mehr so spontan erholt wie nach ihrem ersten internationalen Wettkampf im Alter von 14 Jahren.
Nach zahlreichen Verletzungen und Rückschlägen erkannte Torres, dass es nicht ausschließlich darum ging, wie hart oder wie oft sie trainierte, sondern vielmehr wie gut sie sich zwischen zwei Trainingseinheiten erholte. Die Performance-Strategien, die Torres auf das Siegerpodest

katapultierten, beinhalteten nur halb so viele Trainingseinheiten wie in der Vergangenheit, jedoch einen größeren Schwerpunkt auf Dehnübungen und andere Regenerationstechniken sowie ein Mindset, das die Qualität der Bewegung als wichtigsten Faktor bewertete.
Wenn Sie Torres vor und nach ihren Wettkämpfen und in all ihren Interviews beobachten, werden Sie feststellen, dass sie stets ihr bestes Entspannungsmittel nutzt – ihr Lächeln. Sie ist ein großartiges Vorbild für Sustainable High Performance.

Tignum-Blog

Verspannungen lösen

Massage existiert seit Jahrhunderten. Ihre Wirkung ist allgemein bekannt: Sie erwärmt Haut und Muskeln, entspannt, senkt Ruhepuls und Blutdruck, hebt die Stimmung und verbessert das Wohlbefinden. Es gibt eine Vielzahl von Massagetechniken (zum Beispiel schwedische, Deep-Tissue-, Triggerpunkt-, Thai-, Hot-Stone-Massage), und alle haben ihre Vorzüge. Für Sie ist wichtig, einen guten Masseur mit dem Massagestil zu finden, der Ihnen zusagt und maximale Entspannung bringt.

In Teil IV – »Performance Movement« haben wir die Tennisballmassage als praktische Möglichkeit der Muskelentspannung vorgestellt. Wie erwähnt, reduziert die Tennisballmassage Muskelverspannungen und Schmerzen und bietet Ihnen eine Gelegenheit zu oszillieren. Wenn Sie an Ihrem Schreibtisch sitzen, ziehen Sie einfach die Schuhe aus und rollen Sie den Ball unter Ihren Füßen. Sie können auch ein Bein über das andere legen und den Ball über die verspannten Bereiche in Ihrem seitlichen Hüftbereich rollen. Oder Sie rollen den Ball über Ihre Brust oder den Nacken hinauf und hinab, um Kopf- und Nackenschmerzen zu vermeiden.

Diese Techniken sind leicht und wirkungsvoll, aber nicht sehr üblich am Arbeitsplatz. Und zwar deswegen, weil die meisten Menschen nicht glauben wollen, dass die Verwendung eines einfachen Tennisballs einen schnellen Performance-Schub auslösen kann – insbesondere wenn sie verspannt sind, Schmerzen haben oder über Stunden intensiv gearbeitet haben, ohne sich vom Fleck zu rühren.

Ernährung zur Wiederherstellung Ihrer Performance

Ernährung ist eine natürliche Gelegenheit zur Regeneration. Leider wird das Essen für viele Menschen zu einem weiteren Stressfaktor. Das liegt daran, dass sie sich am Schreibtisch praktisch »zwangsernähren«, während sie nebenbei weiterarbeiten, oder dass sie in der Cafeteria so schlingen, dass sie das Kauen vergessen (damit sie schnellstmöglich wieder an den Schreibtisch zurückkehren können). Oder sie essen etwas stark Zuckerhaltiges, das noch dazu viele Konservierungsstoffe oder andere Performance-senkende Inhaltsstoffe enthält.

Das Mittagessen auszulassen ist für viele Führungskräfte eine heroische Leistung. Es gilt gegenüber dem übrigen Team als (vermeintlicher) Beweis dafür, dass sie Performer sind, die sich so für ihre Arbeit engagieren, dass keine Zeit für eine Mittagspause bleibt. Das ist weder intelligent noch nachhaltig und schon gar nicht das Verhalten eines-Swimmers.

Nährstoffreiches Essen liefert Ihrem Körper den notwendigen Treibstoff, um Ihre High-Performance-Achse wiederherzustellen, und trägt dazu bei, die Erschöpfungsphase der Stressreaktion zu verhindern. Auf ähnliche Weise stimuliert langsames, genussvolles Essen und gründliches Kauen das parasympathische Nervensystem. Nahrungsmittel, die viel Tryptophan enthalten, sind für Entspannung ausgezeichnet. Dazu gehören Fisch und Meeresfrüchte, Vollkornprodukte, Eier, Milchprodukte, Haselnüsse, Erdnüsse, Sojaprodukte, Bohnen und Hummus. Interessanterweise fördern diese Nahrungsmittel auch die Hirntätigkeit. Eine ausgezeichnete High-Performance-Methode für die zweite Hälfte Ihres Tages!

Auch hinsichtlich der Schlafqualität kann richtige Ernährung von Nutzen sein. Snacks, die Sie vor dem Schlafengehen essen können und die einen besseren Schlaf fördern, sind zum Beispiel Vollkornflocken mit Milch (liefert zudem Kalzium und Magnesium) oder ein Sandwich mit Erdnussbutter und Marmelade. Leichte Mahlzeiten ermöglichen einen erholsameren Schlaf, wohingegen fettreiche Kost und große Portionen Ihren Schlaf beeinträchtigen. Darüber hinaus ist Kamillentee ein natürliches Entspannungsgetränk, das spätabends stark beruhigend wirkt und ein altes Hausrezept für guten Schlaf ist.

»Das Mittagessen war für mich ein notwendiges Übel meines Arbeitstags. Entweder ich verzichtete ganz darauf, um meine Arbeit zu erledigen, oder ich schlang es so schnell hinunter, dass ich nach zehn Minuten schon nicht mehr wusste, was ich gegessen hatte. Als ich lernte, meinen Tag als zwei separate Einheiten zu betrachten, die beide mit einer High-Performance-Mahlzeit beginnen, veränderte sich meine Denkweise. Plötzlich wurde das Mittagessen zur wichtigsten Mahlzeit der zweiten Tageseinheit. Als ich dies strategisch umsetzte, konnte ich meine nachmittägliche Performance verdoppeln.

Jetzt stelle ich mir jeden Morgen einen High-Performance-Lunch zusammen und verlasse jeden Mittag das Büro für einen »Tapetenwechsel«. Bei schönem Wetter gehe ich in den Park und konzentriere mich auf meine Atmung, während ich kaue. Danach mache ich einen zügigen Spaziergang (15 – 20 Minuten), um meine Verdauung zu fördern und mich mental auf die Nachmittagsmeetings vorzubereiten.

Mein übliches Nachmittagstief ist wie weggeblasen und mein Fokus, meine Konzentration und mein Energiepegel haben sich enorm verbessert. Eine kleine Veränderung meiner Denkweise, die sich wirklich gelohnt hat!«

Ein Tignum-Kunde

Bewegung als Tool für Performance Recovery

Bewegung ist ein weiteres hervorragendes Mittel zur Regeneration, sie kann sehr heilsam und kräftigend sein. Die verbesserte Blutzirkulation, Mobilität, Neurostimulation und der Stoffwechsel der Stresshormone sind allesamt entscheidend für eine gute Regeneration. Die Übungen des Programms Tignum Daily Prep, Treppensteigen oder ein einfacher Spaziergang sind wirksame, regenerationsfördernde Bewegungsstrategien.

Vieles spricht für einen Spaziergang, wenn Sie unter Stress stehen: Er ist mehr als nur ein Tapetenwechsel; er verbessert auch die Blutversorgung des Gehirns und stimuliert die rechte Gehirnhälfte. Vielleicht ist es schwer zu glauben, dass etwas so Einfaches wie ein Spaziergang eine so große Wirkung haben kann. Aber überlegen Sie, wann Ihnen das letzte Mal ein zündender Gedanke kam. Etwa während Sie am Schreibtisch saßen? In einem äußerst stressigen Meeting? Oder vielleicht doch während eines Spaziergangs oder einer anderen Regenerationspause?

Eine weitere einfache Methode zur Verbesserung Ihrer Regeneration ist die Integration von statischen Dehnübungen in Ihren Tagesablauf. Sie sind weniger aktiv als unsere Daily-Prep-Übungen, jedoch gut geeignet, um Muskelverspannungen zu lösen und die Muskeln wieder in ihren entspannten Zustand zu bringen.

Der entscheidende Punkt ist, diese Gelegenheiten zur Regeneration nicht dem Zufall zu überlassen. Planen Sie sie in Ihren Tag, Ihre Woche und Ihren Monat ein. Nutzen Sie sie strategisch, um zur High Performance zu oszillieren.

Oszillieren Sie oder warten Sie, bis Sie total erschöpft sind?

Bewerten Sie Ihre Recovery Habits

Je mehr Sie sich die hier vorgestellten Performance-Recovery-Strategien bewusst machen und je öfter Sie diese anwenden, desto besser wird Ihre Performance sein. Viele dieser Strategien nehmen sehr wenig Zeit in Anspruch, und wenn Sie sie beständig üben, werden Sie erstaunliche Ergebnisse erzielen. Integrieren Sie sie in Ihren Arbeitstag – ob im Büro oder auf Reisen–, wenn Sie lieber smart statt hart arbeiten.

Viele Menschen überlassen ihre Regeneration dem Zufall. Dazu einer unserer Kunden: »Wenn Sie wissen wollen, was Leuten wichtig ist, dann werfen Sie einen Blick in deren Terminkalender.« Heute ist der beste Tag, um etwas für Ihre Performance Recovery zu tun. Besser noch, Sie betrachten Ihre Arbeitswoche und Ihren Arbeitsmonat, um zu sehen, welches die wirklich anstrengenden Tage sind. Wann verläuft Ihre Workload-Kurve zu linear? Wo können Sie etwas Oszillation einbauen?

Beachten Sie, dass unsere Regenerationsmethode nicht unbedingt darauf abzielt, weniger zu arbeiten. Wir haben vollstes Verständnis, dass viele unserer Kunden sehr gerne arbeiten. Sie lieben ihre Arbeit, sie engagieren sich, um Ergebnisse zu erzielen, und sie genießen ihre beruflichen Leistungen. Wenn Sie in diese Kategorie passen, werden Sie unserer Überzeugung nach nur durch Oszillation in der Lage sein, ein Sustainable High Performer zu bleiben. Wenn Sie smart statt hart arbeiten, werden Sie länger und effizienter arbeiten und bessere Ergebnisse erzielen können. Gerade wenn Sie sich nicht viele freie Tage nehmen können, können und müssen Sie im Verlauf Ihres Arbeitstags mehrere Performance-Recovery-Pausen einlegen.

Wollen Sie ein Sinker, Floater oder Swimmer sein?

Das liegt ganz allein bei Ihnen.

Sie haben die Recovery Habits eines **Sinkers**, wenn Sie:

_sich der Ursachen für Ihren Stress oder der körperlichen Stresssymptome nicht bewusst sind
_sich wenig oder gar keine Gedanken über Ihr Wohlergehen und die Dinge machen, die Ihr Befinden verbessern
_die Anzeichen der Überforderung ignorieren
_keine bewussten oder geplanten täglichen Regenerationspausen einlegen, weil Sie diese als Zeichen der Schwäche werten
_selten lachen oder lächeln
_selten Power Naps machen, selbst wenn Sie noch so müde sind, weil Sie sie als ein Zeichen von Faulheit werten
_meist weniger als sieben Stunden Nachtschlaf haben und nicht regelmäßig zur selben Zeit ins Bett gehen
_meist nach 22.30 Uhr schlafen gehen und oft in Ihrem Schlafzimmer arbeiten
_kein Entspannungsritual oder keine Entspannungsroutine vor dem Schlafengehen haben
_Schlafmittel nehmen, wenn Sie unter Stress stehen oder auf Reisen sind

_keine Freizeit in Ihren Tag, Ihre Woche, Ihren Monat oder Ihr Jahr einplanen
_selten Urlaubstage nehmen und in Ihrer freien Zeit fast immer arbeiten
_nie irgendwelche Entspannungstechniken anwenden, selbst wenn Sie noch so angespannt sind
_sich Ihrer Atmungsmuster und deren Auswirkungen auf Ihr vegetatives Nervensystem nicht bewusst sind
_sich der Bedeutung von Regeneration und Entspannung für Ihre mentale Performance nicht bewusst sind
_sich nicht darüber bewusst sind, dass Mindset, Ernährung, Bewegung und Regeneration Auswirkungen auf Ihre Energie, Resilienz, mentale Performance und Kapazitäten haben

Sie haben die Recovery Habits eines **Floaters**, wenn Sie:

_wissen, woher Ihr Stress kommt, und sich der körperlichen Stresssymptome bewusst sind, aber nichts dagegen unternehmen
_versuchen, regelmäßige Regenerationspausen einzulegen, diese aber nicht strategisch einplanen
_gelegentlich, aber nicht regelmäßig lachen oder lächeln
_gelegentlich einen kurzen Power Nap einlegen, aber nur, wenn Sie extrem müde sind
_im Allgemeinen sieben Stunden schlafen, aber keine regelmäßige Zeit des Zubettgehens haben
_mindestens zwei- bis dreimal pro Woche nach 22.30 Uhr schlafen gehen und gelegentlich in Ihrem Schlafzimmer arbeiten
_eine Entspannungsroutine vor dem Schlafengehen haben, diese aber nicht konsequent einhalten
_gelegentlich Freizeit in Ihren Arbeitstag, Ihre Arbeitswoche, Ihren Arbeitsmonat oder Ihr Arbeitsjahr einplanen
_gelegentlich Urlaubstage nehmen, sich dafür aber schuldig fühlen und meist Arbeit mit in den Urlaub nehmen
_Entspannungstechniken anwenden, aber nur, wenn Sie extrem angespannt sind

_sich Ihrer Atmungsmuster und deren Auswirkungen auf Ihr vegetatives Nervensystem bewusst sind, aber nur gelegentlich Atemtechniken anwenden, um Stress und Anspannung abzubauen
_vor einer wichtigen Präsentation Entspannungstechniken anwenden, dies aber nicht konsequent tun
_sich der Bedeutung von Entspannungs- und Regenerationsstrategien für Ihre mentale Performance halbwegs bewusst sind, diese aber nicht in Ihre Mindset-, Nutrition-, Movement- und Recovery-Strategien integrieren

Sie haben die Recovery Habits eines **Swimmers**, wenn Sie:

_ sich der Ursachen für Ihren Stress bewusst sind und diesen proaktiv steuern, um nicht davon überwältigt zu werden
_ häufig über Ihr Wohlbefinden nachdenken und darüber, was dieses hebt
_ bewusst in jeden Tag Regenerationspausen einplanen, weil Sie wissen, dass dies ein Zeichen für Stärke und smartes Arbeiten ist
_ jeden Tag etwas finden, das Sie zum Lachen oder Lächeln bringt
_ Power Naps einlegen, wenn Sie müde sind, weil Sie deren Bedeutung für Sustainable High Performance kennen
_ in den meisten Nächten acht bis neun Stunden schlafen und fast jeden Abend zur selben Zeit ins Bett gehen
_ selten nach 22.30 Uhr schlafen gehen und nie in Ihrem Schlafzimmer arbeiten
_ ein Entspannungsritual oder eine Entspannungsroutine haben, bevor Sie schlafen gehen, das oder die Sie konsequent einhalten
_ in Ihren Arbeitstag, Ihre Arbeitswoche, Ihren Arbeitsmonat und Ihr Arbeitsjahr Freizeit und Spaß einplanen
_ Ihren Urlaub nehmen und diesen für Spaß und Regeneration nutzen und selten oder besser gar nie im Urlaub arbeiten
_ bei den ersten Anzeichen von Anspannung Entspannungstechniken anwenden
_ sich Ihrer Atmungsmuster und deren Bedeutung für Ihr vegetatives Nervensystem bewusst sind und Ihre Atmung häufig einsetzen, um Stress und Anspannung abzubauen
_ vor fast allen Präsentationen oder anderen Must-win-Events eine Entspannungstechnik anwenden, um Ihren Fokus zu schärfen
_ sich der Bedeutung von Entspannung und Regeneration für Ihre mentale Performance bewusst sind und beides zur Steigerung Ihrer Kreativität, Ihrer Engagements und Ihrer Konzentration strategisch einsetzen
_ Ihre Performance Mindset, Performance Nutrition- und Performance Movement Habits effektiv mit Ihren Performance-Recovery-Strategien integrieren

Entwickeln Sie Ihre Performance-Recovery-Ziele

Die in diesem Kapitel vorgestellten Regenerationsstrategien für Sustainable High Performance sollen in unsere Performance-Mindset-, Performance-Nutrition- und Performance-Movement-Strategien integriert werden. Die Regenerationsstrategien alleine machen Sie nicht automatisch zum High Performer oder steigern die Nachhaltigkeit Ihrer Performance. Die vier Tignum-Säulen der Sustainable High Performance sind eng miteinander verknüpft und bedingen einander gegenseitig. Die wahre Stärke der persönlichen Innovation liegt in der kombinierten Anwendung von Mindset, Nutrition, Movement und Recovery Habits.

Um mit dem erlernten Wissen High Performance Recovery zu erzeugen, sollten Sie sich Regenerationsziele setzen, die für Sie persönlich sinnvoll sind. Denken Sie dabei zunächst über folgende Fragen nach:

Welche drei aktiven Schritte können Sie jetzt sofort zur Verbesserung Ihrer Regeneration unternehmen?

Wenn Sie einen Tag mit High Performance Recovery einlegen würden, wie würde dieser Tag aussehen?

Wie wissen Sie, wann es Zeit für eine Regenerationspause ist?

Welchen Nutzen bringt Ihnen eine Umstellung von der linearen auf die Oszillationsstrategie?

Welche Performance-Recovery-Strategien werden Sie einsetzen, um Ihre Energie, Ihre Resilienz, Ihre mentale Performance und Ihre Kapazitäten für Sustainable High Performance zu steigern?

Teil VI
Als Swimmer in eine erfolgreiche Zukunft

High-Performance-Kultur bedeutet: eine Umgebung, in der Führungskräfte sich für Kreativität und Produktivität begeistern und diese Begeisterung auch bei anderen entfachen und in der sich das Potenzial des einzelnen Mitarbeiters, des Teams, des Unternehmens und der Marke voll entfalten kann.

Kapitel 16
Wenn Sie es wissen, warum tun Sie es dann nicht? / 270

Kapitel 17
Von persönlicher High Performance zur Team High Performance / 288

Kapitel 18
Ihre Organisation –Sinker, Floater oder Swimmer? / 300

Kapitel 19
Es ist Zeit zu handeln / 320

Kapitel 16
Wenn Sie es wissen, warum tun Sie es dann nicht?

Sind Sie jemals mit dem Versuch, sich zu verändern, baden gegangen? Haben Sie jemals an einem Schulungskurs oder Führungsprogramm teilgenommen, waren tief beeindruckt und motiviert und haben es anschließend nicht geschafft, irgendeine nachhaltige Veränderung umzusetzen? Das passiert ständig. In der Zusammenarbeit mit unseren Kunden stellen wir oft eine anfängliche Skepsis fest, die von ihrer Frustration über frühere Versuche (und Misserfolge) kommt, echte Veränderungen in ihrem Leben umzusetzen. Warum kommt das so häufig vor? Was ist der Grund für dieses Scheitern? Diese Fragen bereiteten uns schlaflose Nächte, als wir Tignum gründeten, weil wir echte Veränderung bewirken und somit Führungskräfte als Entscheidungsträger in Organisationen vom Wissen zum Tun bringen wollten.

Allgemein herrscht die Auffassung, Menschen würden sich deswegen nicht ändern, weil sie nicht wissen, *was* sie ändern sollen. Wir glauben hingegen, dass sie keinen wirklich sinnvollen Grund sehen, *warum* sie sich ändern sollten. Es gibt so viele verschiedene Wege, *wie* man sich ändern kann, aber ohne das *Warum* sind all diese Ansätze zum Scheitern verurteilt.

Nichts fördert echte Veränderung so sehr wie eine Krise. Richtig oder falsch?

Leider ein Irrglaube! In einem Artikel des Magazins *Fast Company* mit dem Titel »Change or Die«, der im Mai 2005 erschien, stellte Autor Alan Deutschman eine erstaunliche Statistik auf. In den USA kehrten von 600 000 Herzinfarkt-Patienten, denen ein Bypass gelegt worden war, 90 Prozent bereits nach zwei Jahren zu ihrer gewohnten Lebensweise zurück. Das heißt: Selbst das Risiko eines weiteren Infarkts, einer weiteren Operation oder – noch schlimmer – des Todes reicht für die Mehrheit der Menschen nicht als Motivation, damit sie ihr Leben auf Dauer verändern.

Veränderungsbereitschaft hängt also nicht von der logisch fundierten Überzeugung ab, dass dieser oder jener Weg der richtige und heilbringende ist. Menschen ändern sich wegen der Nutzen und Vorteile, die ihnen eine Veränderung einbringt. Im Klartext: Sie ändern sich für den emotionalen Gewinn, das heißt die Emotionen, die mit der Veränderung einhergehen.

Welche Dinge lösen bei Ihnen die Motivation zur Veränderung aus?

Warum haben Sie in der Vergangenheit Veränderungen vorgenommen?

Wie haben Sie sich nach einer signifikanten Veränderung gefühlt?

Was ist verkehrt daran, sich Ziele zu setzen?

Im Geschäftsleben spielt Zielsetzung eine entscheidende Rolle, weil sie als unerlässlich für die messbaren Ergebnisse und die Festlegung von Verantwortlichkeit gilt. Die üblichste Form der verwendeten Ziele sind SMART-Ziele (SMART steht für Specific = konkret; Measurable = messbar; Attainable = erreichbar; Realistic = realistisch und Time-based = zeitlich definiert). Diese Art der Zielsetzung ist präzise, fassbar und logisch. Allerdings fehlt ihr ein maßgebendes, für echte und dauerhafte Veränderung unabdingbares Element: *Emotion*.

Wir haben festgestellt, dass einer der Schlüsselfaktoren für den Erfolg unserer Kunden die Entwicklung von emotionalen Zielen ist, die eine persönliche Bedeutung haben. Hat ein Ziel keine persönliche Bedeutung und trifft keinen emotionalen Nerv, sind die Chancen, dass es erreicht wird, gleich null. Man sehe sich dazu nur einmal die vielen Programme zu positivem Denken an, die häufig »Haben«-Ziele favorisieren, wie zum Beispiel Millionen zu machen, eine Strandvilla zu besitzen, das neueste, leistungsstärkste Automodell zu fahren oder in einem Traumhaus zu leben. Der Gedanke dahinter ist, dass diese greifbaren Dinge, die außerhalb der eigenen Möglichkeiten zu sein scheinen, die emotionale Verbindung zur Verhaltensänderung bilden.

Das Problem mit diesem Ansatz ist, dass diese Ziele auf extrinsische Motivation bauen, die sich Forschungsergebnissen zufolge als schwacher und kurzfristiger Motivator erwiesen hat. Menschen verändern sich nicht aufgrund eines Plans oder eines Ziels; es sind emotionale Verbindungen, die sie zu Veränderungen veranlassen. Sie ändern sich wegen des Gefühls, das durch Erreichung des Ziels hervorgerufen wird. Das heißt nicht, dass SMART-Ziele grundsätzlich schlecht oder ineffektiv sind. Aber sie sind häufig unzureichend.

Wir von Tignum sehen vier häufige Schwächen in der Zielsetzung. Viele Menschen setzen sich Ziele,

_deren Erreichung sie nicht mit Leidenschaft vorantreiben
_die unpräzise und schwer zu visualisieren sind
_die nicht zu ihrem Selbstbild passen
_die ergebnis- anstatt performance-orientiert sind

Überzeugen die Ziele, ist das Handeln nicht weit

Ziele müssen vor allem eine persönliche Bedeutung haben. Die meisten Menschen fühlen sich nicht motiviert, Ziele zu erreichen, die ihnen ihr Vorgesetzter oder sonst jemand vorgegeben hat oder die von gesellschaftlichen Erwartungen bestimmt sind. Wir fragen unsere Kunden immer, warum sie ein gesetztes Ziel erreichen wollen. Häufig sind sie nicht in der Lage, einen konkreten (oder überzeugenden) Grund zu nennen. Ihre Antworten lauten ungefähr: »Mein Arzt hat gesagt, ich muss abnehmen«, oder: »Mein Chef sagt, ich muss lösungsorientierter arbeiten«. Immer wenn wir Sätze wie diese hören, haken wir nach und fordern unsere Kunden auf, den konkreten Grund zu identifizieren, weshalb sie das jeweilige Ziel erreichen wollen.

Zuallererst müssen Sie, wenn Sie Ihre Ziele formulieren, die Frage beantworten:

Warum ist es *Ihnen* wichtig, dieses Ziel zu erreichen?

Fällt Ihnen auf diese Frage keine sinnvolle Antwort ein, sollten Sie entweder tiefer schürfen, um die persönliche Bedeutung herauszufinden, oder Sie sollten das Ziel ändern. Wenn Sie Ihr persönliches Ziel herausfinden, finden Sie auch die Emotionen, durch die Sie aktiv werden.

Als Nächstes müssen Menschen, um Ziele zu erreichen, in der Lage sein, sich diese Ziele bildlich vorzustellen. Oft erleben wir, dass sich Kunden großartige Ziele setzen, die sich aber völlig außerhalb ihres Erfahrungshorizontes befinden. Wenn man sich eine bestimmte Verhaltensweise angewöhnt hat, fällt es extrem schwer, sich ein anderes Verhalten vorzustellen. Sich selbst beim Erreichen der eigenen Ziele zu visualisieren ist entscheidend dafür, diese tatsächlich zu realisieren. Die Veränderung der Landkarte in Ihrem Kopf ist der erste Schritt zu echter Veränderung.

Zum Beispiel arbeiteten wir einmal mit einem ausgesprochen Junkfood-süchtigen Kunden. Er konnte bei keinem Meeting, bei keiner Mahlzeit auf ein Stück Kuchen, Süßigkeiten oder andere nährstoffarme/kalorienreiche Nahrungsmittel verzichten. Er wusste, dass diese Art der Ernährung zu seinen Energietiefs am Nachmittag sowie seiner mangelnden Aufmerksamkeit und Konzentration in Meetings beitrug. Rational betrachtet wäre eine Änderung seines Essverhaltens sinnvoll gewesen. Er wollte seine Performance in Meetings verbessern, vor allem in Meetings nach dem Mittagessen. Und er war motiviert, sein Verhalten zu ändern, aber er verfiel immer wieder in seine alten Gewohnheiten.

Wir leisteten Unterstützungsarbeit, um ihm eine klare Vision seiner selbst bei seiner Verhaltensänderung zu ermöglichen. Er begann, sich dabei zu sehen, wie er sich besseres Essen aussuchte, und die Vorteile zu erleben. Er sah sich als äußerst aufmerksamen, fokussierten Teilnehmer an den nachmittäglichen Meetings. Innerhalb von drei Wochen (mit zahlreichen mentalen Wiederholungen dieser positiven Image-Übung) hatte er sein Verhalten komplett verändert.

Drittens ist die Anpassung des Ziels an das Selbstbild (Zielkongruenz) notwendig für die Überbrückung der Kluft zwischen dem derzeitigen und dem angestrebten Image. Nach unserer Erfahrung können die meisten Menschen eine Imageauffrischung vertragen, und deshalb ist die Entwicklung von Zielen, die auf das neue, angestrebte Selbstbild ausgerichtet sind, so eminent wichtig.

Es ist eine Sache, sich das Erreichen eines bestimmten Ziels vorstellen zu können, und eine ganz andere, überzeugt zu sein, dass man es auch tatsächlich schafft. Das Tignum-Benefit-Attainment-System mit praktischen Instrumenten wie unserer Personal Innovation Map, enthält die Schritte und Wiederholungen (der High Performance Habits) zur Entwicklung dieser Überzeugung.

Und zuletzt mögen Ziele, die auf ein Ergebnis ausgerichtet sind, zwar logisch erscheinen, sie können aber zur Falle werden, weil die Ergebnisse oft außerhalb des Einflussbereichs der jeweiligen Person liegen. Performance-orientierte Ziele dagegen befinden sich im eigenen Einflussbereich, und wenn man sie erreicht, kann das die Selbstachtung und das Selbstvertrauen aufbauen. Nachfolgend einige Performance-Ziel-Beispiele:

_Ich werde Mental Imagery betreiben, um mich auf jedes Meeting in dieser Woche vorzubereiten.
_Ich werde in den Meetings ausschließlich Wasser trinken.
_Ich werde diese Woche fünfmal Daily-Prep-Übungen machen.
_Ich werde an jedem Arbeitstag alle 90 Minuten eine kurze Regenerationspause einlegen.

Performance-Ziele sind üblicherweise greifbar, relativ eng gesteckt und leicht zu erreichen. Deswegen werden sie oft unterschätzt. Wenn sie jedoch konsequent verfolgt werden, führen sie zu beachtlichen Ergebnissen. Wenn Sie die neu gefundenen Handlungsschritte so lange durchführen, bis sie zur Gewohnheit werden, entsteht eine Dynamik, die sich auf lange Sicht für Sie mehr als auszahlt.

Der Tignum Benefit Attainment Process

Wir sind davon überzeugt, dass alle Menschen eine inhärente Fähigkeit zur Lösung ihrer Probleme besitzen, insbesondere wenn sie über die richtigen Instrumente verfügen, zum Einsatz ihrer Stärken ermutigt und bei der Umsetzung unterstützt werden. Wir glauben, dass intrinsische und nicht extrinsische Motivation der Schlüssel ist.

Menschen ändern sich nur, wenn sie in der Veränderung Erfüllung finden und die Möglichkeit haben, ihr Potenzial auszuschöpfen. Deshalb haben wir unseren Benefit Attainment Process ins Leben gerufen.

Warum bezeichnen wir ihn als »Benefit Attainment Process« und nicht als Change Management?

Der Begriff »Change Management« wird eng mit organisatorischen Veränderungsmaßnahmen in Verbindung gebracht und löst oft ein Gefühl des Unbehagens aus. Viele unserer Kunden berichteten, dass allein schon das Wort »Change« Widerwillen erzeugen kann. Wir haben festgestellt, dass der Begriff »Change Management« vor allem in Unternehmen Visionen der ewigen Veränderungstretmühle und ständig neu abzuarbeitender Prüflisten wachruft.

Wenn man aber anders an das Thema Veränderung herangeht – nämlich nur die Vorteile von Veränderung beleuchtet –, bekommt man das Potenzial für sinnerfüllende und dauerhafte Veränderung. Während sich Tiere eher durch Vermeidung von Schmerzen und Unbehagen motivieren und trainieren lassen, lassen Menschen sich mehr von Nutzen leiten. Das zeigt sich an dem Maß an Schmerzen, das viele auf sich nehmen, um das Gewollte unbedingt zu erreichen. Dass sie häufig mit ihren Änderungsversuchen scheitern, liegt unseres Erachtens nicht daran, dass sie damit verbundene Unannehmlichkeiten fürchten, sondern viel eher daran, dass sie entweder den Nutzen nicht klar sehen oder den Vorteilen der Veränderung keine besondere Bedeutung beimessen.

Man denke nur an die Quälerei und Mühsal, denen sich olympische Athleten jahrelang unterziehen, weil sie sich auf die mit einem Medaillengewinn verbundenen Emotionen und Nutzen konzentrieren. Das ist der große Unterschied zwischen Sustainable High Performern (Swimmern) – sowohl im Sport als auch im Geschäftsleben – und Floatern und Sinkern. Swimmer konzentrieren sich auf den Nutzen und betrachten jedes Opfer und jeden Rückschlag als Teil der Realisierung dieses Nutzens.

Nehmen Sie nachhaltige Veränderungen vor

John Kotter, Professor an der Harvard Business School und führende Autorität auf den Gebieten Führung und Veränderung, schreibt: »Eine Verhaltensänderung erfolgt zumeist dann, wenn die Gefühle der Personen angesprochen werden. Das gilt selbst in Organisationen, die sich primär auf Analyse und quantitative Messung konzentrieren.« In anderen Worten: Echte Veränderung hat allein mit unserer emotionalen Verbindung zu dieser Veränderung zu tun.

Eine sehr effektive Methode, um eine emotionale Verbindung zu schaffen, ist, sich ein klares und überzeugendes Bild von der Person zu machen, die Sie in Zukunft sein wollen (To-be-Ziele). Was Sie sein wollen, ist etwas ganz anderes, als was sie tun oder besitzen möchten. Die Vision von Ihrem bestmöglichen Ich hat weniger mit Ihrem derzeitigen Job oder Ihrer beruflichen Rolle zu tun, sondern mehr mit den Qualitäten und Attributen, die Sie anstreben. Und sie hat mit dem Vermächtnis zu tun, das Sie hinterlassen wollen, sowie mit den Empfindungen, die Sie bei den Menschen in Ihrer Umgebung auslösen möchten.

Eine Vision von Ihrem bestmöglichen Ich ist nicht immer leicht zu entwickeln. Voraussetzung ist, dass Sie sich von Ihrem derzeitigen Selbstbild lösen. Dieses Bild kann gelegentlich kontraproduktiv sein, weil es auf Ihren Schwächen und Beschränkungen basiert. Das folgende Beispiel ist eine Vision, die einer unserer Kunden von seinem bestmöglichen Ich entwickelte:

> »Ich sehe mich aufwachen und sofort den Tag in Angriff nehmen. Ich mache einige Daily-Prep-Übungen und gehe dann kurz meine Tagesplanung durch und bereite mein Mindset vor. Im Verlauf des Tages bin ich in jedem Gespräch fokussiert und aufmerksam. Ich kann die Verbindung sehen, die ich zu meinem Team herstelle. Ich bin geduldig und habe meine Gefühle völlig unter Kontrolle. Ich agiere proaktiv anstatt reaktiv. Ich habe eine gute Körperhaltung und strahle Selbstbewusstsein aus. Ich sehe mich ständig oszillieren – von einem High-Performance-Event zum nächsten. Auf dem Nachhauseweg bin ich entspannt und lasse meine Arbeit und Sorgen

im Büro zurück. Zu Hause sehe ich mich lächeln und gespannt den Schilderungen meiner Tochter über ihren Tagesablauf lauschen. Ich sehe, wie ich mich angeregt mit meiner Frau unterhalte, wobei ich ihr von meinem Tag erzähle und sie mir von ihrem. Dabei bin ich geduldig und völlig wertneutral.«

Verblüffend ist, dass unsere Kunden zeitgleich zur Entwicklung einer detaillierten und klaren Vision ihres bestmöglichen Ichs oft sehen, wie sich ihre Gedanken, Verhaltensweisen und Habits verändern. Außerdem verfügen sie über ein klares Bild, an dem sie ihre derzeitigen Handlungen messen.

Fragen, die Sie sich täglich stellen sollten, wenn Sie eine persönliche Veränderung vornehmen, sind zum Beispiel folgende:

Habe ich heute alles Notwendige getan, um mein bestmögliches Ich zu entwickeln?

Falls nicht, wie kann ich meine Verhaltensweisen morgen ändern, um mein Ziel zu erreichen?

Der Werdegang von Andre Agassi ist ein hervorragendes Paradebeispiel für die Nutzung von To-be-Zielen. Im Verlauf seiner gesamten Tenniskarriere erlebte Agassi zahlreiche Höhepunkte und Rückschläge. Eine seiner schlimmsten Niederlagen erlitt er im Jahr 1993 nach einer Handgelenksoperation, als seine Platzierung auf der Weltrangliste abstürzte. Während seiner Genesung entwickelte Agassi die Vision seines bestmöglichen Ichs, indem er das Vermächtnis erkannte und definierte, das er dem Tennissport hinterlassen wollte. Diese Vision wurde für ihn zur treibenden Kraft, als er in die Tennisarena zurückkehrte. Er eignete sich neue Habits und Rituale an, die ihn nicht nur nachhaltig veränderten, sondern auch der Tenniswelt ein dauerhaftes Vermächtnis hinterließen.

Als sich Agassi aus dem Profitennis zurückzog und seine Abschiedsrede hielt, sprach er nicht darüber, wie viele Turniere und Championships er erfolgreich bestritten hatte. Stattdessen sprach er über die Entwicklung, die er durchlaufen hatte, die Beziehungen, die er zu seinen Fans und Wettbewerbern aufgebaut hatte, und den Mann, den diese Dinge aus ihm gemacht hatten. Er sprach über die Einsichten, die er persönlich aus seiner harten Arbeit und den erbrachten Opfern gewonnen hatte. Bei seiner Rede blieb im Stadion kein Auge trocken; alle waren von der Person berührt, in die sich Agassi verwandelt hatte.

Nach Verlassen des Stadions ging Agassi in den Umkleideraum der Tennisspieler und wurde mit Standing Ovations von allen Tennisprofis und den Sportjournalisten empfangen – ein Ereignis, von dem ein Journalist sagte, so etwas habe er noch nie erlebt. Das war Wirkung pur und er hinterließ ein Vermächtnis, und zwar nicht nur der Tenniswelt, sondern der gesamten Welt. Darin zeigt sich die Power wahrhaft sinnerfüllter To-be-Ziele.

Die Macht des To-be-Ziels

Gelegentlich habe ich Kunden, die vor der Herausforderung ihres Lebens stehen oder eine echte Krise durchmachen. Vielleicht haben sie einen schlechten Job, leben gezwungenermaßen von ihrer Familie getrennt, machen eine Scheidung oder schwere Krankheit durch oder müssen den Tod eines Familienmitglieds verkraften. In solchen Zeiten erinnere ich meine Kunden immer daran, dass es sich um vorübergehende Situationen handelt, die Chancen, die diese Krisen für echten Wandel bieten, aber von Dauer sein können.

Derartige Krisen können Sie wirklich erschöpfen, Sie aus der Bahn werfen und Ihnen jede Freude an der Arbeit und am Leben nehmen. Sie können echte Performance-Killer sein. Die Realität ist jedoch, dass Unbehagen und selbst Schmerz eine äußerst gute Schule sind, wenn Sie sich die Zeit nehmen, über die Lektionen nachzudenken, die Sie daraus ziehen können. Der Schlüssel liegt jedoch darin, immer ein To-be-Ziel zu haben.

Wer wollen Sie sein, wenn die Krise vorüber ist?

Worin bestehen die Vorteile, diese Person zu werden?

Können Sie sich vorstellen, diese Person zu sein?

Wenn Sie sich auf die Beantwortung dieser Fragen konzentrieren, werden Schmerz und Unbehagen plötzlich erträglich – weil Ihr neues Ich die Mühe wert ist.

Tignum-Blog

Ihr bestes Ich lohnt sich

Wenn Sie nun Ihre konkrete To-be-Vision (Vision von Ihrem bestmöglichen Ich) entwickelt haben, ist der nächste Schritt, die Vorteile zu erkennen, wenn diese Vision Wirklichkeit wird. Wie bereits erwähnt, sind die Vorteile entscheidend für Antrieb und Motivation und letztlich für die Ausschöpfung Ihres Potenzials. Externe Nutzen, wie eine Gehaltserhöhung, Beförderung oder Auszeichnung, sind eher kurzlebig, jedoch gut für die Anfangsmotivation. Interne Nutzen, wie das Gefühl, etwas erreicht zu haben, respektiert zu werden, sich geliebt zu fühlen sowie das Miteinander mit anderen Menschen, bieten eine längerfristige Motivation und bieten echte Sinnerfüllung.

In der Zusammenarbeit mit unseren Kunden wenden wir mehrere Techniken an, die ihnen dabei helfen, die für sie sinnerfüllenden Vorteile einer persönlichen Veränderung zu entdecken. Es gibt viele Arten, sich eine Liste dieser Vorteile durch Brainstorming oder Aufzählen zusammenzustellen; eine sehr beliebte Methode ist die Technik des Mindmapping. Mindmapping wird seit Jahrhunderten von Lehrern, Ingenieuren, Psychologen etc. für Brainstorming, Lernprozesse und Problemlösung verwendet.

Mindmaps sind ein ausgezeichnetes visuelles Instrument zur Entwicklung einer umfassenden Liste an profunden Konzepten und Gedanken. Sie können sich auf die Vorteile konzentrieren und brainstormen, welche Vorteile Ihnen Ihre To-be-Vision bringt. Dabei gruppieren Sie Ihre Gründe auf nicht lineare Weise und zeichnen die Verbindungen nach, die dabei entstehen.

Anfangs fällt es vielen unserer Kunden schwer, sinnerfüllende Vorteile ihrer To-be-Ziele zu finden, aber wir animieren sie stets weiterzubohren. Jedes Mal, wenn sie einen Vorteil nennen, fragen wir nach dem Warum. Das hilft ihnen, bei ihrer Suche in tiefere Ebenen vorzudringen. Nach unserer Erfahrung entdeckt praktisch niemand auf Anhieb wirklich sinnerfüllende Vorteile. Das ist eine Übung, die eingehende Erforschung und tiefes Nachdenken erfordert.

Folgendes sollten Sie sich einprägen:

Je sinnerfüllender der Vorteil, desto mehr wird er Ihnen helfen, eine echte und dauerhafte Veränderung zu erzielen.

Entwickeln und aktivieren Sie Ihr Support-System

Manche Menschen arbeiten gerne allein, während andere lieber im Team arbeiten. Dasselbe gilt für persönliche Veränderung. Nach der Zusammenarbeit mit vielen Tausend Führungskräften haben wir jedoch definitiv festgestellt, dass alle Menschen jemanden brauchen, der sie dabei unterstützt, dass sie ihre persönliche Veränderung erreichen. Ein unverzichtbarer Bestandteil des effektiven Umgangs mit Rückschlägen und schweren Zeiten ist ein starkes Support-System – Menschen, die Sie unterstützen. Der nächste Schritt zur Erreichung Ihrer To-be-Ziele ist daher die Entwicklung Ihres Support-Systems. Solche Unterstützung lässt sich bei Mentoren, Freunden, Familie, Kollegen und möglicherweise sogar Vorbildern, die Sie persönlich gar nicht kennen, finden.

Tatsächlich haben viele unserer Kunden Vorbilder. Menschen, die sie nie persönlich kennengelernt haben, die sie jedoch bewundern. Vielleicht assoziieren sie viele der Qualitäten und Attribute, die sie selbst anstreben, mit diesen Personen. Wir ermutigen sie dazu, diese Menschen in ihr Support-System einzubeziehen, da sie darüber nachdenken können, welchen Rat diese ihnen in einem persönlichen Gespräch erteilen würden.

Außerdem haben wir in unserer Arbeit festgestellt, dass Mitglieder eines Teams sich oft gegenseitig unterstützen und dabei manchmal die engsten und wichtigsten Bande ihres Lebens knüpfen. Das erscheint uns vollkommen nachvollziehbar, denn was könnte eine authentischere Teambildungserfahrung sein, als einem Kollegen dabei zu helfen, seine persönliche To-be-Vision umzusetzen?

Es gibt viele Möglichkeiten, das Support-System zu nutzen, und sie unterscheiden sich ganz erheblich von Person zu Person. Als sehr hilfreich hat es sich jedoch stets erwiesen, wenn die Personal Innovation Map (persönlicher Innovationsplan) mit dem Support-System geteilt/besprochen wurde. Das erzeugt eine gewisse Verantwortlichkeit und ermöglicht Ihrem Support-System, Ihnen den Zuspruch zu geben, den Sie vielleicht brauchen, um nicht vom Kurs abzukommen.

Rückschläge eignen sich dazu, Fokus, Loyalität und Motivation neu aufzubauen

Der Weg zur Entwicklung neuer High Performance Habits (und letztlich jeder Veränderung) verläuft niemals linear. Das ist eine Lektion, die wir aus der Zusammenarbeit mit unseren Kunden gelernt haben. Es wird unweigerlich Rückschläge geben. Auf den ersten Blick können solche Schlappen wie Momente des Scheiterns wirken, wie ein Selbstbeweis, dass Sie nicht die nötige Disziplin oder Einsatzbereitschaft für eine echte Veränderung aufbringen können. Das jedoch ist ein gewaltiger Irrtum!

Misserfolge nähren den Erfolg

Es gibt immer Menschen, die sagen, dieses Mal wollten sie nicht scheitern wie bei ihren früheren Veränderungsversuchen. Ich höre diesen Satz ausgesprochen gerne, weil er ihre Entschlossenheit ausdrückt, aber er reflektiert auch ihre Angst, wieder in dieselben Fallen zu tappen. Wir von Tignum wissen, dass die Änderung von Gewohnheiten nie einfach ist. Und wir wissen, dass mit jeder Veränderung Mini-Rückschläge (oder kleine Einbrüche) einhergehen.

Für einige Kunden waren ihre früheren Misserfolge so einschneidend oder emotional belastet, dass sie sich eine erfolgreiche Veränderung schlichtweg nicht vorstellen können. Das einzige Bild, das sie im Kopf haben, ist das der anfänglichen Begeisterung und Motivation, die dann schließlich mit einem Blick in den Spiegel und der Frage endet, was denn eigentlich geschehen ist. Das ist vollkommen normal, denn so arbeitet das Gehirn.

Aber das muss nicht so sein.

Tatsächlich beweist die Forschung, dass die Zahl Ihrer bisherigen Misserfolge sehr wohl einer der besten Erfolgsindikatoren für die Entwicklung neuer Habits sein kann. Das liegt daran, dass Sie bei jedem Änderungsversuch etwas Neues über sich erfahren, immer motivierter werden und dem Erfolg näher rücken. Ein kurzes Reframing früherer Misserfolge ist daher bestens als Trockenübung für den echten Veränderungsprozess zu bewerten.
Und wir können nur immer wieder beteuern und versichern – Sie sind nur einen Tag vom richtigen Kurs entfernt!

Tignum-Blog

Seth Godin bestimmt in seinem Buch *The Dip: A Little Book That Teaches You When to Quit (and when to stick)* ganz klar die Einbrüche (Dips) in einem Veränderungsprozess, wie sie für außergewöhnliche Performance zu erwarten und notwendig sind. Godin identifiziert mehrere Gründe, die dem Gelingen einer Veränderung im Wege stehen können:

»Sie

_haben keine Zeit (und geben auf)
_haben kein Geld (und geben auf)
_bekommen Angst (und geben auf)
_nehmen Ihr Vorhaben nicht ernst (und geben auf)
_verlieren das Interesse oder den Enthusiasmus (Sie verlieren Ihre Vision aus den Augen) oder geben sich mit Mittelmäßigkeit zufrieden (und geben auf)
_sind kurzfristig anstatt langfristig orientiert (und geben auf, wenn es zu anstrengend wird)«

Das gemeinsame Element aller Misserfolge ist, wie Sie sehen, das Aufgeben. Bedenken Sie jedoch, dass das Handtuch zu werfen eine freiwillige Entscheidung ist. Manchmal bedeutet es, dass Ihnen der Nutzen, den Sie verfolgt haben, eigentlich gar nicht so wichtig war. Häufig jedoch ist Aufgeben die falsche Entscheidung. Wahr ist, dass fast alle lohnenswerten Ziele im Leben von Einbrüchen (Dips) bestimmt werden – dieser endlosen, anstrengenden Krisenstrecke, die zwischen dem Beginn von etwas Neuem und seiner Beherrschung und Vollendung liegt. Es ist der lange Abschnitt zwischen Anfängerglück und echter Leistung.

Rückschläge bergen die Gelegenheit für Veränderung in sich. Es hängt nur davon ab, wie Sie diese Dips wahrnehmen und auf sie reagieren. Erfolgreiche Menschen halten ihrer Dip-Welle nicht nur einfach stand, ducken sich und überleben. Nein, sie stemmen sich dagegen, betrachten jeden Rückschlag als eine Chance, sich noch mehr zu pushen, die Regeln zu verändern, neue, bessere Fähigkeiten zu entwickeln und trotz aller Widrigkeiten als Gewinner daraus hervorzugehen. Das Selbstvertrauen, die Dynamik und die Erfahrung, die von diesem Ansatz ausgehen, sind beachtlich. Das heißt nicht, dass Sie Ihre Einbrüche genießen, sondern nur, dass Sie die Flinte nicht ins Korn werfen und alles unternehmen sollten, Ihre Dips in Schach zu halten. Die Erfahrung hat uns gelehrt, dass Kunden, die gelernt haben, immer vorwärtszustreben und Rückschläge zu überwinden, stets ein höheres Selbstvertrauen entwickelt haben, größere Wirkung erzielten und bessere Performer wurden.

Wir dürfen nie vergessen, dass persönliche und organisatorische Sustainable Performance ein kontinuierlicher Entwicklungsprozess ist. Das ist nur normal, weil niemand ununterbrochen in Bestform sein kann. Es liegt in der Natur von Veränderung und Verbesserung, dass man Fortschritte macht, kleinere Rückschläge erleidet, sich neu inspiriert (indem man sich erneut die Vorteile und die Vision von seinem bestmöglichen Ich vergegenwärtigt) und sich dann wieder seinen neuen Habits zuwendet.

Ein weiterer Trugschluss auf dem Weg zur persönlichen Innovation ist, dass jeder Rückschlag Sie wieder ganz an den Ausgangspunkt Ihrer Bemühungen zurückwirft. Sie starten Ihren persönlichen Benefit Attainment Process, und zwei Monate später haben Sie das Gefühl, Sie würden sich im Kreise drehen. Sie kämpfen mit den gleichen Dingen wie zuvor. Das kann demoralisierend sein, weil Sie dachten, Sie hätten dieses Stadium überwunden und wären auf dem Weg in eine neue Liga, in der es größere Kämpfe und Herausforderungen zu bestehen gilt.

In Wahrheit kehren Sie nie wieder zu Ihrem anfänglichen Ausgangspunkt zurück. Ihr Bewusstsein ist geschärft, Sie sind klüger, erfahrener und besser darauf vorbereitet, diese Herausforderung beim nächsten Mal zu meistern. Das gleicht einer Aufwärtsspirale. Sie haben eine Volldrehung gemacht, aber dabei gleichzeitig eine höhere Ebene auf der Spirale erreicht. Sie betrachten dasselbe Problem aus einer anderen Perspektive, und das alleine ist schon Grund zur Zufriedenheit.

Eine Krise ist die perfekte Zeit, um Erfolg neu zu definieren

Eine unserer Kundinnen telefoniert zum Beispiel und war äußerst frustriert, weil ihr kein Verkaufsabschluss gelingt, wie sehr sie sich auch bemüht. Als höchst erfolgreiche Sales Vice President eines sehr großen Softwareanbieters ist diese Art von Misserfolg für sie eine völlig neue Erfahrung. Wir diskutierten ihr Mindset und die Herausforderungen eines Reframing ihrer erlittenen Frustration und Ablehnung, um ihre Gedanken und inneren Monologe positiver und High-Performance-orientierter zu gestalten. Während unseres Gesprächs erkannte ich, dass sich die Definition von Erfolg in diesen schwierigen Zeiten verändert hat. Wenn Sie nur auf Quartalsergebnisse, Ihre Bruttoeinnahmen oder Ihre Nettogewinne schielen, sind Sie auf Misserfolg programmiert. Die Lösung liegt in einer mehr prozessorientierten Verfolgung Ihrer Ziele – und zwar nicht nur in Krisenzeiten, sondern generell. Das heißt: Konzentration auf die Prozesse, von denen Sie wissen, dass sie zum Erfolg führen.

Geoff Colvin hat in seinem höchst aufschlussreichen Buch Talent wird überschätzt: Welche Erfolgsfaktoren wirklich zählen *einige eindrucksvolle Forschungsergebnisse über Zielsetzung und Erfolg vorgelegt. Die schlechtesten Performer setzen sich überhaupt keine Ziele. Mittelmäßige Performer setzen sich allgemein gefasste Ziele, die oft einfach nur auf ein gutes Ergebnis hinarbeiten. Die besten Performer setzen sich dagegen Ziele, bei denen es nicht um das Ergebnis geht, sondern um die Prozesse zur Erzielung der Ergebnisse.*

Die große Frage lautet also: Welche Prozesse sind das?

Hier handelt es sich um Prozesse, die Ihre Energie, Ihre Resilienz, Ihre mentale Performance und Ihre Kapazitäten erhöhen. Wenn Sie diese Prozesse ignorieren, haben Sie keine Chance, ein Sustainable High Performer zu werden oder schwierige Zeiten zu überstehen. Sobald Sie sich ernsthaft zu den Prozessen bekennen, die für Ihr Performance Mindset, Ihre Performance Nutrition, Ihr Performance Movement und Ihre Performance Recovery Habits notwendig sind, werden Sie sehr schnell die Vorteile eines größeren Engagements, von Konzentration, Kreativität und eines größeren Selbstvertrauens genießen. Mit diesen Qualitäten wird es Ihnen gelingen, zu Ihren Grundlagen zurückzukehren und den Boden für zukünftige Erfolge zu bereiten.

Tignum-Blog

Bei der Neudefinition von Erfolg ist es außerdem wichtig, die eigenen kleinen Siege zu honorieren.

Oft glauben Kunden, sie hätten überhaupt keine Veränderung vollzogen, weil sie zu beschäftigt oder gestresst waren, um diese zu bemerken. Bei näherer Betrachtung stellen sie jedoch fest, dass sie mehr Wasser trinken, High-Performance-Snacks essen, sich geistig auf Meetings vorbereiten, mehr lösungsorientierte Gedanken pflegen, kurze Regenerationsspaziergänge machen und die Treppen (statt des Aufzuges) nehmen.

Diese Erkenntnis trifft sie fast unvermittelt; tatsächlich haben sie viele Veränderungen vorgenommen. Da sie sich inzwischen jedoch so sehr darüber bewusst sind, was sie alles nicht tun, haben sie vorübergehend ihren Fokus verloren. Sobald sie ihren positiven Fokus wiedergewinnen, erkennen sie, dass sie eine größere Arbeitsbelastung bewältigen, intelligenter arbeiten und mehr erledigen. All das verdanken sie den täglichen kleinen Verbesserungen, die sie bereits vollzogen haben.

Steigern Sie Ihre Motivation und nehmen Sie Fahrt auf

Sir Isaac Newtons erstes Bewegungsgesetz besagt: »Jeder Körper verharrt im Zustand der Ruhe oder gleichförmig geradliniger Bewegung, solange keine Kraft auf ihn wirkt.« Sobald Menschen damit beginnen, persönliche Veränderungen vorzunehmen, um ihre Energie, Resilienz, mentale Performance und Kapazitäten zu erhöhen, ist es wichtig, die Motivation am Laufen zu halten und Dynamik zu erzeugen. Nachfolgend einige Beispiele für Strategien, die unsere Kunden erfolgreich zu diesem Zweck eingesetzt haben.

Diese Liste ist nicht umfassend, Sie müssen sich also nicht auf diese Anregungen beschränken. Erstellen Sie Ihre eigene Liste an persönlichen Strategien, weil jeder Mensch anders ist und nur Sie bestimmen können, was für Sie effektiv ist.

Knüpfen Sie soziale Netzwerke. Veränderung ist ansteckend, und der Aufbau eines sozialen Netzwerks an Menschen, die den gleichen Prozess durchlaufen, kann bei der Aufrechterhaltung der Motivation gute Hilfe leisten.

Entwickeln Sie eine Erinnerungsstütze. Ein Wort, einen Gegenstand, ein Lied, ein Foto oder irgendeine andere Sache, die Sie sofort an die vorgenommenen Veränderungen erinnert, kann ein wirksames Instrument sein, Ihrer Entschlossenheit zur Veränderung wieder auf die Sprünge zu helfen.

Verwenden Sie Rituale. Alles, was Sie regelmäßig und konsequent tun, programmiert das Gehirn neu und entfaltet große Wirkung. Rituale wie das erste Glas Wasser am Morgen, die morgendliche Durchführung der Daily-Prep-Übungen, vor Meetings Mental Imagery zu betreiben oder nach jedem Telefonat einige rhythmische Atemzüge zu machen können Ihnen dabei helfen, Kurs zu halten.

Senden Sie sich selbst Erinnerungen. Im Laufe des Lebens brauchen Sie manchmal eine Erinnerung an die Dinge, die Sie erreichen wollen. Erinnerungen an Team-Meetings, die Aktivierung der Alarmfunktion in Ihrem Telefon, um Sie an Ihre Pause zu erinnern oder Ihre Assistentin zu bitten, Sie daran zu erinnern, dass Sie High-Performance-Snacks in Ihrem Reisegepäck mitnehmen, können ausgezeichnete Methoden sein, um auf Kurs zu bleiben.

Nehmen Sie die Herausforderung an. So, wie einige Menschen soziale Netzwerke lieben, lieben andere die Herausforderung. An sich selbst, Ihr Support-System oder Ihre Teammitglieder Herausforderungen zu stellen kann eine produktive Art und Weise sein, dafür zu sorgen, dass Sie konstant High Performance erbringen. Eine Anmerkung dazu: Herausforderungen, die Anstrengung und Aktion beinhalten (zum Beispiel drei Tage hintereinander konsequent Ihre Daily-Prep-Übungen zu machen), sind üblicherweise wirksamer als Herausforderungen, die auf Ergebnisse fokussieren (zum Beispiel ein bestimmtes Lauftempo oder eine bestimmte Gewichtsabnahme).

Der Tignum Benefit Attainment Process

Um Ihnen dabei zu helfen, den Übergang vom Wissen zum Tun zu vollziehen, haben wir einen Prozess entwickelt, der Sie systematisch darin unterstützt, Ihre ganz persönliche Innovation zu erreichen.

An diesem Punkt haben Sie vielleicht bereits mehrere Veränderungen identifiziert, die Sie gerne vornehmen würden. Überlegen Sie sich Folgendes:

Mit welchen drei Handlungen können Sie morgen beginnen?

Worin bestehen die Nutzen dieser kleinen Veränderungen?

Wie werden Sie Ihren Erfolg messen?

Kapitel 17
Von persönlicher High Performance zur Team High Performance

»Wenn du schnell gehen willst, geh alleine. Willst du weit kommen, geh mit anderen zusammen.«
Afrikanisches Sprichwort

John Chambers, CEO von Cisco, gilt als vorbildlich, was den Einsatz von Teamarbeit mit dem Ziel der Steigerung der Produktivität, Effizienz und Profitabilität angeht. In einem Artikel, der 2008 im Magazin *Fast Company* erschien und den Titel »How Cisco's CEO John Chambers is Turning the Tech Giant Socialist« trug, erklärt die Autorin Ellen McGirt, Chambers' Ziel sei es, »... die Führung und Entscheidungsfindung im Unternehmen breiter zu streuen, als es jemals irgendein Großunternehmen versucht hat, und zwar auf Arbeitsgruppen, denen derzeit 500 Führungskräfte angehören. Dieser Schritt, so Chambers, reflektiere eine neue Philosophie darüber, wie Unternehmen in einer vernetzten Welt am besten arbeiten können.«

Chambers nimmt diese Veränderung vor, weil er weiß, dass dies der einzige Weg ist, um in unserer dynamischen Web-2.0-Welt schnell auf Kundenbedürfnisse reagieren zu können. Wir befinden uns in einer Welt im Wandel, die von Telekonferenzen, Webmeetings, Blogs, Vlogs (Video-Blogs) und sozialen Netzwerken bestimmt ist.

Einigen mag diese Online-Zusammenarbeit als chaotische Welt erscheinen. Für andere ist sie eine Welt voller Chancen und Möglichkeiten. Wenn Zusammenarbeit zur Norm wird, werden Effektivität und Effizienz des Teams davon abhängen, dass jedes Teammitglied seinen Beitrag leistet. Sie werden von einem hohen Maß an Vertrauen und dem Bekenntnis jedes Mitarbeiters zur High Performance abhängen. Dieses Bekenntnis wird einen Teamansatz zur Entwicklung und Pflege von Performance Mindset, Performance Nutrition, Performance Movement und Performance Recovery Habits erfordern.

In Unternehmen ist alles auf High-Performance-Teams aufgebaut. Das kann ein Finanzteam, ein Führungsteam, ein Projektteam oder sogar ein Krisenstab sein. In den vorhergehenden Kapiteln haben wir über die Bedeutung der Fähigkeit von Führungskräften gesprochen, zunächst sich selbst mit Energie aufzuladen, damit sie anschließend den Menschen in ihrer Umgebung Energie vermitteln können. Die Bildung von Teams mit der Energie, dem Fokus, der Resilienz und den Kapazitäten, derer es bedarf, um ihre Schlachten zu gewinnen, darf nicht dem Zufall überlassen werden. Wie persönliche Sustainable High Performance sind Team High Performance und Organizational High Performance eine Entscheidung, die gefällt werden muss.

Wenn Sie sich in Ihrer Organisation umsehen, können Sie mit Sicherheit Teams ausmachen, die Sinker sind, Teams, die einigermaßen floaten und die äußerst raren High Performance Teams entdecken, die zu den Swimmern zählen. Stellen Sie sich vor, Sie seien Teil eines Teams, in dem jeder Einzelne ein High Performance Mindset hat, durch seine Ernährung über ein hochleistungsfähiges Gehirn verfügt, aufgrund regelmäßiger Bewegung energiegeladen und beschwerdefrei und dank konsequenter Recovery Habits vollkommen ausgeruht und regeneriert ist.

Wie würden Ihre Meetings mit einem solchen High Performance Team verlaufen?

Wie würden Sie sich während und nach solchen Meetings fühlen?

Team Performance Mindset

Ist ein Mindset ansteckend? Diese Frage stellen wir unseren Kunden immer. Die erste Reaktion ist interessant, weil sie uns ansehen, als wollten wir sie mit einem Virus anstecken. Nach einigem Nachdenken ist die Antwort jedoch immer ein nachdrückliches »Ja«. Es gibt zahlreiche Geschichten, wie Michael Jordan die Chicago Bulls mit seiner positiven Haltung und seinem unerschütterlichen Einsatz für Spitzenleistung umgekrempelt hat. Auf ähnliche Weise erzählt Clive Woodward in seiner Autobiografie *Winning! The Story of England's Rise to Rugby World Cup Glory*, wie er Englands Rugby-

Nationalteam Mindset-Strategien einimpfte, mit dem Ergebnis, dass die Mannschaft im Jahr 2003 die Weltmeisterschaft gewann.

Anne Mulcahy, CEO von Xerox und eine der einflussreichsten Führungspersönlichkeiten Amerikas, liefert eines der besten Beispiele dafür, wie ansteckend ein Mindset sein kann. Nachdem sie inmitten einer großen Finanzkrise das Steuer des Konzerns übernommen hatte, gelang ihr ein legendärer Turnaround, indem sie sowohl die Kundenbasis als auch die Unternehmenskultur mit ihrem Optimismus, Pragmatismus und ihrer Leidenschaft für Xerox mitreißen konnte. Ihr Mindset trug dazu bei, das Unternehmen zu transformieren, und ihr konsequenter Fokus auf die Kundenbedürfnisse anstatt auf Financial Engineering ist ein herausragendes Beispiel für Innovation, das in vielen Business Schools verwendet wird.

Ob es sich um eine Sportmannschaft, ein Projektteam, ein Führungsteam oder irgendeine andere Form von Team handelt, die meisten Menschen glauben, dass ein Mindset ansteckend ist. Wenn ein Teammitglied, insbesondere der Leiter, vor Selbstvertrauen und Optimismus strotzt oder auch nur eine positive Haltung einnimmt, hat dies eine positive Auswirkung auf alle Teammitglieder. Ist ein Teammitglied dagegen pessimistisch, problemorientiert (anstatt lösungsorientiert), gereizt und negativ, steht die Negativwirkung auf das gesamte Team außer Zweifel.

Wie ist das Mindset Ihres Teams beschaffen?

Verbessert oder verschlechtert Ihr persönliches Mindset das Mindset Ihres Teams?

Was könnten Sie persönlich tun, um das Mindset des Teams zu verbessern?

In Diskussionen mit unseren Kunden bitten wir diese immer um eine Aussage, wie sie die Tignum-Mindset-Strategien in ihrem Team und ihrer Organisation umsetzen würden. Nachfolgend einige Lösungen, die zur Entwicklung eines Team Performance Mindsets beziehungsweise eines Organizational Performance Mindset genannt wurden:

_Erstellen Sie eine Beschreibung des Team Mindsets, das Sie anstreben.
_Fordern Sie sich gegenseitig dazu heraus (konstruktiv und unterstützend), Haltungen und Handlungen zu eliminieren, die das Team Mindset beeinträchtigen.
_Feuern sie sich gegenseitig an, sich mental auf Must-win-Events vorzubereiten.
_Tauschen Sie sich durch hilfreiches und häufiges Feedback aus, um allen Teammitgliedern den Optimierungsprozess zu erleichtern.
_Machen Sie in Ihren Team-Meetings die Büroklammer-Übung, um alle dazu anzuspornen, negative Low-Performance-Gedanken in positive High-Performance-Gedanken zu »reframen«.
_Überprüfen Sie Ihre vergangenen Performances und fokussieren Sie sich auf die Dinge, die Sie gut gemacht haben, damit Sie sie in Zukunft wiederholen können.

Wie können Sie einige dieser Mindset-Strategien in Ihr Team integrieren?

Wie können Sie einige dieser Mindset-Strategien in Ihre Organisation integrieren?

Team Performance Nutrition

Wie Sie aus den vorhergehenden Ernährungskapiteln gelernt haben, übt Ihre Ernährung erheblichen Einfluss auf Ihre Energie, Ihre Resilienz, Ihre mentale Performance und Ihre Kapazitäten aus. Vor allem ist Ihnen klar, dass das, was Sie essen, direkte Auswirkungen auf Ihre Performance und die Performance Ihres Teams hat. Überlegen Sie sich vor diesem Hintergrund Folgendes:

Wer erstellt den Küchenzettel für Ihre Meetings?

Wer bestimmt, welche Snacks in den Snack-Automaten oder in der Büroküche angeboten werden?

Können Sie mit Ihrer Kantine über ein verbessertes Essensangebot verhandeln?

Bieten Sie in Ihren Meetings auch Wasser an oder nur Hydrierungsräuber?

In den Diskussionen mit unseren Kunden bitten wir stets um Aussagen, wie sie die Ernährungsstrategien von Tignum in ihren Teams und ihrer Organisation umsetzen würden. Nachfolgend einige Lösungen, die zur Entwicklung eines Team-Performance-Nutrition- beziehungsweise eines Organizational-Performance-Nutrition-Ansatzes genannt wurden:

_Bieten Sie High-Performance-Snacks in Snack-Automaten und Büroküchen an.
_Stellen Sie allen Teammitgliedern Ein-Liter-Flaschen Wasser zur Verfügung und ermuntern Sie sie, morgens und nachmittags je eine Flasche zu trinken.
_Bieten Sie High-Performance-Snacks wie Nüsse, getrocknete Früchte, frisches Obst, Joghurt und Energieriegel zur positiven Unterstützung der Hirnleistung an.
_Planen Sie Verpflegung für alle Meetings, ob Wochenbesprechungen, Brainstorming, auswärtige Meetings oder Strategiekonferenzen.
_Klären Sie Ihre Mitarbeiter über die High-Performance-Anforderungen für Meetings auf.
_Erstellen Sie eine Liste der Lieferanten, die die High-Performance-Empfehlungen von Tignum beim Meeting- und Veranstaltungs-Catering befolgen.
_Wählen Sie Restaurants für Business Dinners und Team-Meetings, die auch High-Performance-Menüs anbieten.

Wie können Sie einige dieser Ernährungsstrategien in Ihr Team integrieren?

Wie können Sie einige dieser Ernährungsstrategien in Ihre Organisation integrieren?

Team Performance Movement

Es ist verblüffend, wie wenig sich Menschen im Verlauf des Tages bewegen. Sie fahren für ein Stockwerk mit dem Aufzug oder – noch häufiger – senden Kollegen eine E-Mail oder Instant Message, anstatt aufzustehen und über den Flur oder in die nächste Etage zu gehen und persönlich mit ihnen zu sprechen. Leider sind die Treppenhäuser in vielen Unternehmen kalt, dunkel und schwer zu finden (das gilt selbst für den Notfall).

Das mag zwar eine Ausrede sein, um den Aufzug zu nehmen, aber für einen angehenden Swimmer ist das sicher nicht die beste Entscheidung.

Wenn Sie jeden Tag drei Stockwerke Treppen laufen würden (anstatt mit dem Aufzug zu fahren), würden sie ungefähr 5000 Wattstunden an Strom pro Jahr sparen. Das klingt nicht nach einer Riesenersparnis, aber multiplizieren Sie das mit der Zahl der Mitarbeiter in Ihrem Unternehmen und der Zahl der Hochhäuser in Ihrer Stadt. Und schon sieht das ganz anders aus.

Darüber hinaus verbrennt der Durchschnittsbürger rund zehn Kalorien pro Minute Treppensteigen. Wenn Sie von einem Minimum von zehn Minuten pro Arbeitstag ausgehen, heißt das 500 zusätzliche Kalorien pro Woche. Das macht circa 24 000 Kalorien pro Jahr und entspricht ungefähr 3,18 Kilo an Gewichtsabnahme pro Jahr.

In der Mayo Clinic führte der Endokrinologe James Levine, MD, PhD, im Jahr 2007 eine Studie durch, um die Auswirkungen der Entfernung von Stühlen und traditionellen Sitzgruppen zu untersuchen – mit dem Ziel, das Gehen zu fördern. Es wurden »Gehspuren« installiert und mit strategisch platzierten Smartboards (interaktiven Tafeln) ausgerüstet, um Aufzeichnungen festzuhalten. Außerdem wurden die Schreibtische mit Laufbändern ausgestattet und damit »laufende Arbeitsplätze« (walking workstations) geschaffen.

Im Laufe der sechsmonatigen Studie verloren die Teilnehmer im Schnitt fast 4,1 Kilo Gewicht. »Eine weitere zentrale Erkenntnis war, dass es aufgrund der neuen Umgebung keine Produktivitätsverluste zu verzeichnen gab. Im Gegenteil, der Umsatz erhöhte sich sogar – Unternehmensvorständen zufolge – während der ersten drei Monate der Studie um fast zehn Prozent; im Januar 2008 – dem Mittelpunkt der Studie – verzeichnete das Unternehmen den höchsten Monatsumsatz seit Bestehen.«

Stellen Sie sich vor, Sie würden jeden Morgen und jeden Nachmittag eine fünfminütige Pause einlegen, um Treppen zu steigen. So viel zu Win-win-Lösungen, von denen alle profitieren. Und wenn Ihr gesamtes Team daran teilnehmen würde? So viel zum Energiesparen! Dazu ein geflügeltes Wort von Tignum: Wenn Sie bereits oben sind, wozu noch den Aufzug nehmen?

In unseren Diskussionen bitten wir unsere Kunden um Aussagen, wie sie die Bewegungsstrategien von Tignum in ihren Teams und ihrer Organisation umsetzen würden. Nachfolgend einige Lösungen, die zur Entwicklung eines Team-Performance-Movement- beziehungsweise eines Organizational-Performance-Movement-Ansatzes genannt wurden:

_Ermuntern Sie Ihre Mitarbeiter, so oft wie möglich die Treppe (und nicht den Aufzug) zu benutzen.
_Nutzen Sie das Treppenhaus und machen Sie daraus einen anregenden Ort, den man gerne aufsucht.
_Regen Sie Standing Meetings an.
_Organisieren Sie Walking Meetings, bei denen Sie umhergehen, statt zu sitzen. (Das löst ganz nebenbei auch das Problem endloser Besprechungen.)
_Sorgen Sie dafür, dass sich das Team mit einer zweiminütigen Gruppen-Bewegungspause auf Meetings vorbereitet. Sie können diese Übung nach jeder Pause wiederholen.
_Etablieren Sie tägliche Zeiten für morgendliche Daily-Prep-Übungen.

Wie können Sie einige dieser Bewegungsstrategien in Ihr Team integrieren?

Wie können Sie einige dieser Bewegungsstrategien in Ihre Organisation integrieren?

Team Performance Recovery

Im Radrennsport bilden die führenden Fahrer ein Peloton (Hauptfeld) – als Gruppe, die sich ganz eng zusammen hält und von der Masse der Fahrer absetzt. Das tun diese Sportler nicht, weil sie sich so gern haben oder mal eine soziale Auszeit brauchen, sondern um sich effizienter von der großen Gruppe der Verfolger zu lösen. Wenn sie in ihrem gegenseitigen Windschatten fahren, ist die gesamte Gruppe schneller. Dabei übernimmt jeder Fahrer für eine kurze Strecke die Spitzenposition und lässt sich dann wieder zurückfallen, um von den anderen mitgezogen zu werden.

Warum schließen sie sich zusammen?

Schlichtweg, weil sie das gemeinsame Ziel verfolgen, eine möglichst große Distanz zwischen sich und den Rest der Gruppe zu legen. Klingt nach einem Deal, oder? Funktioniert es? Berichten zufolge kann die Verringerung des Luftwiderstands dramatisch sein: »... in der Mitte einer gut entwickelten Gruppe kann sie bis zu 40 Prozent betragen.« Im Windschatten zu fahren spart immens viel Energie, hat aber auch eine erhebliche Auswirkung auf die gesamte Produktivität und das Tempo der Gruppe. Ein hervorragendes Beispiel für smartes statt hartes Arbeiten!

Hart zu arbeiten würde in diesem Fall bedeuten, dass jeder Fahrer während des gesamten Rennens bei maximaler Kraftanstrengung so schnell fährt, wie er irgend kann. Oberflächlich betrachtet klingt das logisch, aber wer über die physischen Anforderungen des Radrennsports Bescheid weiß, weiß auch, dass dies rasch zur Erschöpfung und letztendlich zum Zusammenbruch der Fahrer führen würde.

Und doch passiert genau das jeden Tag in Unternehmen auf der ganzen Welt. Anstatt die Arbeitsanforderungen strategisch zu verlagern, um jedem Teammitglied die Gelegenheit zur regenerierenden Oszillation zu geben, betrachten die meisten Unternehmen dies als Zeichen der Schwäche und ziehen es vor, dass hochkompetente Teammitglieder zu Burn-out-Opfern werden.

Sie arbeiten hart statt smart.

Wie können Sie das Konzept des Windschattens einsetzen, um Ihr Team frisch und aktiv zu halten und seine Produktivität zu steigern?

Worin besteht der Nutzen einer strategischen Oszillation Ihrer Teammitglieder für das Team und die Organisation?

In den Diskussionen mit unseren Kunden bitten wir um deren Aussage, wie sie die Regenerationsstrategien von Tignum in ihren Teams und ihrer Organisation umsetzen würden. Nachfolgend einige Lösungen, die zur Entwicklung eines Team-Performance-Movement- beziehungsweise eines Organizational-Performance-Recovery-Ansatzes genannt wurden:

_Planen Sie Meetings so, dass sie 15 Minuten vor der vollen Stunde enden, anstatt sie für eine ganze Stunde anzusetzen. Das bietet Ihnen ein wenig Zeit, um sich von einem Meeting zu erholen und sich auf das nächste vorzubereiten.
_Planen Sie bei langen Meetings alle 90 Minuten eine kurze Pause ein.
_Richten Sie auf jeder Etage einen Pausenraum mit schalldichten Kopfhörern, einer Matte für Power Naps oder Dehnübungen, einem Physioball für Performance Movement Übungen und vielleicht einen Wasserspender und einen Bereich mit strategischen Snacks ein.
_Ermutigen Sie Ihr Team zu gemeinsamen Regenerationspausen. Viele Teams berichten, dass Raucher häufig Zigarettenpausen einlegen, Nichtraucher dagegen als faul gelten, wenn sie nach draußen gehen, um sich ein paar Minuten die Füße zu vertreten. Nennen Sie diese Pausen stattdessen Regenerationspausen und ermutigen Sie Ihr Team, diese zu nutzen (selbstverständlich ohne zu rauchen). Wenn das Team diese Pausen gemeinsam macht, steigt die Akzeptanz.
_Ermutigen Sie Ihr Team zu Power Naps. Vielleicht müssen Sie sich ein schlaues Signal einfallen lassen, das andere dazu auffordert, ein Teammitglied, das einen 15-minütigen Power Nap macht, nicht aufzuwecken.
_Ernennen Sie sogenannte Recovery Buddies, die sich gegenseitig daran erinnern, regelmäßig Pausen zu machen.
_Ermutigen Sie Ihre Mitarbeiter dazu, abends und am Wochenende keine E-Mails zu versenden und zu bearbeiten, es sei denn, es handelt sich um einen Notfall.

Wie können Sie einige dieser Regenerationsstrategien in Ihr Team integrieren?

Wie können Sie einige dieser Regenerationsstrategien in Ihre Organisation integrieren?

Regenerationsraum statt Raucherzimmer

In einer jüngst geführten Diskussion mit einer Gruppe von Kunden stellten wir die Frage: Wie können Sie als Leiter Ihrer Organisation die Sustainable Performance Ihres Unternehmens oder zumindest Ihrer direkten Abteilung beeinflussen?
Diese Frage wurde in Kleingruppen diskutiert, die anschließend wieder zusammenkamen, um ihre Ideen und Gedanken vorzustellen. Während unserer Diskussion kamen folgende Fragen auf:
Warum stellen Unternehmen (zu erheblichen Kosten) ihren Mitarbeitern Raucherzimmer, aber keine Regenerationsräume zur Verfügung?
Warum ist es in Ordnung, wenn Mitarbeiter beliebig viele Zigarettenpausen einlegen, wenn dagegen jemand einen kurzen Spaziergang machen oder Power Nap halten will, wird dies als negativ eingestuft?
Warum bieten Unternehmen jede Menge kostenlose Süßigkeiten oder Eiscreme an, tun sich aber unendlich schwer, mehr als einen Apfel pro Woche zu offerieren?
Können Sie sich vorstellen, was passieren würde, wenn jeder Vorgesetzte ein Memo mit folgendem Inhalt aussenden würde: Wochenenden sind zur Regeneration da – keine E-Mails erlaubt.
Würden diese kleinen Veränderungen am Arbeitsplatz dazu beitragen, aus Mitarbeitern Sustainable High Performer zu machen?
Diese Fragen führten ausnahmslos zu weiteren Ideen und Dialogen, und auch wenn die Fragen nicht immer leicht zu beantworten waren, resultierte daraus doch folgender Denkanstoß: Wenn wir umdenken und ungewöhnliche Fragen stellen, werden wir schließlich auch Sustainable-High-Performance-relevante Antworten finden.

Tignum-Blog

Nehmen Sie Tignum mit ins Team-Boot

Einige Führungskräfte erkennen sofort die Notwendigkeit von Sustainable High Performance. Alan Johnson, ehemaliger Leiter Audit von Unilever, ist einer von ihnen. Kaum, dass Johnson mit unserer Arbeit auf dem Gebiet Sustainable High Performance vertraut gemacht worden war, war er überzeugt, dass Tignum für seine Teams ein strategisches Muss war. Schließlich ist das Audit eine der anspruchsvollsten und herausforderndsten Tätigkeiten innerhalb des Konzerns.

Bei einem Audit wird ein Team an einen bestimmten Standort entsandt, um die Verfahren und Praktiken dieser Geschäftseinheit zu überprüfen. Wie Sie sich vorstellen können, bricht nicht jeder Geschäftsbereichsleiter darüber in Jubel aus. Was die Sache noch schwieriger macht, ist der Umstand, dass das Audit-Team oft bis zu sechs Wochen vor Ort bleibt. Die Reiseanforderungen sind sehr hoch, die Arbeitsbelastung ist grenzenlos und die notwendige akribische Aufmerksamkeit für Details der helle Wahnsinn.

Als wir zum ersten Mal mit Johnson und seinem Team zusammentrafen, war der positive Einfluss, den das Mindset des Topmanagers auf sein Team hatte, deutlich zu spüren. Johnson demonstrierte, dass ihm die Team-Performance und die Vitalität jedes einzelnen Teammitglieds ein echtes Anliegen waren. Er betonte, für wie wichtig er es erachte, dass jeder Einzelne das von Tignum Gelernte im Beruf und privat umsetze. Und er unterstrich die Notwendigkeit, in jedem Lebensbereich ein High Performer zu sein, da niemand das bestmögliche Ich eines Menschen mehr verdient als seine Familie.

Unsere Philosophie bei Tignum ist es, sowohl im Job als auch im Privatleben dauerhaft hohe Leistungen abrufen zu können. Alan Johnson hat diese Philosophie verinnerlicht und lebt sie. Sein Bekenntnis zur Notwendigkeit von Sustainable High Performance war so groß, dass er versprach, jedes Mitglied der Audit-Teams von Unilever werde zur Entwicklung der besten persönlichen und Teamstrategien mit Tignum arbeiten. Nach seinen Worten »widmen diese Männer und Frauen für mehr als zwei Jahre ihr Leben dem Konzern. Sie packen ihre Sachen und gehen dorthin, wo sie gerade hinbeordert werden. Ihre Arbeitstage sind lang und sie leisten großartige Arbeit. Dieser Job fordert einen hohen Tribut von allen, und ich weiß, dass sich die Investition, jeden Einzelnen das Tignum-Programm absolvieren zu lassen, voll auszahlen wird.«

In den vergangenen Jahren hat Tignum jedes Mitglied des Audit-Teams von Unilever geschult. In unserer Arbeit haben wir die Teams aufgefordert, ihre Performance-Mindset-, Performance-Nutrition-, Performance-Movement- und Performance-Recovery-Strategien als Gruppe umzusetzen, um den Unterschied zu erleben, den eine Herangehensweise als Team ausmacht.

Machen Sie Einfaches wahnsinnig gut

Am Ende des Audits erhielt Tignum folgende E-Mail:

> *Hi Scott,*
> *Ich bin gerade aus meinem Urlaub nach dem Audit in Vietnam zurückgekommen. Zum ersten Mal habe ich ein Audit erlebt, bei dem das gesamte Team die Tignum-Strategien uneingeschränkt umgesetzt hat. Zu Beginn erklärten sich die Teammitglieder bereit, als Champions für jede Tignum-Säule zu fungieren (Mindset, Ernährung, Bewegung und Regeneration). Wir hielten tägliche Bewegungssessions ab, richteten eine Ecke für Power Naps ein, verzehrten nährstoffreiche Snacks etc., und alle diese Strategien wurden während des gesamten Audits beibehalten. Das hat gut funktioniert und für ein positives und effektives Team gesorgt. Nach meiner Ansicht hatte das Tignum-Programm eine Wirkung, die unsere Erwartungen weit übertraf, indem es unseren Stresspegel senkte und uns effizienter machte.*
> *Ansonsten gibt es nichts Neues zu berichten, aber es ist klar, dass die Umsetzung dieser Strategien Einfluss sowohl auf unsere individuellen als auch unsere Teamfähigkeiten hat. Eine motivierte Person im Team zu haben ist eine tolle Sache, aber wenn alle Teammitglieder aus vollen Rohren feuern, ist das ein himmelweiter Unterschied.*
> *Viele Grüße, RC*

Das ist ein reales Beispiel dafür, wie ein Team Performance-Mindset-, Performance-Nutrition-, Performance-Movement- und Performance-Recovery-Strategien eingesetzt hat, um die Produktivität der gesamten Gruppe zu steigern. Ihre Teams setzen die Strategien möglicherweise auf andere Weise um, die aufgrund der Teambeschaffenheit, ihres Fachwissens und der Natur der zu bewältigenden Hausforderungen für sie relevanter ist. Der Punkt ist jedoch, dass Sie die Bedeutung und die Vorteile der Herangehensweise als Team verstehen, die die Performance und die Nachhaltigkeit jedes einzelnen Teammitglieds und der Gruppe als Ganzes verbessert.

Wie kann Ihr Team konsequent Performance-Mindset-, Performance-Nutrition-, Performance-Movement- und Performance-Recovery-Strategien umsetzen, um sich zu einem High-Performance-Team zu entwickeln?

Kapitel 18
Ihre Organisation – Sinker, Floater oder Swimmer?

»Es ist weder der Stärkste noch der Intelligenteste einer Spezies, der überlebt, sondern derjenige, der sich Veränderungen am besten anpassen kann.«

Charles Darwin, englischer Naturforscher

Häufig wird angenommen, Führungspersönlichkeiten könnten ihre Teams allein durch Charisma aktivieren. Das jedoch ist ein Trugschluss und genauso verkehrt wie der Gedanke, man könnte mit biologisch erzeugten Samen, aber schlechter Erde einen blühenden Garten anlegen. Die Wahrheit ist, dass eine High-Performance-Organisation nur durch die Entwicklung einer High-Performance-Kultur gedeihen kann.

Wie zuvor erwähnt, besteht die weitverbreitete Fehlannahme, ein voller Akku reiche aus, um High Performance erbringen zu können. Das Problem ist, dass wir jeden Tag mit Bergen von Geschehnissen zu kämpfen haben, die unseren Akku ganz schnell entleeren können. Und nichts eignet sich dazu besser als eine Low-Performance- oder sinkende Unternehmenskultur.

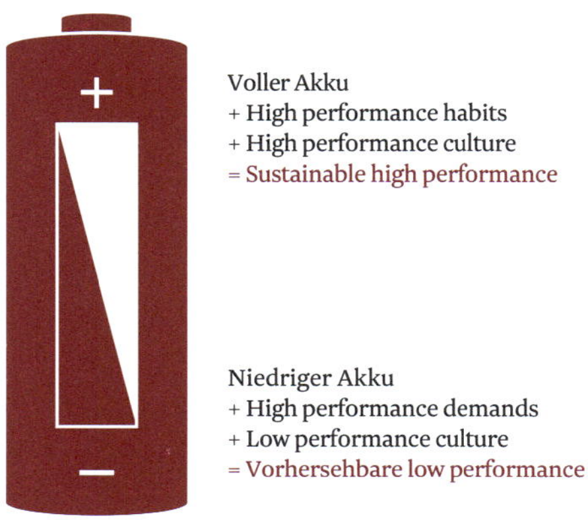

Die meisten Unternehmen stellen ihre Kultur in ihrem Mission Statement dar, in internen Schulungsunterlagen oder Pressemeldungen. Leider weicht die Realität oft von der theoretischen Unternehmenskultur ab. Die wahre Kultur ist die, in der sich jeder Mitarbeiter bewegt, die er jeden Tag zu spüren bekommt und von der er weiß, dass sie ihn umgibt. Die wahre Unternehmenskultur führt oft ein eher unbemerktes Dasein, hat jedoch definitiv eine große Wirkung auf die Performance der Mitarbeiter und des Unternehmens als Ganzes.

Eines der renommiertesten Ernährungs-, Gesundheits- und Wellness-Unternehmen der Welt residiert in einem wunderschönen Glasgebäude am Ufer des Genfer Sees. Die Architektur ist fantastisch und der Anblick dieses Gebäudes atemberaubend. Wenn man sich nähert, kann man durch den Eingangsbereich hindurchblicken und einen üppigen, farbenprächtigen Garten und den schimmernden See dahinter erkennen.

Während eines Meetings machten wir dort eine interessante Beobachtung. Nach fast zwei Stunden hatten wir noch keine einzige Person in dem Garten gesehen. Niemand machte dort einen kleinen Spaziergang, führte eine Unterhaltung oder ging wenigstens zum Rauchen in den Garten. Neugierig geworden durch dieses befremdliche Phänomen, fragten wir unseren Meeting-Partner, warum kein Mitarbeiter diese inspirierende natürliche Umgebung nutzte.

»Sind Sie verrückt?«, antwortete er. »Wir arbeiten in einem vollkommen transparenten Glaspalast. Wenn draußen Mitarbeiter herumspazieren, fragt sich jeder, warum sie nicht arbeiten. Jeder würde denken, sie hätten nicht genug zu tun.«

Bei seinen eigenen Worten begann er zu lachen und fügte hinzu: »Ich nehme an, nachdem Sie Ihr Tignum-Konzept vorgestellt haben, muss Ihnen diese Einstellung ziemlich seltsam vorkommen.«

Wir stimmten in sein Lachen ein und sagten ihm, dies sei ein weitverbreitetes Problem in Unternehmen. Schließlich ist ein kurzer Spaziergang unter freiem Himmel eine effektive Methode, einen klaren Kopf zu bekommen, sich die Beine zu vertreten, sich vom

Arbeitsstress zu erholen und die eigene Performance zu steigern. Dennoch weigerten sich Unternehmen, viele dieser von uns vorgestellten einfachen High-Performance-Strategien zu unterstützen oder ihre Mitarbeiter zu ermutigen, diese anzuwenden.

Was würden Sie denken, wenn jemand in Ihrem Büro eine Bewegungspause einlegen würde?

Welche Einstellung pflegt Ihre Unternehmenskultur gegenüber Mitarbeitern, die Regenerationspausen und Oszillierungsstrategien wie Power Naps oder Atemübungen durchführen?

Ist die Verpflegung bei Ihren Veranstaltungen/Meetings strategisch so ausgewählt, dass sie die Performance der Teilnehmer steigert, oder wird sie aufgrund von Preiskriterien oder leichter Beschaffbarkeit ausgesucht?

Welche Haltung pflegt Ihre Unternehmenskultur gegenüber negativem Gerede, Gerüchten, aufgebauschten Storys oder Schlechtmacherei?

Sich der eigenen individuellen Neigungen und der Überzeugungen Ihres Unternehmens bewusst zu sein, ist der erste Schritt zur Veränderung der Unternehmenskultur. Und der nächste Schritt ist, das Wissen in Handeln umzusetzen.

Was hindert Organisationen am Handeln?

In unserer Zusammenarbeit mit Unternehmen weltweit erleben wir geradezu ein Bombardement an positiven Reaktionen hinsichtlich des Bedarfs an Strategien für Sustainable High Performance in Unternehmen. Führungskräfte überschütten uns mit Geschichten über leitende Mitarbeiter in ihren Organisationen, die im Sinken begriffen sind. Schlimmer noch: Sie sehen auch die negativen Veränderungen, im Laufe derer mehr und mehr Führungskräfte große Mühe haben, sich grade noch über Wasser zu halten. Trotz dieser Erfahrungen und Sorgen treffen wir bei Führungskräften noch immer auf Widerstand, aktiv zu werden und etwas dagegen zu unternehmen. Dieser Widerstand ist nicht rational nachvollziehbar, sondern eher gewohnheitsmäßig – ein Reflex, der aus der natürlichen Verteidigung des Status quo resultiert und grundsätzlich jede neue Idee, jede Veränderung und jedes neue Programm ablehnt.

Was hält Sie davon ab, Ihre Denkweise über Sustainable High Performance zu ändern?

Woher stammt Ihr Widerstand?

In Zusammenhang mit diesem Widerstand haben sich einige Trends herauskristallisiert, die wir in fünf grundlegende Kategorien unterteilt haben:

_Shareholder-Value-Hürde
_»Schwierige Zeiten«-Hürde
_Incentive-Hürde
_ROI-Hürde
_Wahrnehmungs-Hürde

Die Shareholder-Value-Hürde

Dies ist wahrscheinlich die am schwersten zu überwindende Hürde, weil die treibenden Kräfte dahinter nicht immer rational sind. So wie die Aktienkurse von den Emotionen des Markts beeinflusst werden, stehen Führungskräfte ständig unter dem Druck, den Shareholder-Value zu steigern. Das gängige Mantra lautet: Gewinn steigern, Kosten senken, eine überzeugende Erfolgsstory entwickeln, und das alles möglichst gestern. Selbst wenn Unternehmen die Gewinnprognosen erfüllen, gibt es keine Garantie, dass die Aktionäre positiv darauf reagieren. Diese irrationale und bisweilen unberechenbare Beziehung kann einen CEO und seinen Vorstand in den Wahnsinn treiben. Diese Konfusion kann zu Entscheidungen führen, die den unmittelbaren Stress erhöhen, nur um kurzfristige Gewinne zulasten einer langfristigen Sustainable High Performance zu erzielen.

Wir sind davon überzeugt, dass die Tignum-Strategien Aktionären nicht nur die besten Chancen auf kurzfristigen, sondern auch die einzige Chance auf nachhaltigen Erfolg bieten. Dafür brauchen Unternehmen produktivere Teams und eine produktivere Belegschaft. Die Steigerung des Shareholder-Values sollte auch eine verbesserte Produktivität in allen Unternehmensbereichen – von der Forschung und Entwicklung bis zur Produktion, zu Marketing und Verkauf – beinhalten. Produktivitätssteigerung erfordert Energie, Engagement, Kreativität, perzeptives Denken, Konzentration, Innovation, Resilienz und Kapazität. Jedoch nur wenige Unternehmen investieren strategisch in diese Qualitäten oder entwickeln diese innerhalb ihrer Führungskader, ihrer Unternehmenskultur und ihrer Belegschaft.

Im Rahmen unserer Arbeit lautet ein immer wiederkehrendes Thema bei unseren Kunden, dass das Leben in den meisten Großunternehmen psychisch belastend, ja geradezu toxisch ist. Oft finden sich Führungskräfte in No-win-Situationen wieder, indem sie versuchen, mit weniger mehr zu erzielen, und damit ins Leere laufen.

Das ist der Grund, warum die Kurzschlussreaktion, in schwierigen Zeiten als Erstes die Programme zur Mitarbeiterentwicklung zu kürzen, alles andere als sinnvoll ist. Wie C. K. Prahalad in unserem zuvor erwähnten Interview sagte: »Das spiegelt extrem kurzfristiges Denken wider und ist geschäftlicher Selbstmord.« Bernhard Lobmüller, IBM-Führungskraft im Ruhestand, stimmt dem zu: »Sustainable-High-Performance-Programme sollten der vorletzte Budgetposten sein, der gekürzt wird. Der letzte ist das Toilettenpapier.«

Die gute Nachricht ist, dass Risikokapitalgeber und Marktanalysten beginnen, sich nach der Sustainable High Performance von Führungskräften eines Unternehmens zu erkundigen. Einige Unternehmen entwickeln sogar langfristige Bonusstrukturen für CEOs, die die Bewertung der langfristigen Konsequenzen ihrer Strategien und Programme vorschreiben. Das wird CEOs und Vorstände hoffentlich zu der Erkenntnis veranlassen, dass Investitionen in die Energie, Resilienz, mentale Performance und Kapazitäten ihrer Führungskräfte (und Belegschaft) der einzige Weg zur Steigerung des kurz- und langfristigen Shareholder-Values sind.

Die »Schwierige Zeiten«-Hürde

Diese Hürde kommt besonders in schweren Zeiten zum Tragen, ist jedoch immer eine beliebte Ausrede, ganz gleich in welchem Wirtschaftsklima. Unternehmen erleben ständig schwierige Zeiten. Schwierige Zeiten, weil die Treibstoffpreise hoch sind, schwierige Zeiten, weil das Unternehmen mitten in einer Restrukturierung oder Umrüstungsphase steckt, oder schwierige Zeiten, weil gerade ein neuer CEO das Ruder übernommen hat und alles umkrempelt.

Wenn wir mit Führungskräften eines Unternehmens über die Notwendigkeit von Sustainable High Performance diskutieren, ziehen diese irgendwann unweigerlich die Schwierige-Zeiten-Karte. Jetzt ist wirklich nicht der richtige Zeitpunkt, um diese Option zu diskutieren, sagen sie, weil wir uns in sehr schwierigen Zeiten befinden. Das Problem ist, dass genau *jetzt* der richtige Zeitpunkt für die Erörterung von Sustainable High Performance ist, denn wenn Sie dieses Thema jetzt nicht angehen, werden die Zeiten in Zukunft noch schwieriger.

Denken Sie über folgendes Beispiel nach, wenn Sie Ihre schweren Zeiten bewerten:

Wenn ein Gebäude brennt und Sie die Feuerwehr anrücken sehen, dann atmen Sie erleichtert auf, weil Sie wissen, dass Hilfe naht. Doch was ist, wenn der Löschzug unterbesetzt ist, die Feuerwehrleute schlecht ausgebildet, körperlich erschöpft, geistig unvorbereitet oder einfach völlig ausgebrannt sind?

Nur weil Sie einen Löschzug anrücken sehen, heißt das noch lange nicht, dass die Menschen in dem brennenden Gebäude gerettet werden oder dass das Feuer auf effektivste und produktivste Weise gelöscht wird. Sicher, irgendwann erlischt jedes Feuer. Bis dahin brennt manche Feuersbrunst aber vier Häuserblöcke nieder, setzt giftige Chemikalien frei und tötet viele Menschen.

Auch für Unternehmen gilt, dass jedes Feuer irgendwann von alleine ausgeht. Wir fragen Sie jedoch: zu welchem Preis? Wenn man schwierige Zeiten überstehen und schwimmen will (High Performance und Profitabilität) statt unterzugehen, setzt das voraus, dass die Menschen, die das Feuer löschen sollen, High Performer sind. Das heißt, Sie müssen in eine solide Grundlage investieren, um deren Energie, Resilienz, mentale Performance und Kapazitäten aufzubauen.

Im Rahmen unserer Untersuchungen sind wir zu der Einschätzung gelangt, dass ungefähr 95 Prozent aller Führungskräfte derzeit entweder floaten (80 Prozent) oder untergehen (15 Prozent). Das bedeutet, sie leisten nicht das, was sie leisten könnten; sehr wahrscheinlich kosten sie ihr Unternehmen sogar Geld. Unseren Schätzungen zufolge betragen diese Kosten zwischen 27 000 und 45 000 Euro pro Person und Jahr, wobei diese Daten in »normalen« konjunkturellen Zeiten erhoben wurden. Das ist alarmierend, wenn man die Investitionen bedenkt, die ein Unternehmen in Form von Gehältern, Zusatzleistungen und Entwicklung in seine Führungskräfte steckt. Diese Zahlen bedeuten »schwierige Zeiten« für jedes Unternehmen, unabhängig von den konjunkturellen Rahmenbedingungen.

Die Incentive-Hürde

High Performer verdienen eine entsprechende Vergütung ihrer harten Arbeit und ihrer Beiträge zum Unternehmenserfolg. Hier kommen die Incentives ins Spiel, die viele Unternehmen bieten, um ihre Führungskräfte zur Erfüllung der finanziellen beziehungsweise der Performance-Ziele zu inspirieren. Großzügige Kurzreisen, hochkarätige Konferenzen oder sogar Teamaufenthalte in luxuriösen Hotels sind keine Seltenheit. In guten Zeiten fielen die meisten dieser Incentive-Pakete nicht weiter auf und waren sozialverträglich. Die Zeiten haben sich jedoch geändert und die Öffentlichkeit (inklusive Aktionäre) nimmt diese Zuwendungen heute genau unter die Lupe. Doch wer bestimmt, was großzügig oder übertrieben, was ein Incentive und was zur Steigerung der Performance absolut notwendig ist?

In Ermangelung eindeutiger Kriterien nehmen viele Unternehmen den Alles-oder-nichts-Standpunkt ein. Eine kurzsichtige Entscheidung, die dem Unternehmen, den

Aktionären und in bestimmten Fällen der gesamten Wirtschaft gewaltige Kosten in Form vergebener Performance verursachen. Wenn viel auf dem Spiel steht und High Performance ein Muss ist, müssen Unternehmen in die High Performance ihrer Führungskräfte einzahlen. Diese Investitionen sind kein Incentive, sondern eine strategische Notwendigkeit.

Wie wir im Verlauf des Buches beschrieben haben, erkennen viele Topmanager, dass ihre Führungsteams aufgrund des übergroßen Drucks und fehlender Strategien für Sustainable High Performance definitiv zu Sinkern werden. Das Dilemma, so sagen sie, ist jedoch, dass die Teilnahme an einem zweitägigen Sustainable-High-Performance-Workshop Grund zur Annahme geben könnte, das Team würde sich auf Kosten des Unternehmenserfolgs einen schönen Lenz in einem schicken Hotel machen.

Führungskräfte werden dafür bezahlt, harte Entscheidungen zu treffen und diese zu verfechten. Das gilt selbst für schwierige Zeiten und auch unter scharfer Beobachtung seitens der Öffentlichkeit. Nach unserer Meinung gibt es keine wichtigere Entscheidung als die Investition in Sustainable High Performance, des wertvollsten Vermögenswertes eines Unternehmens – seine Mitarbeiter und Führungskräfte. Das ist kein großzügiger Incentive, sondern ein strategischer Imperativ.

Die ROI-Hürde

Die Messung des ROI (Return on Investment) ist eine große Herausforderung. Wie Einstein es so trefflich ausdrückte: »Nicht alles, was zählt, lässt sich zählen. Und nicht alles, was sich zählen lässt, zählt.« Denken Sie an Führungsentwicklungsprogramme oder High-Potential-Programme oder sogar Schulungsprogramme für Projektmanagement. Funktionieren diese Programme? Wie wissen Sie das? Der einzige Weg, der Ihnen wirklich Sicherheit bietet, ist die Durchführung kontrollierter Studien mit Gruppen, die an diesen Schulungen teilgenommen, und anderen, die nicht daran teilgenommen haben. Wie oft kann sich ein Unternehmen solche Studien leisten? Das Problem ist, dass die meisten Unternehmen extrem dynamisch sind und nicht plötzlich alles anhalten können. Etwa so wie ein Flugzeug, das ständig im Einsatz ist und daher nicht zur Wartung landen kann, sondern im Flug gewartet werden muss.

In ihrem Buch *Beyond HR: The New Science of Human Capital* untersuchten John W. Boudreau und Peter M. Ramstad die Herausforderungen, die mit Standardverfahren zur Messung des Return on Investment verbunden sind. Sie sind unter anderem zu dem Ergebnis gelangt: »Typische ROI-Berechnungen betrachten isoliert jeweils eine Investition in das Humankapital und lassen unberücksichtigt, wie diese Investitionen als Portfolio zusammenwirken. Schulung kann Wert generieren, der über die Kosten hinausreicht, aber wäre dieser Wert nicht noch höher, wenn er mit den richtigen, auf den Schulungsergebnissen basierenden Investitionen in individuelle Incentives verbunden wäre? Das Verständnis des Return on Investment und seine Platzierung in einen Entscheidungskontext erfordert einen Rahmen, der zwischen Effizienz, Effektivität und Wirkung unterscheidet und diese miteinander verbindet.«

Lässt sich der ROI einer Optimierung der Energie, der Resilienz, der mentalen Performance und der Kapazitäten von Führungskräften und ihren Teams messen?

Wir glauben, dass es einen Weg gibt, aber wir räumen auch ein, dass es eine Vielzahl von Störfaktoren gibt. Erstens sind diese Faktoren die Grundlage aller Performance. Daher lassen sie sich nur schwer isoliert von allen anderen Arten der Performance-steigernden Programme wie Führungsentwicklung, Training der Verhandlungsfähigkeiten und Projektmanagementschulung messen. Zweitens wird die Unternehmensperformance von zahlreichen externen Faktoren, wie zum Beispiel der Wirtschaftslage, Weltereignissen, Schwankungen am Aktienmarkt und den Kosten von Materialien und Treibstoff beeinflusst. Wie lassen sich diese Faktoren in der ROI-Berechnung berücksichtigen?

Im Jahr 2006 arbeiteten wir mit einem globalen HR-Führungsteam. Das Unternehmen befand sich in einer sehr angespannten Lage, nämlich inmitten einer umfassenden Restrukturierung, die mit einem massiven Stellenabbau und einem komplexen Outsourcing einiger zentraler Personalfunktionen einherging. Die Belastung war enorm, und mehrere Teammitglieder standen kurz vor dem Burn-out. Der Leiter des Teams brachte Tignum ins Unternehmen, weil er Sorge hatte, dass sich die Situation weiter zuspitzen würde.

Fast drei Jahre später fragten wir diesen Teamleiter, ob unsere Arbeit für das Team von Nutzen war. Zunächst machte er eine Pause und antwortete dann ehrlich, dass er sich nicht wirklich sicher sei. Nach kurzem Nachdenken sagte er: »In den letzten drei Jahren sind die Anforderungen an mein Team drastisch gestiegen – sowohl was das Tempo als auch die Verantwortlichkeit angeht. In diesen höchst schwierigen Zeiten zeigt mein Team jedoch herausragende Leistung. Alle haben mehr Energie, Leidenschaft für ihre Arbeit, sie sind engagiert und gesund. Die Strategien, die wir von Tignum gelernt haben, haben dabei definitiv eine große Rolle gespielt.«

Wir glauben, der ROI sollte auf eine Art und Weise gemessen werden, die genauere und zutreffendere Ergebnisse liefert. Die vielleicht wichtigsten Fragen lauten jedoch:

Wie gut arbeiten Sie (und Ihre Teammitglieder), wenn Sie wenig Energie haben, erschöpft sind, unter Gehirnnebel leiden und sich nicht konzentrieren können?

Welche Kosten verursacht es Ihrem Team beziehungsweise Ihrer Organisation, wenn Ihre Führungskräfte Low Performer sind?

Welcher Nutzen erwächst Ihrem Unternehmen, wenn der Führungskader aus Sustainable High Performer besteht?

Was passiert, wenn Ihre wichtigsten Führungskräfte ein Burn-out erleiden? Was passiert mit dem Aktienkurs Ihres Unternehmens? Was passiert mit der Arbeitsmoral und der Produktivität Ihres gesamten Teams?

Die Wahrnehmungs-Hürde

Fast jede Führungskraft muss umfassende Kostensenkung durchführen. Das bedeutet üblicherweise, dass der von Vorstand oder CEO ausgeübte Druck aufgefangen werden muss und die Strategien zur Kostensenkung über das gesamte Team umgesetzt werden müssen. Diese Einschnitte stellen für alle Beteiligten häufig eine große Herausforderung dar.

Gleichzeitig wissen gute Führungskräfte, dass sie etwas unternehmen sollten, um ihre Teams zu entwickeln, zu unterstützen und zu vitalisieren. Unglücklicherweise könnte die Bremsung des Arbeitstempos dieser Teams selbst für nur zwei Tage, in denen in ihre Sustainable High Performance investiert wird, als das genaue Gegenteil von Kostensenkung ausgelegt werden. Auch wenn eine solche Maßnahme zu einer echten Verbesserung der Team-Performance führt und die Kosten des Präsentismus und mittelmäßiger Produktivität senkt, haben viele Führungskräfte Bedenken. Sie fürchten sich davor, als schwach wahrgenommen zu werden oder als jemand, der Geld ausgibt, wo doch gespart werden soll, und Pausen macht, wo die Anforderungen doch gerade so hoch sind. Einige Führungskräfte teilten uns im Vertrauen mit, dass ihnen bewusst ist, dass sie in ihre Führungskräfte und ihre Teams investieren müssten, um Swimmer aus ihnen zu machen, aber wenn sie das tun, werden sie gefeuert. Und wir fragen: Ist das nur subjektive Wahrnehmung oder Realität?

Was sind Sie zu unternehmen bereit, um die Performance und die Nachhaltigkeit Ihrer Teams zu verbessern?

Das zweite Element der Wahrnehmungshürde ist das, was wir zu Beginn des Buches angesprochen haben. Was bedeuten die Begriffe »Mindset«, »Ernährung«, »Bewegung« und »Regeneration« für Sie? Betrachten Sie diese als wichtige Faktoren zur Optimierung Ihrer persönlichen Performance und der Ihres Teams? Oder beschränkt sich Ihrer Meinung nach deren Wirkung ausschließlich auf Ihre Gesundheit und Wellness?

Problematisch daran ist, dass die Wahrnehmung zur Brille wird, durch die Sie die Dinge sehen. Sie wird zu Ihrer Realität. Wenn es eine Botschaft gibt, die Sie hoffentlich aus diesem Buch mitnehmen, dann, dass die ganzheitliche Integration von Mindset, Nutrition, Movement und Recovery Habits bestimmen wird, ob Sie ein Sinker, Floater oder Swimmer sind. Hier handelt es sich nicht um ein Gesundheits- oder Wellnessthema, sondern um Performance-Strategien, die Ihre Zukunft bestimmen.

Vielleicht stellen Sie folgende Überlegung an: Welche Wahrnehmung haben Ihre Kunden, Aktionäre und strategischen Partner von Ihrem Unternehmen, wenn Ihre Führungskräfte Floater sind? Welchen Nutzen in Bezug auf Ihre Marken und Mitarbeiterrekrutierung hätten Sie, wenn Ihr Unternehmen als Swimmer wahrgenommen würde? Erfolgreiche und nachhaltige Topmanager wissen, dass sie die Investitionen, die sie in die Sustainable High Performance ihrer Organisation tätigen, publik machen sollten, anstatt sie zu verstecken.

Maximierung der Mitarbeiter-Performance durch Optimierung der Unternehmenskultur

In den letzten 20 Jahren vollzog sich eine gewaltige Evolution der Unternehmenstechnologie, die zu größerer Effizienz und einem drastischen Produktivitätsanstieg führte. Heute müssen wir an der Optimierung der menschlichen Performance und der Unternehmenskultur arbeiten. Selber zum Swimmer zu werden ist wichtig, aber eine Swimmer-Unternehmenskultur zu schaffen, ist der einzige Weg, sich in dieser wettbewerbsintensiven Welt zu behaupten.

Welches sind also die Kriterien zur Erzielung von Sustainable High Performance auf der Unternehmensebene?

Das erste Kriterium muss der uneingeschränkte Einsatz und die aktive Beteiligung des CEOs und der oberen Führungsriege sein. Wenn diese einflussreichen Topmanager täglich eine hohe, nachhaltige Energie, echte Resilienz, erweiterte Kapazitäten sowie ein

High Performance Mindset demonstrieren, werden auch die übrigen Führungsebenen aufmerksam und wachgerüttelt.

Der nächste Schritt ist, den Führungskräften (aus allen Funktionsbereichen eines Unternehmens), die direkt an den Vorstand berichten, Strategien zur Erzielung von Sustainable High Performance nahezubringen. Diese Teams sind üblicherweise die Impulsgeber unternehmensweiter Veränderungsinitiativen. Auf dieser Ebene finden organisatorische Neuordnungen statt, vorausgesetzt, die Führungskräfte sind leidenschaftlich, engagiert, wach, kreativ und lösungsorientiert. Das kann jedoch nur geschehen, wenn sie die notwendigen Performance Mindset, Performance Nutrition, Performance Movement und Performance Recovery Habits besitzen.

Und schließlich gilt es, eine unternehmensweite Strategie zur Integration von Sustainable High Performance zu entwickeln, die sich wie ein roter Faden durch alle Funktionsbereiche des Unternehmens zieht. Dabei ist zu beachten, dass es keine Universalstrategie für alles und jeden gibt. Der gewählte Ansatz muss vielseitig, pragmatisch und auf allen Organisationsebenen umsetzbar sein. Nachfolgend einige Strategien, die sich bei unseren Kunden bewährt haben:

Respektieren Sie Individualität. Jeder Mensch ist anders. Wir alle bringen unsere eigenen Erfahrungen, unser eigenes Gepäck, unsere individuellen Bedürfnisse und Wünsche mit. Ein sicherer Weg zum Misserfolg ist die Einstellung »Ich bin Marathonläufer, also müssen alle anderen auch Marathon laufen«. Wenn ein Programm, das die Steigerung der Performance zum Ziel hat, erfolgreich sein soll, muss es individualisiert sein.

Verstehen Sie Verhaltensänderungen. Wie schon erwähnt, sind es nicht SMART-Ziele, die Veränderungen herbeiführen, sondern Emotionen, Emotionen und noch mal Emotionen. Die Umsetzung eines unternehmensweiten Programms zur Erzielung von Sustainable High Performance muss daher authentisch sein und die Gefühle der Menschen ansprechen. Menschen ändern sich nicht, weil sie wissen, dass sie es eigentlich müssten. Sie ändern sich nur, weil sie Lust dazu haben.

Nehmen Sie den Nutzen, nicht die Veränderung ins Visier. Jeder Veränderungsprozess ist schmerzhaft, aber wenn er die richtigen Ziele verfolgt, lässt der Nutzen den Schmerz vergessen. Die Kampagne, die Botschaften und der Großteil der Diskussionen müssen sich daher auf den Nutzen konzentrieren, den die Entfaltung eines vollen Leistungspotenzials mit sich bringt.

Machen Sie das Ausüben der Habits einfach. Menschen gehen von Natur aus den Weg des geringsten Widerstands. Wenn Sie die Performance Ihres Unternehmens verbessern wollen, müssen Sie es Ihren Mitarbeitern daher leicht machen, die Habits zu praktizieren, die Sie im Verlauf der Lektüre dieses Buches kennengelernt haben. Liegt zum Beispiel der Regenerationsraum des Unternehmens in der letzten Ecke des Firmengeländes, wird ihn kaum jemand aufsuchen. Zudem kämen dadurch Zweifel auf, wie ernst die Unternehmensführung es damit meint.

Gestalten Sie die Büroräume High-Performance-gerecht. Schaffen Sie eine physisch und emotional adäquate Umgebung für das Wachstum und die Weiterentwicklung von High Performance. Wichtige Faktoren sind Beleuchtung, Belüftung, Möbel, Farbgebung, Raumaufteilung und der Zugang zu offenen Bereichen.

Planen Sie Ihre Unternehmenskultur proaktiv. Wir haben einige Faktoren angesprochen, die die Unternehmenskultur beeinflussen, aber was Sie wirklich brauchen, ist ein Koordinator für Sustainable High Performance. Oft erstellen Unternehmen Richtlinien, Verfahren und Programme, die widersprüchliche Signale an die Mitarbeiter aussenden, was letztlich deren Vertrauen und Engagement untergräbt. Zur gezielten Entwicklung einer High-Performance-Kultur empfiehlt sich deshalb ein organisiertes und konzertiertes Vorgehen. Außerdem sollten Sie proaktiv an dieses Thema herangehen, bevor Ihr Unternehmen zu sinken beginnt.

Integrieren Sie alle vier Tignum-Säulen. Wir hören unzählige Geschichten über die vielfältigen gescheiterten Versuche unserer Kunden, ihre Energie und Resilienz zu optimieren, indem sie lediglich auf eine Säule – zum Beispiel Ernährung oder Bewegung – fokussierten. Menschen sind komplexe Wesen und funktionieren als ganzheitliches System. Daher müssen wir Sustainable High Performance auf integrierte Art und

Weise angehen. Um erfolgreich zu sein, müssen Sie einfache Strategien aller Performance-Mindset-, Performance-Nutrition-, Performance-Movement- und Performance-Recovery-Säulen einbinden.

Konzentrieren Sie sich auf Performance, nicht auf Gesundheit. Viele Organisationen haben hervorragende Gesundheitsprogramme eingeführt, aber wie zuvor erwähnt, sind diese Programme angelegt, Sie vor dem Sinken zu bewahren, aber nicht, Ihnen beim Schwimmen zu helfen. Ein Performance-Programm macht Sinker und Floater zu Swimmern. Außerdem scheuen sich viele unserer Kunden, ihren Chef oder sogar Betriebsarzt in ihre gesundheitlichen Probleme einzuweihen. Performance dagegen ist ein unternehmensrelevantes Thema, und es ist einfach, auf nicht invasive und unterstützende Weise die Performance in den Mittelpunkt zu stellen. Ein gutes Performance-Programm schmälert keineswegs die Bedeutung guter Gesundheit; es verfolgt lediglich ein proaktiveres und beherzteres Vorgehen.

Sorgen Sie dafür, dass es Spaß macht. Wenn wir über High Performance sprechen, könnte man leicht meinen, es handle sich dabei ausschließlich um Arbeit. In Teil V sprachen wir über die Bedeutung von Lachen für die Regeneration, und die Bedeutung von Spaß für die intrinsische Motivation. Tatsache ist, dass nur sehr wenige Veränderungen von Dauer sind, wenn Spaß dabei keine Rolle spielt.

Praktizieren Sie, was Sie predigen. Vielleicht klingt es etwas abgedroschen, aber es ist absolut zutreffend. Nichts gefährdet die erfolgreiche Umsetzung eines organisatorischen Sustainable-High-Performance-Programms mehr als Führungskräfte, die das eine sagen und das andere tun. Deswegen ist es unabdingbar, dass Führungskräfte die High Performance Habits leben, die sie bei ihren Teams entwickeln wollen.

Machen Sie Sustainable High Performance zu einem Teil Ihres Mitarbeiter-Nutzenversprechens. Herausragende Unternehmen bringen ihren Mitarbeitern Wertschätzung entgegen. Ein Weg, dies zu demonstrieren, ist, sich für die Energie, Resilienz, mentale Performance und Kapazitäten der Mitarbeiter einzusetzen. Finanzielle Anreize ziehen natürlich kompetente Mitarbeiter an, aber sie sind kaum dazu geeignet, diese auch zu halten. Kompetente Führungskräfte wissen, dass sie immer gefragt sind und dass sie woanders oft bessere Konditionen aushandeln können. High Performer schätzen Unternehmen, die sie darin unterstützen, ihr volles Leistungspotenzial zu entfalten. Das bedeutet, nicht nur viele Worte darüber zu verlieren, wie wichtig die Mitarbeiter für das Unternehmen seien, sondern dies auch unter Beweis zu stellen.

Nehmen Sie in die jährlichen Leistungsbeurteilungen und Bonusstrukturen Erwartungen und Referenzwerte für Sustainable High Performance auf. Belohnen Sie Swimmer (nicht allein für ihre Performance, sondern für ihre Habits) mehr als Floater (das ist sinnvoll, weil Swimmer wahrscheinlich einen größeren Beitrag zur Unternehmensprofitabilität leisten). Das bedeutet auch, dass Sie Führungskräfte belohnen sollten, die dazu beitragen, die Unternehmenskultur in eine High-Performance-Kultur zu verwandeln.

Kritische Selbstüberprüfung

Anhand der nachfolgenden Beschreibungen einer Kultur der Sinker, Floater oder Swimmer können Sie die Dinge bestimmen, die Sie in Ihrer Organisation ohne große Mühe verändern können, um sich mehr in Richtung Swimmer zu orientieren. Mit dem eminent wichtigen Schritt vom Wissen zum Tun können Sie ein gewaltiges organisatorisches Potenzial freisetzen.

Will Ihr Unternehmen ein Sinker, Floater oder Swimmer sein?

Das liegt ganz bei Ihnen.

Ihr Unternehmen hat eine Kultur der **Sinker**, wenn ...

_das Team-Mindset negativ und problemorientiert ist
_die Führungskräfte Negativität fördern, indem sie sie ignorieren oder teilen
_die Führungskräfte auf ein Vier-Augen-Feedback verzichten und stattdessen mittels Gerüchten Kritik üben
_viele Mitarbeiter sich mit Kaffee aufputschen, um den Arbeitstag zu überstehen
_das Unternehmen ausschließlich stark zuckerhaltige oder industriell verarbeitete Snacks anbietet
_die Meetings im Allgemeinen lang und unproduktiv sind, keine Pausen eingeplant werden und die Teilnehmer abgelenkt und desinteressiert sind
_die Führungskräfte Regenerationspausen als Zeichen von Faulheit oder Schwäche bewerten
_die Arbeitsumgebung Individualismus statt Kooperation fördert
_die Führungskräfte positive Veränderungen Einzelner kritisieren, anstatt sie zu unterstützen
_niemand rechenschaftspflichtig ist
_der Fokus auf Beschäftigung und nicht auf Ergebnissen liegt
_Programme zur persönlichen Entwicklung und zur Erzielung von Sustainable High Performance in schwierigen Zeiten als Erstes gestrichen werden
_das Mission Statement behauptet, die Mitarbeiter genössen Priorität, aber alle Handlungen des Unternehmens das Gegenteil beweisen
_die Führungskräfte und Teammitglieder nicht wissen, dass Mindset, Nutrition, Movement und Recovery Habits die Energie, Resilienz, mentale Performance und die Kapazitäten des Teams beziehungsweise des Unternehmens beeinflussen

Ihr Unternehmen hat die Kultur eines **Floaters**, wenn ...

_ein fluktuierendes Team-Mindset besteht, das sich von einem Augenblick zum andern verändert
_die Führungskräfte von Vertrauen und Empathie sprechen, ihr Verhalten dem aber oft widerspricht
_die Führungskräfte von der Bedeutung eines authentischen Feedbacks sprechen, es dann aber kritisieren
_Snacks für Meetings nach Bequemlichkeits- oder Kostenkriterien ausgewählt werden, anstatt aufgrund ihrer Wirkung auf die Performance der Teilnehmer
_die Führungskräfte von Mittagspausen ohne Arbeit sprechen, dann aber Working-Lunches anberaumen oder erwarten
_Diskussionen über produktivere und strategischere Meetings geführt werden, jedoch dann keine konsequenten Taten folgen
_Pausenräume zwar zur Verfügung gestellt, die Mitarbeiter aber nicht zur Nutzung ermutigt werden
_die Führungskräfte Konflikten möglichst aus dem Weg gehen
_die Führungskräfte darüber sprechen, smart statt hart zu arbeiten, dann aber Mitarbeiter kritisieren, die Pausen einlegen
_Programme zur persönlichen Entwicklung als nette Option, aber nicht als strategischer Imperativ betrachtet werden
_das Mission Statement besagt, die Mitarbeiter genössen Priorität, aber zahlreiche Handlungen des Unternehmens diese Aussage widerlegen
_die Führungskräfte sich nur mit der Sustainable High Performance von Teammitgliedern beschäftigen, wenn es eine Krise im Team gibt (zum Beispiel einen Burn-out)
_sich die Führungskräfte und Teammitglieder halbwegs darüber bewusst sind, dass Mindset, Nutrition, Movement und Recovery Habits wichtig sind, sie dabei aber den Zusammenhang mit Performance nicht herstellen

Ihr Unternehmen hat die Kultur eines **Swimmers**, wenn ...

_ das Team-Mindset positiv und lösungsorientiert ist
_ die Führungskräfte Negativität bekämpfen, indem sie sie positiv »reframen«
_ die Führungskräfte authentisches und produktives Feedback erteilen
_ alle Mitglieder dazu angehalten werden, sich mental und körperlich auf Must-win-Ereignisse vorzubereiten
_ das Unternehmen Performance Nutrition unterstützt und High-Performance-Snacks anbietet
_ die Meetings hochproduktiv sind, High-Performance-Getränke und -Snacks angeboten und strategische Pausen eingeplant werden
_ für die Teammitglieder zahlreiche Gelegenheiten zur Bewegung geschaffen werden
_ die Führungskräfte erwarten und befürworten, dass ihre Teammitglieder Pausen und Power Naps einlegen
_ persönliche Innovation unternehmensweit unterstützt wird
_ die Führungskräfte Rückschläge und Veränderung als Chance begreifen
_ jeder zur Verantwortung gezogen wird und eine strikt ergebnisorientierte Arbeitsumgebung herrscht
_ die Handlungen des Unternehmens täglich demonstrieren, dass die Mitarbeiter der wichtigste Vermögenswert sind
_ ein High-Performance-Arbeitsumfeld herrscht, das Leistungsbeurteilungen und Mitarbeiter-Nutzenversprechen beinhaltet
_ die Führungskräfte und Teammitglieder Mindset-, Nutrition-, Movement- und Recovery-Strategien integrieren, um die Energie, Resilienz, mentale Performance und Kapazitäten des Teams beziehungsweise des Unternehmens effektiv zu nutzen

Tignum arbeitet unter der Prämisse, dass einfache Dinge, die extrem gut gemacht werden, signifikante und nachhaltige Ergebnisse zeitigen können. So wird eine High-Performance-Kultur entwickelt – Schritt für Schritt, eine einfache Sache nach der anderen. Dabei sollte jedoch nie vergessen werden, dass Kulturen aus Individuen bestehen. Das heißt, jeder hat die Fähigkeit und die Verantwortung, das Unternehmen zu verbessern.

Wie nehmen Sie Ihre Verantwortung wahr, Ihr Unternehmen produktiv und profitabel zu gestalten?

Welche Rolle werden Sie bei der Entwicklung einer High-Performance-Kultur spielen?

Kapitel 19
Zeit zu handeln

»Sustainable High Performance geschieht nicht durch Zufall, sondern ist das Ergebnis einer bewussten Entscheidung.«

Die Welt verändert sich in rasantem Tempo und die Anforderungen steigen entsprechend. Die Strategien, die Sie bisher erfolgreich angewendet haben, sind keine Garanten mehr für zukünftigen Erfolg. Sie werden mit neuem Druck, neuen Herausforderungen konfrontiert, durch die Sie entweder Ihr volles Leistungspotenzial erreichen (und zu einem Swimmer werden), Sie weiterhin angenehm dumpf sind (und zu einem Floater werden) oder Sie vernichten werden (und einen Sinker aus Ihnen machen). Sie haben die Wahl.

In einem Interview sprach Rita McGrath, PhD, Associate Professor an der Columbia Business School und Beraterin für Global-500-Unternehmen, über die Bedeutung der Steuerung des eigenen Fokus und der Integration von Informationen: »Das Informationszeitalter hat die Art und Weise der Informationsbeschaffung und -verarbeitung sowie den Umgang mit Unterbrechungen verändert. Früher gab es nur eine Handvoll Fernsehkanäle und nur eine Telefonleitung. Heute stehen Ihnen unbegrenzte Informationsquellen zur Verfügung, wobei die Herausforderung nicht in der Steuerung von Ablenkungen, sondern in der Steuerung Ihres Fokus besteht. Sie müssen in der Lage sein, sich alle benötigten Informationen zu beschaffen und diese dann zügig in Ihre Strategie zu integrieren.«

Ohne High Performance Habits kann das in eine erdrückende und höchst strapaziöse Aufgabe ausarten. Wie im vorhergehenden Kapitel erwähnt, kann die Atmosphäre in Unternehmen psychisch vergiftet sein. Nicht aufgrund einer inhärenten Dysfunktion oder Bösartigkeit, sondern eher aufgrund der schieren Komplexität und Bürokratie, die immer dann entsteht, wenn viele Menschen mit unterschiedlichem Hintergrund, unterschiedlichen Kulturen, Persönlichkeiten und Fachwissen versuchen, an einer gemeinsamen Lösung zu arbeiten. In dieser Atmosphäre müssen die persönliche Kontrolle sowie die Messgrößen für persönliche Leistung und Erfolg neu definiert werden.

Konzentrieren Sie sich darauf, was Sie kultivieren wollen

Ich erinnere mich an ein Interview mit Andre Agassi, das an einem äußerst stürmischen Tag stattfand. Ein Reporter fragte ihn, ob ihn der starke Wind nicht störe. Agassi lächelte und antwortete: »Wind? Den habe ich gar nicht bemerkt. Ich bin in Las Vegas aufgewachsen, da ist es immer windig. Ich liebe Wind.«
Agassis Antwort wirkt geradezu ironisch, wenn man bedenkt, dass sein Gegner die widrigen Wetterbedingungen für seine Niederlage verantwortlich machte.
Welcher Wind lenkt Ihren Fokus ab und ruiniert Ihre Performance?
Nach unserer Zusammenarbeit mit Tausenden von Führungskräften bin ich davon überzeugt, dass viele Menschen keine Verantwortung für ihren eigenen Fokus übernehmen. Vielleicht ist ihnen auch nicht immer bewusst, auf welche Dinge sie fokussieren. Wenn Ihnen daran liegt, Ihre Performance wirklich schnell zu verbessern, steuern Sie Ihren Fokus und richten Sie ihn auf die Dinge, die Sie kultivieren wollen.

Tignum-Blog

»Reframen« Sie Ihre Perspektive

Wie bei Andre Agassi werden alle Dinge, auf die Sie sich konzentrieren, wachsen und gedeihen. Leider fokussieren viele Führungskräfte auf die schlechte Wirtschaftslage, die Schwankungen am Aktienmarkt, Entlassungen, Kürzungen und unternehmensinterne Querelen. Ein Fokus auf diese Negativa liefert Ihnen ausreichend Gründe, Angst zu haben, sich erschöpft und ausgelaugt zu fühlen und am liebsten alles hinzuwerfen. Schließen Sie sich jedoch der Agassi-Philosophie an und konzentrieren sich auf die Dinge, die Sie kontrollieren können (vor allem Ihre eigenen High-Performance-Strategien), werden Sie feststellen, dass es reichlich Spielraum für Spitzenleistung gibt.

Einer unserer Kunden fasste es sehr treffend zusammen: »Jeden Abend frage ich mich auf meinem Nachhauseweg: Bin ich als Chef so gut, wie ich sein kann? Bin ich als Ehemann so gut, wie ich sein kann? Bin ich als Vater so gut, wie ich sein kann? Und wenn ich über die Antworten nachdenke, fühle ich mich frustriert und demoralisiert.«

Wahrheitsgemäß müssen diese Fragen häufig mit einem »Nein« beantwortet werden. Nicht weil Führungskräfte nicht versuchen, ihr Bestes zu geben, sondern vielmehr, weil ihnen dazu die Energie fehlt oder weil ihre Vorstellung von Perfektion möglicherweise unrealistisch ist.

Wenn Sie diese Fragen dagegen »reframen«, sehen Sie plötzlich nicht nur Licht am Ende des Tunnels, sondern die Erkenntnis keimt auf, dass Sie sich in einem Entwicklungsprozess befinden und dass Sie jeden Tag eine neue Chance erhalten, bessere Entscheidungen für sich, Ihr Team und Ihr Unternehmen zu treffen.

Denken Sie über Folgendes nach, wenn Sie Ihre Perspektive »reframen«:

Haben Sie Habits zur Entwicklung und Maximierung Ihrer Energie in die Tat umgesetzt?

Haben Sie sich heute auf die Dinge fokussiert, die Sie kontrollieren können?

Haben Sie heute etwas für sich getan, um Ihre Kapazitäten zu erweitern, Ihre Leistungsfähigkeit zu optimieren und Ihre Wirkungskraft zu steigern?

Haben Sie Ihr ganzes Wissen eingesetzt, um sich bei Ihren heutigen Must-win-Events erfolgreich durchzusetzen?

Haben Sie etwas unternommen, um positiv auf Ihr Team beziehungsweise Ihre Organisation einzuwirken?

Haben Sie Ihnen unterstellte Mitarbeiter motiviert und vitalisiert?

Warum ist Ihr Unternehmen heute ein besserer Ort, weil Sie zur Arbeit gekommen sind?

Zweifellos wird uns die Geschäftswelt von morgen vor eine Flut neuer Herausforderungen stellen. Und für diejenigen, die nicht darauf vorbereitet sind, wird das höchst anstrengend. Wenn unsere Kunden jedoch auf die hier gestellten Fragen fokussieren, erkennen sie schnell, dass sie sich durch die Integration einfacher Performance Mindset, Performance Nutrition, Performance Movement und Performance Recovery Habits besser darauf vorbereiten können, ihre täglichen Herausforderungen zu meistern und ihre Teams und Organisation in Richtung Sustainable High Performance zu steuern.

Eine Person, die ihre Perspektive reframt, vor allem im Hinblick auf die Entscheidung, in welche Unternehmen sie investieren will, ist Kurt Ehmann, Finanzberater bei Financial Network in Los Angeles. Ehmann sagt: »Ich sage meinen Kunden, dass sie ihr Geld in Unternehmen investieren sollten, die kontinuierlich in die High Performance ihrer Führungskräfte und Mitarbeiter investieren. Das sind die Unternehmen, die die Kraft und Energie besitzen, innovativ zu sein und ihr Geschäftsmodell erfolgreich umzusetzen. Das sind die Unternehmen, die sich aus einer Rezession befreien und Ihnen die größte Investitionsrendite bieten werden. Im Moment stelle ich gerade Recherchen darüber an, welche Unternehmen sich nicht von kurzfristigem Krisendenken leiten lassen, sondern mutig in die Zukunft blicken. Diese Unternehmen bieten die besten Investitionschancen, auch wenn die Aktienkurse im Keller sind.«

Bereiten Sie sich auf die Zukunft vor

Ja, die Welt verändert sich in der Tat, und Sie sollten bereit sein, sich mit ihr zu verändern. In einem vor Kurzem veröffentlichten Bericht wurden die Beschäftigungstrends für die kommenden Jahre prognostiziert. Laut Vorhersage werden in Zukunft nur sehr wenige Arbeitnehmer im derzeit üblichen Rentenalter von 59 bis 64 Jahren in den Ruhestand gehen können.

Warum? Aufgrund der Herausforderungen, die mit den Arbeitnehmern der sogenannten Generation Y verbunden sind, werden Unternehmen versuchen, ältere Führungskräfte länger im Unternehmen zu halten, um den Nachwuchs mit Führung und Erfahrung zu unterstützen. Angesichts der Marktsensibilität und der wachsenden Staatsverschuldung zahlreicher Nationen ist es unwahrscheinlich, dass die staatlichen Rententöpfe ausreichen werden, um das derzeit geltende Renteneintrittsalter zu finanzieren. Und schließlich wird mit den Fortschritten der modernen Medizin auch die Lebenserwartung von Jahr zu Jahr höher.

Können Sie sich vorstellen, ...

mit 70 Jahren noch so hart zu arbeiten wie heute?

Neben der Tatsache, dass wir länger leben, gibt es noch weitere Trends, die unser Arbeitsverhalten sicher verändern werden. Die Rezessionen der vergangenen Jahre haben zu Rekord-Entlassungswellen geführt, da viele Unternehmen zum Downsizing gezwungen waren. Diese neuen, verschlankten Organisationen werden mit weniger Mitarbeitern mehr leisten müssen. Das bedeutet, die Zeiten, in denen Sie immer härter arbeiten, bis Sie schließlich erschöpft sind und in Rente gehen, sind vorbei. Die Welt unter dem neuen Paradigma wird auf Topmanager, Führungskräfte und Mitarbeiter angewiesen sein, die Sustainable High Performance Habits pflegen und in einer High-Performance-Kultur arbeiten. Jeder wird ein Swimmer sein müssen, weil ein Unternehmen von Floatern sicher keine Überlebenschance haben wird.

Sind Ihre derzeitigen Habits in der Lage, Sie mit der Energie und Resilienz auszustatten, die Sie für die Zukunft brauchen?

Wird Ihre Unternehmenskultur Ihre Führungskräfte mit Energie versorgen oder sie ihrer Energie berauben?

Sind Sie ein Swimmer oder ein Floater?

Mit der zunehmenden Verkleinerung von Unternehmen wird schließlich die Zahl der Unternehmensberater, freien Mitarbeiter und unabhängigen Problemlöser steigen, die auf Projektbasis engagiert werden, um erfolgreiche Lösungen zu entwickeln. Möglicherweise werden Sie in Zukunft selbst ein solcher Freiberufler sein.

Unter diesen Bedingungen werden Unternehmen keine Sozialleistungen oder langfristige Sicherheit mehr bieten, sodass jeder Berater für seine eigene Sustainable High Performance verantwortlich ist. In diesem neuen Klima warten auf die produktiven Swimmer unglaubliche Chancen. Sie werden gut bezahlt werden und das Privileg genießen, nur interessante Angebote anzunehmen.

Heute und in Zukunft werden menschliche Energie, menschliche Intelligenz und menschliche Fähigkeiten die knappe Ressource schlechthin sein. Die Umweltherausforderungen, die wirtschaftlichen und die gesellschaftlichen Herausforderungen, mit denen wir konfrontiert sein werden, erfordern eine große Zahl an hochleistungsfähigen Führungskräften. Sie werden Performance Mindset, Performance Nutrition, Performance Movement und Performance Recovery Habits brauchen, um die erforderliche Energie, Resilienz und den Fokus aufzubringen. Ohne diese wird Ihnen die Leidenschaft fehlen, und das wird die schlimmste Krise von allen sein.

»Erfolgreiche und erfolglose Menschen unterscheiden sich nicht wesentlich in ihren Fähigkeiten. Was sie unterscheidet, ist der Drang, ihr volles Leistungspotenzial zu entfalten.«
John Maxwell, International-Leadership-Experte und Autor

Warum Ihr Potenzial vergeuden?

Wir haben den folgenden Brief ausgewählt, den wir hier wiedergeben wollen, weil er aufrichtig und aufschlussreich ist; er liefert eine Beschreibung der Entwicklungsreise eines unserer Kunden, mit allen Herausforderungen, Triumphen und der Leidenschaft, die eigene Performance zu steigern.

Lieber Scott, lieber Jogi, liebes Tignum-Team,

ich schreibe diesen Brief, um meine Gedanken und meine Dankbarkeit nach der Zusammenarbeit mit Tignum zum Ausdruck zu bringen. Vor unserer Zusammenarbeit war ich von der Arbeit, dem häuslichen Druck und meinen eigenen Zweifeln überfordert und überwältigt. Wir hatten ein neues, globales Team zusammenge-

stellt, und es gab Reibungen in der Gruppe. Die negative Teamdynamik belastete uns sehr. Meine Frau und ich hatten ebenfalls Probleme, und zum ersten Mal in meinem Leben begann ich an meinen Fähigkeiten zu zweifeln.

Nach dem ersten Abend mit Ihrem Programm fühlte ich mich großartig. Was wir über unsere Verhaltensweisen, unsere Testergebnisse und die vier Tignum-Säulen erfahren hatten, war sehr aufschlussreich. Was mich jedoch sehr erstaunte, waren die Diskussionen, die wir beim Abendessen führten. Wir sprachen über unser Team-Mindset, die Ausschöpfung unseres Potenzials, darüber, unsere individuelle Unterschiedlichkeit anzuerkennen, und über unsere persönlichen Stärken und die Dinge, die wir unserem Team vermittelten. Noch überraschender war, dass Mitglieder unseres Teams, die nicht gerade als glühende Verfechter gesunder Ernährung oder sportlicher Bewegung galten, darüber sprachen, sich gegenseitig zu unterstützen und einander dabei zu helfen, ihre Habits zu verändern.

Am Ende des folgenden Tages, nach 14 anstrengenden Stunden, konnten wir kaum glauben, wie viel Energie wir noch hatten. Die High Performance Movement Übungen, die High-Performance-Mahlzeiten und -Snacks, der Power Nap, die Atemübungen … alles zusammen hatte den Tag zu einer unglaublich produktiven und lebensverändernden Erfahrung gemacht.

Am nächsten Tag lernten wir, wie wir diese neuen Strategien miteinander verknüpfen konnten, und wirklich war alles, was wir lernten, und jedes Instrument, das uns vorgestellt wurde, sofort anwendbar. Was mich aber am meisten beeindruckt hat, war die Entwicklung meiner Personal Innovation Map. In der Reflexionszeit entwickelte ich meine To-be-Ziele, und für mich war das der Wendepunkt. Während dieser Übung erkannte ich, dass ich das Potenzial besaß, ein großartiger Ehemann und Vater zu sein, ein anteilnehmender Teamleiter und ein inspirierendes Vorbild für mein Team.

Dann kam der Schock, als ich erkannte, dass die Arbeit mit Tignum wirklich gar nichts mit meinen Marathonläufen zu tun hatte (wenngleich ich vier Monate später meine persönliche Bestzeit lief). Sondern es ging hier um meine berufliche und private Performance. Worum es wirklich ging, war, das beste Ich zu entwickeln, das ich sein konnte, und es zu pflegen. Ich weiß, das klingt schmalzig und abgedroschen, aber es gibt nichts Befreienderes, als in den Spiegel zu blicken und zu erkennen, dass man für sein eigenes Tun Verantwortung übernehmen und seine eigenen Herausforderungen meistern kann und muss.

Ich muss allerdings gestehen, dass ich beim ersten Tief meine gesamte Motivation verlor und fast in Panik geriet. Obwohl uns die Tignum-Coaches vorgewarnt hatten, dass das passieren würde, dachte ich für eine kurze Zeit, ich würde ein weiteres Mal mit meinem persönlichen Veränderungsplan scheitern. Das Tignum-Team hat mich aber schnell wieder auf Kurs gebracht, und dieser vorübergehende Einbruch diente mir in den folgenden vier Monaten als ausgezeichneter Motivator.

Die vollständige Verinnerlichung und Umsetzung von Mindset-, Nutrition-, Movement- und Recovery-Strategien – in Kombination mit positivem Coaching und Unterstützung – hat mein Leben verändert. Ich habe meine Ehe gerettet, mein Team verwandelt, bin zu einem High Performer geworden … es ist der Wahnsinn!

Das liegt nun mehr als zwei Jahre zurück, und ich muss zugeben, dass ich mich nicht immer perfekt an die Anwendung meiner Strategien halte. Ich habe manche gute Tage, manche Supertage und auch manche ziemlich schlechte Tage. Aber nun bin ich mir meiner Habits und ihrer Konsequenzen bewusst, sodass ich nicht in Panik gerate. Ich steuere am nächsten Tag einfach wieder auf den richtigen Kurs zurück.

Tatsache ist, dass ich mehr Energie bei der Arbeit habe und in weniger Zeit mehr wegarbeite, weil ich so fokussiert bin. Ich fühle mich wesentlich besser, und das, obwohl ich älter werde. Sie haben uns zu Beginn die provokative Frage gestellt, ob wir uns vorstellen könnten, dass wir in fünf Jahren besser sind als am ersten Tag, und ich muss demütig eingestehen: Ich bin auf dem Weg.

Danke an das gesamte Tignum-Team. Was Sie für mich und mein Team getan haben, ist erstaunlich!

Ein Tignum-Kunde

Alle Habits beginnen mit dem ersten Schritt

Wie bringen Sie sich selbst, Ihr Team und Ihre Organisation weiter? Im Verlauf dieses Buches haben wir viele Fragen gestellt, die zum Nachdenken anregen, um Ihnen bei der Verbesserung Ihrer Wahrnehmung und der Erstellung eines Plans zu helfen. Zudem haben wir Ihnen praktische Tipps und Beispiele von High-Performance-Strategien geliefert. Am Ende eines jeden Kapitels haben wir Ihnen außerdem eine Messmethode an die Hand gegeben, um zu ermitteln, ob Sie, Ihr Team oder Ihre Unternehmenskultur Sinker, Floater oder Swimmer sind. Diese Instrumente, zusammen mit allen anderen Informationen, ermöglichen es Ihnen, Ihrem Team und Ihrer Organisation, einen konkreten Aktionsplan zu entwickeln, den Sie in Ihren Tagesablauf einbringen können, um die Energie, Resilienz, mentale Performance und Kapazitäten Ihrer Organisation zu optimieren.

Und schließlich haben wir auf unserer Website einen Platz geschaffen, an dem Sie weiterführende Informationen erhalten. Bei Tignum stellen wir kontinuierlich Untersuchungen darüber an, welche Instrumente und Strategien sich für unsere Kunden am besten bewähren. Durch regelmäßige Besuche unserer Website können Sie sich über diese neuen Strategien und Tools informieren, unsere Blogs lesen und Ihre eigene Sustainable High Performance auf eine höhere Ebene heben.

Es gibt keine Perfektion. Daran sollten Sie sich stets erinnern. Wir leben in keiner perfekten Welt, und es gibt auch keine perfekten Menschen. Wir empfehlen daher, dass Sie Ihre Sustainable High Performance als Entwicklungsprozess betrachten. Und es gibt kein Endziel, weil die Nutzen kumulativ sind und der Prozess dynamisch ist. Was den ersten Schritt zur Änderung Ihrer Habits betrifft, möchten wir Ihnen gerne folgende Ratschläge mit auf den Weg geben:

Erstens: Nur Sie können Ihre Habits ändern. Wir können Ihnen alle Informationen, Instrumente und Strategien liefern, aber letztlich können nur Sie diese in die Tat umsetzen.

Zweitens: Veränderung ist ein Prozess *und* die Nutzen sind expansiv. Diese Nutzen kommen nicht nur Ihnen selbst zugute; davon werden auch Ihre Familie, Ihre Freunde, Ihr Team, Ihr Unternehmen und sogar Ihre Marke profitieren.

Drittens: Rückschläge sind nicht nur normal, sie sind vorhersehbar. Zudem sind sie eine effektive Motivationsquelle, weil sie Sie zwingen, Ihr Bekenntnis zu Ihren To-be-Zielen und die Gründe für Ihre Veränderung zu erneuern. In diesem Prozess werden Sie die wirksamste intrinsische Motivation überhaupt finden.

Viertens: Menschen sind komplex, und alles, was Sie tun, hat Konsequenzen für Ihren Körper und Ihren Geist. Daher wird nur eine ganzheitlich orientierte Lösung zu dauerhafter Veränderung führen. Dieser Ansatz verlangt von Ihnen nicht, dass Sie alles durchführen, aber er verlangt, dass Sie im Bereich jeder Tignum-Säule einige kleine Handlungen vornehmen.

Und schließlich haben wir dieses Buch mit einer Widmung für unsere Kunden begonnen, weil *Sie* es sind, die uns motivieren und inspirieren. Ihre Sustainable High Performance ist unsere Leidenschaft. Wenn Sie uns Ihre Geschichten – wie die in diesem Buch vorgestellten – erzählen, machen Sie uns nicht einfach nur glücklich, sondern Sie helfen uns, bei der Entwicklung wirksamer Sustainable-High-Performance-Strategien immer besser zu werden.

Jeden Tag diskutieren wir über Methoden, mit denen Tignum seinen Kunden noch effektiver dienen kann. Dass wir dieses Buch geschrieben haben, hat bei der Weiterentwicklung und Verfeinerung unserer Vision und unserer Strategien eine große Rolle gespielt und unsere Arbeit letztlich verbessert. Wir danken Ihnen allen sehr herzlich, dass Sie uns Ihre Erfahrungen mitgeteilt haben. Und wir freuen uns darauf, in Zukunft von Ihnen zu hören. Denken Sie daran, unsere Website www.tignum.com zu besuchen und die neuesten Informationen, Instrumente, Blogs und mehr abzurufen.

Die Entscheidung liegt allein bei Ihnen.

Epilog
Die Tignum-Story

Epilog
Die Tignum-Story

Sie werden sich vielleicht fragen – was genau ist Tignum? Und wie sind Jogi Rippel und Scott Peltin zusammengekommen? Wie sind sie darauf gekommen, die Sustainable-High-Performance-Initiative zu ergreifen? Wie haben sich ein Unternehmer und ein Feuerwehrmann mit völlig unterschiedlichem Hintergrund aus zwei verschiedenen Ländern, getrennt durch den Atlantischen Ozean (Deutschland und USA), kennengelernt und gemeinsam dieses Konzept entwickelt?

Das sind Fragen, die uns unsere Kunden oft stellen. Daher haben wir beschlossen, dieses Buch mit Kurzporträts abzuschließen, die unser beider Entwicklung bis zur Gründung von Tignum beschreiben.

Jogi

Im Frühling 1999 trat mein Vater sein letztes Arbeitsjahr vor dem Ruhestand an. Es war fast genau ein Jahr, bevor er plante, sein Unternehmen an einen Nachfolger zu übergeben, als er die Diagnose Krebs erhielt. Mein Vater war ein Unternehmer und hatte sein ganzes Leben hart gearbeitet mit dem klaren Vorsatz, es etwas langsamer anzugehen, wenn er erst einmal im Ruhestand wäre. Nur 18 Monate später starb er, und ich vergesse nie, was er mir in einem der zahlreichen Gespräche sagte, die wir während seiner Krankheit führten.

Seine Worte waren: »Jogi, mach bitte nicht denselben Fehler wie ich. Vernachlässige nicht dein wichtigstes Kapitel – deine eigene Gesundheit und Vitalität. Nimm deine Gesundheit nicht als selbstverständlich hin und warte nicht, bis eine Krise eintritt, bevor du dich darum kümmerst.«

Seine Worte werden mich den Rest meines Lebens begleiten. Sie waren der Beginn einer Reise, die schließlich zur Gründung von Tignum führte.

Scott

Schon als ich zum ersten Mal eine Feuerwache betrat, war ich von der Möglichkeit elektrisiert, mit meiner eigenen High Performance Einfluss auf das Leben anderer Menschen zu nehmen. Ich erinnere mich an Mental-Imagery-Übungen, die ich machte, als ich um den Greenbelt Lake lief. Ich sah mich eine Tür eintreten, einen dunklen, heißen, verqualmten Flur entlangrennen und eine Rettungsaktion unter schwierigsten Bedingungen durchführen.

Während der ganzen Jahre bei der Feuerwehr war die Vorstellung, wie ich meine Performance steigern könnte, mehr als nur eine Frage der Neugier; es war eine brennende Leidenschaft, die auch dann nicht erlosch, als einige Jungs von der »alten Schule« die Nutzen des mentalen Trainings, die Bedeutung funktionalen Trainings, den Wert einer echten Regeneration an der Brandstelle und die Notwendigkeit der Schulung neuer Feuerwehrleute im Umgang mit Stress und Gefühlen anzweifelten. Ich war stets auf der Jagd nach Best Practices und stellte den Status quo infrage.

Da ich das Glück hatte, bei der Feuerwehr von Phoenix mit dem fantastischen Feuerwehrhauptmann Alan Brunacini zusammenzuarbeiten, hatte ich das Privileg, viele verschiedene Ideen zur Verbesserung der mentalen, körperlichen und emotionalen Entwicklung von Feuerwehrleuten zu erforschen und zu entwickeln. Und ich genoss das weitere Privileg, Mitglied mehrerer nationaler Ausschüsse zu sein, die sich mit wichtigen Themen in den Bereichen Gesundheit, Wohlbefinden, Sicherheit und Performance von Feuerwehrleuten überall in den Vereinigten Staaten beschäftigten.

Jogi

Nach dem Tod meines Vaters wusste ich, dass ich meine berufliche Laufbahn überdenken musste. Bevor ich ein MBA-Programm an der IMD Business School in Lausanne, Schweiz, begann, war ich selbstständiger Unternehmer mit einer eigenen Marketingagentur. Aber ich wollte mehr bewirken. Ich sah, wie sich die Geschichte meines Vaters bei zahlreichen Führungskräften, die zum IMD kamen, ständig wiederholte. Sie hatten lange Arbeitstage, waren ständig auf Reisen und quälten sich mit laufend wechselnden Change-Initiativen in ihren Unternehmen herum; und die negativen Auswirkungen auf Ihre Gesundheit und Performance waren deutlich sichtbar.

Bei meinen häufigen Spaziergängen um den Genfer See fragte ich mich, warum so viele Menschen warten, bis es zu spät ist. Warum begreifen sie nicht, dass sie ihre berufliche und private Performance opfern, nur, um voranzukommen? Ich wusste, dass es zu spät war, um meinem Vater zu helfen, aber ich war davon überzeugt, dass die Grundlagen von Tignum darin bestehen mussten, Antworten auf diese Fragen zu finden und diesen Führungskräften einen besseren Weg aufzuzeigen.

In der Anfangszeit von Tignum hatte ich das Glück, die Unterstützung von Professor Sean Meehan vom IMD zu genießen. Er bat mich, meine Ideen den neuen MBA-Studenten vorzustellen, damit sie von meinen Erfahrungen lernen und hoffentlich einige ihrer Habits verändern würden. Während einer dieser Präsentationen lernte ich Pieter-Christiaan van Oranje-Nassau, Mitglied der niederländischen Königsfamilie, kennen. Er war ein sehr guter Marathonläufer und engagierter Philanthrop. Die Idee, Führungskräften dabei zu helfen, ihre Performance zu verbessern, um mehr bewirken zu können, weckte echtes Interesse bei ihm.

Kurz danach beschlossen Pieter-Christiaan und ich zusammenzuarbeiten und den Businessplan für Tignum zu entwickeln. Wir entwarfen Strategien, wer unsere potenziellen Kunden sein würden und welche Partner wir brauchen würden, um Leistungen auf Weltklasseniveau zu erbringen. Wir beschlossen, dass ich in die USA reisen würde, um mit einigen möglichen High-Performance-Partnern zu sprechen, während Pieter-

Christiaan es übernahm, Türen zu öffnen und Zugang zu potenziellen Kunden zu schaffen. So kam es, dass ich mit EXOS/Athletes' Performance zusammentraf, dem weltweiten Marktführer auf dem Gebiet des Trainings von Spitzensportlern in allen möglichen Disziplinen mit Sitz in Tempe, Arizona.

Scott

Als ich mich mit dem Gedanken trug, mich aus dem Feuerwehrdienst zurückzuziehen, ging ich alle erdenklichen Möglichkeiten durch. Ich hatte als Feuerwehrmann, Mannschaftsführer und Einsatzleiter an vorderster Front gearbeitet. Ich leitete mehrere Feuerwehreinheiten und verschiedene Bereiche der Feuerwehr als Abteilungs- und Bereichsleiter. Ich hatte 25 Jahre lang Programme entwickelt, um Einsatzkräften und leitenden Feuerwehrkräften dabei zu helfen, selbst in schlimmsten Situationen und unter höchstem Stress High Performance zu erbringen. Nun war es Zeit herauszufinden, ob das, was ich anzubieten hatte, auch außerhalb der Feuerwehr von Wert und Nutzen sein konnte.

Ich befragte jede Führungskraft, die ich finden konnte, über die Herausforderungen, mit denen sie konfrontiert war. Wie sah ein typischer Tag im Leben dieser Leute aus? Die Antwort war immer dieselbe. »Im Wesentlichen spiele ich den ganzen Tag Feuerwehr.« – »Welche Schulung haben Sie im Brandlöschen erhalten?«, antwortete ich darauf. Das rief verdutzte Gesichter, ein leichtes Anheben der Augenbrauen und fast immer ein unmerkliches Lächeln hervor. Dann kam die Antwort: »Keine«. Interessant, dachte ich, weil Brandlöschen genau das war, worin ich mein gesamtes Berufsleben geschult worden war.

Kurze Zeit später erstellte ich für das jährliche Gesundheits- und Wellness-Symposium der Feuerwehr von Phoenix eine Präsentation mit dem Titel »Persönliche Spitzenleistung entfachen«. Dabei ging es um die Elemente, die man braucht, um ein Feuer zu entzünden. Im Tetraeder des Feuers brauchen Sie Brennstoff, Sauerstoff, Hitze und eine Kettenreaktion, damit sich ein Feuer entfachen kann. Ich erkannte sofort, dass dies dieselben Elemente waren, die für persönliche Spitzenleistung nötig sind. Brennstoff wird von der Ernährung geliefert, Sauerstoff von regelmäßiger Bewegung; Hitze wird durch ein Ziel, Leidenschaft oder eine Mission im Leben generiert. Eine Kettenreaktion wird entweder erzeugt oder zerstört durch den Lebensstil eines Menschen – einschließlich der Schlafgewohnheiten und des Stressmanagements. Als ich mit dieser Präsentation auf Vortragsreise ging, stellte ich fest, dass die Botschaft bei meinen Zuhörern ankam. Sie öffnete ihnen die Augen für die Dinge, die sie tun müssen, um ihr volles Leistungspotenzial zu erreichen.

Gleichzeitig wurde ich von EXOS/Athletes' Performance gebeten, sie bei der Erstellung eines sportlichen Trainingsprogramms für Feuerwehrleute zu beraten. Angesichts der Ähnlichkeiten der Anforderungen bei Brandeinsätzen und sportlichen Wettkämpfen erschien es EXOS/Athletes' Performance als eine natürliche Ergänzung ihres Leistungsangebots, ihre Methodologie auf Feuerwehrleute anzuwenden. Dies war die Verkettung von Umständen, die mich glücklicherweise dazu führte, Jogi zu treffen.

Jogi

Als ich zu EXOS/Athletes' Performance kam, war ich tief beeindruckt von Mark Verstegens Leidenschaft, seinen Athleten zur Erreichung Ihrer vollen Leistungsfähigkeit und der Verlängerung ihrer sportlichen Karriere unterstützend zur Seite zu stehen. Besonders imponierte mir, dass Athleten, die bereits High Performer waren, hier ihre Performance auf ein noch höheres Leistungsniveau pushen und gleichzeitig ihre Nachhaltigkeit verbessern konnten. Mark und ich erkannten sofort die Parallele zu den Bedürfnissen von Führungskräften in der Unternehmenswelt.

Während meiner Woche in Arizona hatte ich Gelegenheit, einen vollen Einblick in die Performance von EXOS/Athletes' Performance zu bekommen.

Während einer Regenerationspause im Kaltwasserbecken traf ich Scott. Ich erinnere mich, dass ich im eiskalten Becken zu ihm hinübersah und fragte: »Warum trainiert ein Feuerwehrmann bei EXOS/Athletes' Performance?« Vielleicht lag es an der Unterkühlung oder aber an Scotts witziger Antwort auf meine Frage, jedenfalls wusste ich, dass dieser Mann eine andere Sicht auf die Dinge hatte als andere. Er grinste (wie nur Scott grinsen kann) und antwortete einfach: »Wäre es dir lieber, wenn der Feuerwehrmann, der anrückt, um dein Leben zu retten, ein High Performer ist, oder einer dieser überbezahlten Spitzensportler, über die du jeden Tag in der Zeitung lesen kannst?«

Das Kaltwasserbecken

Ein Kaltwasserbecken (Cold Plunge) ist ein kleines Becken, dessen Wassertemperatur auf ungefähr 12,8 Grad Celsius gehalten wird und dazu dienen soll, die Regenerierung von Athleten zu beschleunigen und zu verbessern. Das Wasser ist empfindlich kalt, und anfangs kostet es echte Überwindung, auch nur zehn Sekunden im Becken auszuhalten. Im Rahmen des Trainings bei EXOS/Athletes' Performance ist das Kaltwasserbecken ein wichtiger Schritt zur Maximierung der Regeneration. Das Ziel ist, dass die Sportler für eine bis zehn Minuten ins kalte Wasser eintauchen und anschließend sofort ins Heißwasserbecken wechseln (angenehme 38,9 Grad Celsius).

Scott

Als ich Jogi im Kaltwasserbecken traf, war ich neugierig, wer er war. Ich hatte beobachtet, dass er bei EXOS/Athletes' Performance wie ein VIP herumgereicht wurde, und wusste, dass er nicht einfach ein Athlet war, der hier trainiert wurde. Als wir in das Heißwasserbecken eintauchten (ein weitaus angenehmerer Ort für eine Unterhaltung), fragte ich ihn nach dem Grund seines Aufenthalts. Als Jogi mir von seinem Vater und seiner persönlichen Entwicklungsreise erzählte, verblüffte mich die Parallelität unserer Erfahrung. Auch mein Vater war mit 53 Jahren viel zu früh gestorben, und das war Teil meiner Motivation, immer ein Swimmer zu sein.

Als Jogi mir von seiner Vision für Tignum berichtete, war ich geradezu elektrisiert. Nicht weil ich soeben wieder ins Kaltwasserbecken eingetaucht war, sondern weil ich mit meinem Programm »Persönliche Spitzenleistung entfachen« einen sehr ähnlichen Weg beschritt.

Ich weiß nicht, ob es Jogis großartige Vision, die Analogie in der Geschichte unserer Väter, unsere gemeinsame Vorliebe für den Tennissport oder etwas viel Größeres war ..., aber als ich an dem Abend nach Hause ging, wusste ich, dass unser Zusammentreffen kein Zufall gewesen war. Ich wusste, dass ich Teil von Tignum werden würde und dass Jogi und ich zusammen etwas schaffen würden, das im Leben grundlegende Veränderungen bewirken würde.

Tignum – eine andere Dimension der Zusammenarbeit

Auf Basis unseres ursprünglichen Konzepts verbrachten wir die folgenden Jahre damit zu entwickeln, was heute den Inhalt von Tignum ausmacht: Führungskräfte dabei zu unterstützen, ihr gesamtes Leistungspotenzial auszuschöpfen, damit sie ihre positive Wirkung auf ihre Organisationen, Marken, Kunden und ihre Familien ausdehnen können.

Tignum ist ein internationales Team aus High-Performance-Coaches und Unternehmensberatern aus unterschiedlichen Disziplinen: mentale Performance, Leadership, Innovationsmanagement, High-Performance-Medizin (westliche, östliche, holistische und Sportmedizin), Performance Nutrition, Performance Movement und Performance Recovery.

Seit 2005 hat Tignum mit mehr als 10 000 Spitzenkräften (Vorstände, CEOs und hochrangige Führungskräfte) aus unterschiedlichen Unternehmen in mehr als 20 Ländern gearbeitet. Zu unserer Klientel gehören Fortune-500-Unternehmen wie zum Beispiel IBM, Unilever, Novartis, BCG, Bain, PWC, Accenture, DSM und adidas.

Was Tignum ist – und was nicht

Im Laufe der Jahre haben wir zahlreiche Gespräche mit CEOs, Spitzenführungskräften, Personalleitern und sogar Passagieren geführt, die im Flugzeug unsere Sitznachbarn waren (ein Ort, an dem wir viel zu viel Zeit verbracht haben). Wenn wir Tignum in diesen Unterhaltungen beschreiben, bekommen wir oft die Reaktion: »Ah ja, Sie machen in Gesundheits- und Wellness-Programmen.«

Darauf kontern wir immer: »Nein, wir sind ein Unternehmen, das sich auf die Entwicklung von High Performance in Unternehmen fokussiert, und die Verbesserung von Gesundheit und Wohlbefinden ist dabei lediglich ein nützlicher Nebeneffekt.« Im Verlauf der weiteren Unterhaltung verstehen unsere Gesprächspartner immer, dass das, was wir tun, mit Performance-Steigerung zu tun hat, aber aus irgendeinem Grund ist es nicht einfach, kurz und prägnant ein genaues Bild unserer Arbeit zu vermitteln.

Vielleicht helfen Ihnen einige der Vergleiche, die unsere Kunden angestellt haben, klar zu erkennen, wer wir sind und was wir machen.

Tignum ist …	**… nicht**
individualisiert	ein Einheitskonzept
ein Katalysator für Veränderung	zufrieden mit dem Status quo
greifbar und pragmatisch	philosophisch oder theoretisch
ein Energielieferant	anstrengend
eine langfristige Lösung	eine schnelle Lösung
flexibel	ein starres Konzept
ganzheitlich integriert (interdisziplinär)	eingleisig (unidisziplinär)
Denkanstoßgeber und Querdenker	festgelegt auf den Status quo
Teambuilding	Teamspaltung
ein Gewinn für Unternehmen	ein Kostenfaktor für Unternehmen
das, was sein könnte	**der unveränderte Zustand**

Unsere Mission

Wir haben dieses Buch geschrieben, um die fehlenden Links in Sustainable High Performance Leadership aufzuzeigen. Zu viele Führungskräfte konzentrieren sich nur aufs Überleben, besonders in schlechten Zeiten. Wir hoffen, dass wir Sie überzeugen konnten, Ihren Fokus zu verändern, um Wege zu entdecken, wie Sie Ihre Kompetenz und Leistungsfähigkeit optimieren können. Mit Leidenschaft und großem Engagement unterstützen wir Sie dabei, die notwendigen Kapazitäten zu entwickeln, um ständig persönliche Bestleistung liefern zu können.

Wir laden Sie ein, sich diesem Prozess anzuschließen und sich Unterstützung dabei zu holen: Erkennen Sie Ihre aktuellen kontraproduktiven Gewohnheiten, entwickeln Sie effektivere Strategien und setzen Sie neue High-Performance-Verhaltensweisen und -Routinen um. In unserer Arbeit haben sich diese Strategien als effektiv, einfach, synergistisch und praktisch in den extrem anspruchsvollen Tagesablauf leistungsorientierter Topführungskräfte weltweit erwiesen.

Vor allem jedoch hoffen wir, dass wir Sie dazu anregen können, die Strategien und Habits zu entwickeln und umzusetzen, die Ihre heutige Bestleistung gewährleisten, Ihr Zukunftspotenzial entwickeln und es Ihnen ermöglichen, von Ihrem täglichen Tun und Handeln stärker zu profitieren.

www.tignum.com

Dank

Dank allein reicht an dieser Stelle nicht aus für all die Menschen, die uns persönlich und beruflich beeinflusst und unterstützt haben. Im Lauf unseres Lebens hatten wir beide das Glück, zahlreichen Menschen zu begegnen, die uns Dinge gelehrt, uns angetrieben, gecoacht, geliebt und manchmal den berühmten Tritt in den Hintern verpasst haben. Wir sind das Produkt von Ihnen allen, und dieses Buch ist das Ergebnis unserer Erfahrungen mit Ihnen allen. Es würde ein weiteres Buch füllen, Ihnen angemessen zu danken. Unsere Zeit ist jedoch knapp und wir bitten um Ihr Verständnis, dass diese wenigen Seiten genügen müssen.

Uns gegenseitig zu danken steht zweifellos an erster Stelle. Es gibt Menschen, mit denen man auf Anhieb gut Freund wird, aber wir zwei sind weit mehr als das. So oft sind wir in verschiedenen Ländern aufgewacht und haben festgestellt, dass wir uns gegenseitig eine E-Mail mit identischen Ideen geschickt haben. Es hätte bei einem reinen Gedankenaustausch bleiben können, aber wir haben uns immer gegenseitig herausgefordert, diese Ideen in die Tat umzusetzen. Vom ersten Tag an teilten wir die Leidenschaft, Tignum zu einem besonderen Unternehmen, einem einzigartigen Projekt mit weitreichender Wirkung zu machen, das andere zu persönlicher Bestleistung inspirieren würde. Nie hatten wir den geringsten Zweifel oder gerieten gar ins Schwanken mit unserem felsenfesten Bekenntnis zu unseren vier Kernwerten Fun, Freedom, Innovation, Impact.

Man sagt uns nach, wir stritten uns wie ein altes Ehepaar, und wir denken, als wären wir eins, aber wir feuern uns gegenseitig ständig an, noch besser zu werden, Tignum noch besser zu machen und eine authentische Firma zu schaffen. Danke für die anregenden Diskussionen und erstaunlichen Entdeckungen, aber vor allem für die vielen spannenden (höchst vergnüglichen) Matches, die wir uns auf dem Tennisplatz geliefert haben.

Christine Buss sind wir für alle Zeiten zu Dank verpflichtet. Dich hat buchstäblich der Himmel geschickt, und Du warst von unschätzbarer Hilfe beim Zusammentragen unserer Ideen. Deine unglaubliche Aufmerksamkeit auf Details sowie Deine Zähigkeit bei der Bewältigung unserer unzähligen Anforderungen haben dieses Buch Wirklichkeit werden lassen.

Ohne unsere Partner (und weiteren Gründer) Pieter-Christiaan van Oranje-Nassau, Mark Verstegen, Dan Burns und die gesamte EXOS/Athletes'-Performance-Familie wäre Tignum nicht möglich. Wer etwas von Bedeutung schaffen will, braucht immer jede Menge Brainstorming, intensiven Gedankenaustausch und so manche Hilfestellung, die ihm Türen öffnet. Ohne jeden Einzelnen von euch gäbe es kein Tignum.

Von Anfang an hatten wir das große Glück, ein außerordentlich fähiges Team an Bord holen zu können. Alles bei Tignum, vor allem dieses Buch, ist eine Teamleistung. Patti Milligan, Duncan Coombe und André Hartwich zollen wir großen Dank für ihr selbstloses Engagement von Anfang an. Ihr wart nicht nur geduldig, Ihr habt auch stets an unsere Vision von Tignum geglaubt und dann alles getan, damit sie Realität wurde. Ohne Euch wären unsere Mindset-, Nutrition-, Movement-, Recovery- und Benefit-Attainment-Inhalte nicht das Weltklasseprogramm, das sie heute sind. Patti, Du bist die beste Ernährungsexpertin, die wir je kennengelernt haben, und ohne Dich wären Tignum und dieses Buch nicht dasselbe. Tanis Shelly, Du bist ein wahrer Segen; und ein Terrier – bereit, jede Aufgabe zu übernehmen, sie mit Feuereifer anzupacken und zu lösen. Dr. Lutz Graumann, Stefan Schaidnagel, Alexander Putz, Karen Arnold und Adrianne Bowen – Ihr seid engagierte Teamkollegen und Eure Unterstützung hat dazu beigetragen, dieses Buch und Tignum zu einem Erfolg zu machen. Wo wir schon dabei sind, unserem Tignum-Team zu danken, möchten wir es auf keinen Fall versäumen, unseren besonderen Dank auch Paul Preston und James Henderson auszusprechen. Ihr beide habt uns unter Eure Fittiche genommen und mit Leidenschaft an die Power unserer Arbeit geglaubt.

Es ist das Layout eines Buches, das dem Leser die Lektüre angenehm und ihn für die Botschaft, die übermittelt werden soll, empfänglich macht. Unsere Designer Marko

Puclin, Janine Nemec und Achim Trumpfheller sind einsame Klasse. Herzlichen Dank für Eure Kreativität, Geduld und harte Arbeit.

Und schließlich möchten wir Sandy Ogg für das Vertrauen danken, das er in uns setzte, indem er uns unseren ersten Auftrag erteilte. Es war ein echtes Privileg, mit Deinem Team zu arbeiten, und wir sind Dir unendlich dankbar, dass Du uns die Gelegenheit gegeben hast, Deine Erwartungen zu übertreffen.

Scotts Danksagung

An erster Stelle möchte ich meiner Frau Karen danken. Dein Glaube an mich und an Tignum ist erstaunlich. Bei all meiner Arbeit bis spät in die Nacht, meinen endlosen Telefonaten, den ständigen Reisen und selbst einigen obsessiven Anfällen von Perfektionismus hast Du mich unterstützt. Du hast geradezu eine Engelsgeduld für meine äußerst kurzfristigen Änderungswünsche und unmöglichen Deadlines aufgebracht. Außerdem möchte ich Kristina und Daniel danken. Ihr seid meine Inspiration bei der Verwirklichung meines vollen Leistungspotenzials, und ich hoffe, ich bin es wert, Euer Vater zu sein. Und danke an Boozer (unseren australischen Treibhund) dafür, dass er mir bei so vielen langen Abenden am Schreibtisch Gesellschaft geleistet hat.

Wenn ich an die Menschen denke, die mich beeinflusst und einen Eindruck in meinem Leben hinterlassen haben, steht Feuerwehrhauptmann Alan Brunacini an oberster Stelle. Sie sind meine Inspiration, mein Motivator und eine Vaterfigur für mich gewesen. Ihr Glaube an mich und Ihre Offenheit für alle meine wilden Ideen haben wesentlichen Einfluss auf meine Meinungsbildung und auf die Entwicklung der Person, die ich heute bin, ausgeübt. Sie sind nicht nur der größte Feuerwehrhauptmann aller Zeiten, sondern auch der großartigste Mentor. Danke für alles.

Ich möchte meiner Mutter (Deanne Lange) und meinem Vater (Izzy Peltin) danken. Mom, Deine Arbeitsethik und Deine nüchterne, bodenständige Lebenseinstellung haben mich geprägt und befähigt, Wissen in Handlung umzusetzen. Du hast mich gelehrt, wie wichtig es ist, eigenständig zu denken, mir meine eigene Meinung zu bilden und den Mund aufzumachen. Dad, Du hast nie erlebt, wer ich als erwachsener Mann geworden bin, aber Du warst mein erster Coach und hast mir das Coaching-Gen in meiner DNA hinterlassen. Du hast uns zu früh verlassen, und das war letztlich der ausschlaggebende Faktor für meine Mission, unsere Kunden bei der Änderung ihrer Habits zu unterstützen. Außerdem möchte ich meinen Schwiegereltern Gerry und Sheila Chaney für all ihre Hilfe und Unterstützung danken. Unsere frühmorgendlichen Plaudereien, die kritische Durchsicht der Kapitel, Eure Buch- und Artikelrezensionen und natürlich unsere Barbecue-Gespräche waren eine enorme Hilfe für mich.

Abschließend kann ich sagen, dass ich einen Großteil der Dinge durch die Projekte gelernt habe, an denen ich beteiligt war, sowie meinen Erfahrungen als Coach und Mitglied der Feuerwehr von Phoenix zu verdanken habe. Ich möchte meinen Freunden Tom und Rhonda Hascall, Wendy Ballas, Derek Alkonis, Jeff Case, Warren Bowden, Joe Bledsoe, Olivia Templeton und Bill Whitaker danken. Ihr alle habt einen besonderen Platz in meinem Herzen und in meiner Entwicklung, und ich danke Euch allen für Eure Freundschaft und Unterstützung. Und abschließend danke ich Deby und Brad Harper dafür, dass sie mir die Augen für das DISC-Profile-System geöffnet und meinen Horizont erweitert haben. Deby, Du bist Deiner Zeit weit voraus.

Jogis Danksagung

Mein größter Dank geht an meine Frau Doris. Du bist eine unschätzbare Stütze für mich und ich bin Dir unendlich dankbar, dass Du an mich glaubst und meine Leidenschaft für Tignum teilst. Deine kritischen Fragen, Deine kreativen Beiträge und Dein Qualitätsanspruch haben uns auf eine neue Ebene gehoben. Danke auch für Deine Geduld bei meinen Endlostelefonaten mit Scott an so vielen Abenden und Wochenenden.

Ich möchte meinen Eltern Inge und Hermann Rippel dafür danken, dass sie mir die Welt des Unternehmertums nahegebracht haben und mich immer meinen Weg gehen ließen. Danke, Paps, für die inspirierenden Gespräche, die wir während deiner Krebserkrankung geführt haben. Du hast uns viel zu früh verlassen, aber mit der Gründung von Tignum hat Dein Tod Sinn und große Bedeutung bekommen. Das, was wir bei jeder Person bewirken, haben wir Dir zu verdanken.

Großen Dank auch an meine wunderbaren Freunde Thomas Mayer und Yvonne Baur. Ihr habt immer an meine verrückten Ideen geglaubt. Danke, dass Ihr mich in Eure Familie aufgenommen habt und danke für Eure endlosen Beratungsstunden.

Die Idee zu Tignum wurde ursprünglich in der IMD Business School in Lausanne geboren. Danke an Tanja und Martijn Hol (und für all die Nächte im Hotel Hilton) sowie an Katis und Fred Bergegard für Eure Unterstützung, die herausfordernden Fragen und Eure strategischen Beiträge. Danke auch an meine IMD-Gefährten Bogdan Madzar, Mirko und Helen Giacomo und Michelle Burke, die mit mir an dem Krebsprojekt gearbeitet haben. Eine herzliche Umarmung für Rosie Daniels, die ein leuchtendes Vorbild ist und wirklich etwas bewegt, sowie für Sean Meehan für meine erste Chance, bei IMD zu dozieren.

Viele gute Freunde haben mich bei der Gründung und Entwicklung von Tignum unterstützt. Giorgio Bottega – Deine Leidenschaft für Nachhaltigkeit und Deine Architektur sind unbeschreiblich. Du bist ein wahrer Visionär. André Steck – unser Traumanwalt: Danke für Deine unglaubliche Energie und Deine brillanten Beiträge. Jürgen Dürr, Mr. Blackroll – danke für Deine kontinuierlichen und soliden Beiträge. Jacek Jonczyk – Dein digitaler Beitrag war von großem Wert und hat uns viele Komplimente eingebracht. Dank Dir und Euch allen für Eure Freundschaft.

Anmerkungen und Quellenhinweise

Vorwort

Interview mit dem ehemaligen US-Präsidenten Bill Clinton: The Role of a Former President, November 2008, TV-Programm, CNN's Talk Asia, Japan.

Kapitel 1

Burn-out-Raten: G. K. Kulkarni, »Burnout«, Indian Journal of Occupational and Environmental Medicine, Oktober 2006, S. 3–4.

Kosten von Präsentismus: Paul Hemp, »Presenteeism – At Work But Out of It«, Harvard Business Review, Oktober 2004, S. 3.

Financial-Times-Artikel: Donald Sull, »Why the Worst Times Can Also Be the Best of Times«, Financial Times. 1. Dezember 2008, S. 1.

Zitat Martin Luther King jr.: Martin Luther King jr., Strength to Love (First Fortress Press, 1981), S. 15.

Accenture-Studie: Individual Investors Enthusiastic About Stock Market but Lack Capabilities to Measure Companies' True Value and Growth Prospects, Accenture Study Finds, März 2006, Pressemitteilung, Accenture, USA, aufgerufen am 28. Oktober 2008, http://newsroom.accenture.com/article_display.cfm?article_id=4317.

Zitat Dr. Brian Sutton-Smith: Bernie DeKoven, The Opposite of Play, März 2007, Online-Artikel, DeepFUN, USA. Aufgerufen am 12. Juli 2008, http://www.deepfun.com/2007/03/opposite-of-play.html.

Kapitel 2

Interview mit Jim Collins: Alan M. Webber, Good Questions, Great Answers, Dezember 2007. Webinterview, Fast Company, USA, aufgerufen am 13. Dezember 2008, http://www.fastcompany.com/articles/2001/09/collins.html?page=0%2C0.

Interview mit Matthias Malessa: Giving 110%: Our Efforts to be a Responsible Business in 2007. Unternehmensbericht, adidas Group, Deutschland, aufgerufen am 21. November 2008, http://www.corporateregister.com/a10723/AdidasGr07rev-csr-de.pdf.

Kapitel 3

Zitat Jack Welch: Jack Welch, Are Leaders Born or Made?, Dezember 2005, Web-Blog, The Welch Way, USA, aufgerufen am 22. Juni 2008, http://www.welchway,com/Management/Leadership/What-Makes-a-Leader/Are-Leaders-Born-or-Made.aspx.

Zitat Michael Jordan: Phil Gordon, Still No Bracelet, 16. August 2007, Online-Artikel, ESPN, USA, aufgerufen am 2. Februar 2009, http://sports.espn.go.com/espn/print?id=2977179&type=story.

Mentale Performance und Potenzial: Carla J. Shatz, »The Developing Brain«, The Scientific American Book of the Brain (Scientific American, 1993), S. 3.

Gehirnstatistiken: Daniel Drubach, The Brain Explained (Prentice Hall, 1999), S. 36 f.

Angemessener Schlaf: Abdruck mit Genehmigung von Dr. Mark Mahowald, MD, Director of the Minnesota Regional Sleep Disorders Center. Für weiterführende Informationen siehe http://www.hcmc.org/medical%20expert%20bios/mahowaldmark.htm.

Dan Ephron, »Singing for Your Sleep«, 30. Oktober 2006, Online-Artikel, Newsweek, USA, aufgerufen am 22. August 2008, http://www.newsweek.com/id/45162.

Stress und das Gehirn: Robert Sapolsky, Why Zebras Don't Get Ulcers (Henry Holt and Company, 2004), S. 202–225.

Untersuchungen über Omega-3–Fettsäuren: Patricia E. Wainwright, »Omega-3 Fatty Acids and the Brain«, Nutrition, Nov./Dez. 1991, S. 443–446.

Irwin H. Rosenberg, »Rethinking Brain food«, American Journal of Clinical Nutrition, November 2007, S. 1259 f.

Gehirnzellen und Altern: Dr. Daniel Amen, »Cool Brain Facts«, Online-Artikel, Amen Clinics, USA. Aufgerufen am 2. Januar 2009, http://www.amenclinics.com/brain-science/cool-brain-science/cool-brain-facts/.

Von der rechten Gehirnhälfte bestimmtes Denken: Daniel Pink, A Whole New Mind: Moving from the Information Age to the Conceptual Age (The Penguin Group, 2005), S. 25.

Daniel Pink, A Whole New Mind: Why Right-Brainers Will Rule the Future (Berkeley Pub Group, 2006).

Gleichzeitige Aktivierung beider Gehirnhälften: Chris McManus, Right Hand, Left Hand: The Origins of Asymmetry in Brains, Bodies, Atoms and Cultures (Harvard University Press, 2004), S. 183 f.

Geschäft und Karaoke: Kjell Nordström, DSM Internal High Performance Conference, Vortrag, Düsseldorf, Deutschland, 8. März 2007.

Kapitel 4

Die Kosten des Stresses: »What Is Burn-out and Depression?«, 2008, Online-Artikel, Douglas Institute, Kanada, aufgerufen am 4. Januar 2009, http://burnout.douglas.qc.ca/burn-out/facts-and-figures.html.

Erstellt von der Cardiff University und der Queen Mary University of London für den Health und Safety Executive, »Ethnicity, Work Characteristics, Stress and Health«, 2005, S. 6ff.

Burn-out-Studie: »Burnout Britain: Raising the Alarm for Employers«, A Hudson Report, 2005, S. 2f.

Burn-out-Kreislauf: Ulrich Kraft, »Burned Out«, Scientific American Mind, Juni 2006, S. 28–33.

Tension Myositis Syndrome: John Sarno, The Mindbody Prescription: Healing the Body, Healing the Pain (Warner Books, 1999).

Zitat Joe Robinson: Joe Robinson, Work to Live: The Guide to Getting a Life (Perigee, 2003), S. 30.

Definition von Präsentismus: Paul Hemp, »Presenteeism – At Work But Out of It«, Harvard Business Review, Oktober 2004, S. 3f.

Grafik über unproduktive Arbeitsstunden: Vom Original angepasste Version der Cornell University for Health and Productivity Studies (IHPS), CDC-NIOSH Steps to a Healthier U.S. Workforce Symposium, 26.–28. Oktober 2004, Washington, DC.

Lockheed-Martin-Studie: Paul Hemp, »Presenteeism – At Work But Out of It«, Harvard Business Review, Oktober 2004, S. 6.

Führung und Unbekümmertheit: Richard E. Boyatzis und Annie McKee, Resonant Leadership: Renewing Yourself and Connecting with Others Through Mindfulness, Hope, and Compassion (Harvard Business School Publishing, 2005), S. 130.

C. K. Prahalad: Persönliches Interview mit Tignum, 19. Januar 2009.

Trends für Investmentgroups: Yuval Rosenburg, »Measured Progress«, Fast Company, April 2007.

R. Paul Herman: Persönliches Interview mit Tignum am 18. Dezember 2008.

Steve Jobs Gesundheit: Jessica Mintz, »Apple Shares Fall on Steve Jobs Health News«, The Huffington Post, 15. Januar 2009.

Zitat Peter Drucker: Robert K. Cooper, »Excelling Under Pressure: Increasing Your Energy for Leadership and Innovation in a World of Stress, Change and Unprecedented Opportunities«, Strategy and Leadership, Januar 2001, S. 15.

Studie über Gutverdiener und Arbeit: Sylvia Ann Hewlett und Carolyn Buck Luce, »Extreme Jobs: The Dangerous Allure of the 70/Hour Workweek«, Harvard Business Review, Dezember 2007, S. 62ff.

Kapitel 5

Unterbrechungswissenschaft: Businessweek-Video, 2008. Maggie Jackson's book Distracted, Online-Videobibliothek der Businessweek, USA, aufgerufen am 11. Juni 2008, http://feedroom.businessweek.com/.

E-Mail- und Webstatistiken: »The World Wide Web Is One Big Machine«, 4. August 2008, Online-Artikel mit Statistiken von Kevin Kelly von Wired Magazin, USA, aufgerufen am 6. November 2008. http://www.sayyestono.org/DasBlog/PermaLink,guid,f2eb3d19–12d8–4b3e-9e7b-2adaeaa4b1ae.aspx.

1800s Gesundheitsbuch: Thomas John Graham, Sure Methods to Improving Health and Prolonging Life (London, 1828).

Kapitel 6

Häufige Fallen der inneren Monologe: Betsy Shoenfelt, »Self-Talk: The Power of Positive Thinking«, Online-Artikel, Psychologische Fakultät, Western Kentucky University, USA, aufgerufen am 23. Februar 2009, http://edtech.tph.wku.edu/-bshoenfe/mentalskillsselftalk.htm.

Metakognition und Performance: Geoff Colvin, Talent Is Overrated: What Really Separates World-Class Performers from Everybody Else (Tantor Media, 2008), S. 11.

Tiger Woods' Leistungschecks und Praktiken: Tiger – The Authorized DVD Collection, DVD, Buena Vista Home Entertainment, 2004.

Tiger Woods Erfolgsbilanz: Tiger Woods offizielle Website, 2009. Tiger Woods, USA, aufgerufen am 5. Januar 2009, http://www.tigerwoods.com.

Hardiness-Studie: S. C. Kobasa, »Stressful Life Events, Personality, and Health: An Inquiry into Hardiness«, Journal of Personality and Social Psychology, Januar 1979, S. 1–11.

Die Revolution der Stärken: Abdruck mit Genehmigung von Marcus Buckingham. Für weiterführende Informationen siehe http://www.marcusbuckingham.com.

Kapitel 7

Zitat Tiger Woods: Tiger – The Authorized DVD Collection, DVD, Buena Vista Home Entertainment, 2004.

Betancourt und Mindset: Free at Last: Columbian Hostage One-on-One, Juli 2008, TV-Programm, NBC Today Show, USA.

Kapitel 8

Carlo Petrini und die Slow-Food-Bewegung: Carlo Petrini, Slow Food Nation: Why Our Food Should Be Good, Clean and Fair (Rizzoli Ex Libris, 2007).

Veränderung der britischen Schulverpflegung: The Naked Chef: Serie 1–3, DVD, 2006. BBC-Serie, Universal Pictures, produziert von Kent Weed.

Protein und Immunität: Bill Campbell et al, »International Society of Sports Nutrition Position Stand: Protein and Exercise«, Journal of International Society of Sports Nutrition, 4:8, 2007.

W. M. Rand et al., »Meta-Analysis of Nitrogen Balance Studies for Estimating Protein Requirements in Healthy Adults«, American Journal of Clinical Nutrition, Januar 2003, S. 109–127.

Ernährung und Hirnfunktion: Amen Clinics, Dr. Daniel Amen, USA, aufgerufen am 23. Juli 2008, http://www.amenclinics.com/.

Studie über die Wirkung von Fischöl auf die Gewaltbereitschaft von Gefängnisinsassen: Jeremy Laurance, »Prison Study to Investigate Link Between Junk Food and Violence«, The Independent, Januar 2008.

Die Wirkung von Ernährung und physiologischem Hunger: Food and Eating Module: American Time Use Survey, USDA Study, 2003.

Slow Food, Slow Food USA, 2008, aufgerufen am 9. Juni 2008, http://www.slowfoodusa.org.

The Weston A. Price Foundation for Wise Traditions, USA, aufgerufen am 29. Mai 2008, http://www.westonaprice.org/.

Verdauungsenzyme: Melvin R. Werbach, MD, Nutritional Influences on Illness (Third Line Press, 1993).

Übergewicht im Kindesalter: »Healthy Youth! Childhood Obesity«, Oktober 2008, Online-Artikel und Ressourcen, CDC: National Center for Chronic Disease Prevention and Health Promotion, USA. Aufgerufen am 5. September 2008, http://www.cdc.gov/HealthyYouth/obesity/index.htm.

Essen und Stress: Dr. Jonathan Collin, MD, Editor-in-Chief, Townsend Letter for Doctors and Patients, 2004.

Melvin R. Werbach, MD, Nutritional Influences on Illness (Third Line Press, 1993).

Michael Cutler, MD, The United Truth Series, Wasatch Research Institute, 2004.

Essen und Reisen: Food Standards Agency, 2009. Food Standards, GB. Aufgerufen am 23. Oktober 2008, http://www.food.gov.uk/.

Wasser und Dehydrierung: M.-M. G. Wilson, »Impaired Cognitive Function and Mental Performance in Mild Dehydration«, European Journal of Clinical Nutrition, Dezember 2003.

P. J. Rogers et al., »A Drink of Water Can Improve or Impair Mental Performance Depending on Small Differences in Thirst«, Appetite (36), 2001, S. 57ff.

S. M. Kleiner, »Water: An Essential But Overlooked Nutrient«, Journal of the American Dietetic Association, Februar 1999, S. 200–206.

Fotos eines hydrierten und dehydrierten Gehirns: Fotos wurden von Dr. Daniel Amen von Amen Clinics, Inc., zur Verfügung gestellt. Für weiterführende Information siehe http://www.amenclinics.com/.

Maßnahmen zur Hydrierung: Mayo Clinic Staff, »Water: How Much Should You Drink Every Day?«, Online-Artikel, April 2008. Mayo Foundation for Medical Education and Research (MFMER), USA. Aufgerufen am 18. Dezember 2008, http://www.mayoclinic.com/print/water/NU00283/METHOD-print.

Die Nutzen Performance-steigender Getränke: K. L. Tucker et al., »Colas, But Not Other Carbonated Beverages, Are Associated with Low Bone Mineral Density in Older Women: The Framingham Osteoporosis Study«, American Journal of Clinical Nutrition, Oktober 2006, S. 936–942.

K. Rezai-Zadeh et al., »Green Tea Epigallocatechin-3-gallate (EGCG) Reduces beta-amyloid Mediated Cognitive Impairment and Modulates Tau Pathology in Alzheimer Transgenic Mice«, Brain Research, Juni 2008, S. 177–187.

Qi Dai, MD, PhD, et al, »Fruit and Vegetable Juices and Alzheimer's Disease: The Kame Project«, The American Journal of Medicine, September 2006, S. 751–759.

R. Cuomo et al., »Effects of Carbonated Water on Dyspepsia and Constipation«, European Journal of Gastroenterology and Hepatology, 14 (9), 2002.

S. Schoppen et al., »A Sodium Rich Carbonated Mineral Water Reduces Cardiovascular Risk in Postmenopausal Women«, The Journal of Nutrition, Mai 2004, S. 1058–1063.

University of Oxford, »Chocolate, Wine and Tea Improve Brain Performance«, ScienceDaily, Dezember 2008.

Kaffee, Performance und Information: C. F. Brice and A. P. Smith, »Effects of Caffeine on Mood and Performance: A Study of Realistic Consumption«, Psychopharmacology, 164, 2002, S. 188–192.

M. C. Cornelis et al., »Coffee, CYP1A2 Genotype, and Risk of Myocardial Infarction«, The Journal of the American Medical Association (295), 2006, S. 1135–1141.

M. H. Bonnet und D. L. Arand, »The Use of Prophylactic Naps and Caffeine to Maintain Performance During a Continuous Operation«, Ergonomics, 37(6), 1994, S. 1009–1020.

National Coffee Association, 2009, Coffee Science Source, USA. Aufgerufen am 24. Juni 2008, http://www.coffeescience.org/.

Freie Radikale: Understanding Free Radicals and Antioxidants, 2009. Online-Artikel, Health Check Systems, USA. Aufgerufen am 21. November 2008, http://www.healthchecksystems.com/antioxid.htm.

Kapitel 9

Blutzuckerschwankungen: American Association Scientific Sessions 2007, Orange County Convention Center, Orlando, Florida, 4.–7 November 2007.

M. P. Mattson und R. Wan, »Beneficial Effects of Intermittent Fasting and Caloric Restriction on the Cardiovascular and Cerebrovascular Systems«, Journal of Nutrition Biochemistry, März 2005, S. 129–137.

R. M. Anson et al., »Intermittent Fasting Dissociates Beneficial Effects of Dietary Restriction on Glucose Metabolism and Neuronal Resistance to Injury from Calorie Intake«, Proceedings of the National Academy of Sciences, Mai 2003, S. 6216–6220.

Blutzucker und Performance: Untersuchungen von Paul E. Gold, Professor für Psychologie, University of Illinois at Urbana-Champaign. Für weiterführende Informationen siehe http://www.psych.uiuc.edu/people/showprofile.php?id=51.

Tests des Erinnerungsvermögens und Blutzucker: R. Gruetter et al., »Steady-State Cerebral Glucose Concentrations and Transport in the Human Brain«, Journal of Neurochemistry, (70) 1, 1998, S. 397–408.

Das Auslassen von Mahlzeiten und Blutzucker: e! Science News, 2009; Eureka! Science News, USA. Aufgerufen am 9. Juli 2008, http://www.esciencenews.com/.

Schlechter Schlaf und Blutzucker: S. Seicean et al., »Sleep-Disordered Breathing and Impaired Glucose Metabolism in Normal-Weight and Overweight/Obese Individuals: The Sleep Heart Health Study«, Diabetes Care, Mai 2008, S. 1001–1006.

Untersuchung über die Wirkung von Nüssen: D. Jenkins et al., »Almonds Decrease Postprandial Glycemia, Insulinemia, and Oxidative Damage in Healthy Individuals«, The Journal of Nutrition, Dezember 2006, S. 2987–2992.

E. Huskisson, S. Maggini und M. Ruf, »The Influence of Micronutrients on Cognitive Function and Performance«, The Journal of International Medical Research, (35)1, 2007, S. 1–19.

M. F. Muldoon, S. Conklin, C. M. Ryan, J. Yao, J. Hibbeln und S. B. Manuck, »Cognitive Function and Omega-6 and Omega-3 Fatty Acid Balance«, American Psychosomatic Society Annual Meeting, März 2007, Budapest, Ungarn, Abstract.

R. K. McNamara und S. E. Carlson, »Role of Omega-3 Fatty Acids in Brain Development and Function: Potential Implications for the Pathogenesis and Prevention of Psychopathology.« Prostaglandins Leukotrienes and Essential Fatty Acids, Oktober 2006, S. 329–349.

S. M. Conklin, J. I. Harris, S. B. Manuck et al., »Serum Omega-3 Fatty Acids Are Associated With Variation in Mood, Personality and Behavior in Hypercholesterolemic Community Volunteers«, Psychiatry Research, 30. Juli 2007, S. 1–10.

S. M. Conklin, P. J. Gianaros, S. M. Brown et al., »Long-Chain Omega-3 Fatty Acid Intake Is Associated Positively with Corticolimbic Gray Matter Volume in Healthy Adults«, Neuroscience Letters, Juni 2007, S. 209–212.

S. M. Conklin, S. B. Manuck, J. K. Yao, J. R. Hibbeln, J. D. Flory und M. F. Muldoon, »Serum Phospholipid Polyunsaturated Fatty Acids Are Associated With Mood, Behavior and Personality in Healthy Community Adults«, American Psychosomatic Society Annual Meeting, März 2005, Budapest, Ungarn, Abstract 1718.

Nährstoffzufuhr: W. Broekmans et al., TNO Nutrition and Food Research and TNOWU Centre for Micronutrient Research, Niederlande.

Formel für eine nährstoffreiche Ernährung: Joel Fuhrman, MD, Eat to Live: The Revolutionary Formula for Fast and Sustained Weight Loss (Little, Brown and Company, 2003), S. 7.

Tignum Color Code Body: Entwickelt von Patti Milligan, Tignum Director of Nutrition. Die Codes basieren auf Metaanalyse-Studien, umfassenden Untersuchungsberichten über Pigmente und ihre physiologische Funktionalität. Zu den verschiedenen Disziplinen der phytochemischen, ernährungswissenschaftlichen, biochemischen und Functional Food-Forschung gehören:

ORAC-Arbeit von Dr. Bruce Ames, http://www.ars.usda.gov/is/AR/archive/feb99/aging0299.htm.

Birgit Holst und Gary Williamson, »Nutrients and Phytochemicals: From Bioavailability to Bioefficacy Beyond Antioxidants«, Current Opinion in Biotechnology, April 2008, S. 73–82.

C. Gemma et al., »Diets Enriched in Foods with High Antioxidant Activity Reverse Age-Induced Decreases in Cerebellar A-adrenergic Function and Increases in Pro-inflammatory Cytokines«, Journal of Neuroscience, Juli 2002, S. 6114–6120.

G. Cao et al., »Hyperoxia-Induced Changes in Antioxidant Capacity and the Effect of Dietary Antioxidants«, Journal of Applied Physiology, Juni 1999, S. 1817–1822.

Institut Scientifique et Technique de la Nutrition et de l'Alimentation, Paris, Frankreich.

Jeanelle Boyer und Rui Hai Liu, »Apple Phytochemicals and Their Health Benefits«, Nutrition Journal, 3:5, 2004.

Judy McBride, USDA, Agricultural Research Service, 9. August 1999.

Forschung der Life Extension Foundation unter http://www.lef.org.

N. Darmon et al., »A Nutrient Density Standard for Vegetables and Fruits: Nutrients Per Calorie and Nutrients Per Unit Cost«, Journal of the American Dietetic Association, Dezember 2005, S. 1881–1887.

Ronald Prior, James Joseph, Guohua Cao, Barbara Shukitt-Hale, Jean Mayer, USDA Human Nutrition Research Center on Aging, Tufts Universtiy, Boston, Massachusetts.

Kapitel 10

Feste und flüssige Nahrungsmittel zur Entgiftung: »Symposium on Phytochemicals: Biochemistry and Physiology American Society for Nutritional Sciences«, Journal of Nutrition, 129, 1999, S. 7565–7575.

Kalorien für den Nährstoffbedarf: S. B. Eaton und M. J. Konner, »Paleolithic Nutrition Revisited: A Twelve-Year Retrospection on Its Nature and Implications«, European Journal of Clinical Nutrition, 51, 1991, S. 207–216.

S. Boyd Eaton, MD, Marjorie Shostak und Melvin Konner, The Paleolithic Prescription: A Program of Diet & Exercise and a Design for Living (HarperCollins, 1988).

Ayurveda: The National Institute of Ayurvedic Medicine, 2008, USA, Scott Gerson, MD. Aufgerufen am 4. Juni 2008, http://niam.com.

Unterschiede in der Körperchemie: Roger J. Williams, PhD, Biochemical Individuality: Key to Understanding What Shapes Your Health (Keats Publishing, 1998).

Ernährungsbedingte Erkrankungen: William L. Wolcott und Trish Fahey, The Metabolic Typing Diet: Customize Your Diet to Your Own Unique & Ever Changing Nutritional Needs (Bantam Books, 2002).

Kapitel 11

Körpertraining und Gesundheit: American Association for Cancer Research, »Exercise and Rest Reduce Cancer Risk«, November 2008. Online-Artikel, ScienceDaily, USA. Aufgerufen am 3. Dezember 2008, http://www.sciencedaily.com/releases/2008/11/081117153154.htm.

Associated Press, Walking and Longevity Study: Exercise Can Add 3 Years to Life Expectancy, 2005. Online-Artikel, MSNBC, USA. Aufgerufen am 18. Juli 2008, http://www.msnbc.msn.com/id/10039577/.

Benefits of Exercise in Cancer Care, 2006. Online-Artikel, ExerciseWorks of Boston, USA. Aufgerufen am 15. August 2008, http://www.bonstonexerciseworks.com/CancerWellnessProgram/exercise.html.

Exercise »Prevents and Treats« Cancer, Mai 2008. Online-Artikel, NHS Choices, England. Aufgerufen am 3. Juni 2008, http://www.nhs.uk/news/2008/05May/Pages/Exercisepreventsandtreatscancer.aspx.

Körpertraining und Alzheimer: John Ratey, Spark: The Revolutionary New Science of Exercise and the Brain (Little, Brown and Company, 2008).

Die Integration von Bewegung, Balance und Gehirn: The Brain Muscle Workout 2007, The Brain Muscle Workout Fitness Program, USA. Aufgerufen am 23. Juni 2008,

PBS – Scientific American Frontiers, 2002, Brainy Putting, Online-Video. Aufgerufen am 12. August 2008, http://www.pbs.org/saf/1206/video/watchonline.htm.

Bewegungsmuster: Juan Carlos Santana, Functional Training: Breaking the Bonds of Traditionalism (Juan Carlos Santana, 2000).

Gute Bewegungsmuster: Gray Cook, Athletic Body in Balance (Human Kinetics, 2003).

Haltungsabbildung: Angepasste Version der Abbildung von Mark Verstegen von EXOS/Athletes' Performance, Tempe, Arizona. Für weiterführende Informationen siehe http://www.athletesperformance.com/.

Kapitel 12

ESD Trainingsprogramm: EXOS/Athletes' Performance, Tempe, Arizona. Für weiterführende Informationen siehe http://www.athletesperformance.com/.

VO2 Max: Elizabeth Quinn, VO2 Max Measures Aerobic Fitness and Maximal Oxygen Uptake, Juni 2008. Online-Artikel, About.com: Sports Medicine, aufgerufen am 8. Juli 2008.http://sportsmedicine.about.com/od/anatomyandphysiology/a/VO2.max.htm.

Körpertraining und Muskelmasse: ACE, 2009; American Council on Exercise, USA. Aufgerufen am 15. August 2008, http://www.acefitness.org.

Kapitel 13

Selyes Stressforschung: Hans Selye, Stress Without Distress (New American Library, 1991).

Hans Selye, The Nature of Stress. Online-Artikel, International Center for Nutritional Research, Inc., USA. Aufgerufen am 23. Juli 2008, http://www.icnr.com/articles/thenatureofstress.html.

Hans Selye, The Stress of Life (McGraw-Hill, 1978).

Stress und Flow: Mihály Csíkszentmihályi, Flow: The Psychology of Optimal Experience (HarperPerennial, 1990).

Kapitel 14

Schlafforschung: William C. Dement und C. Vaughan, The Promise of Sleep: A Pioneer in Sleep Medicine Explores the Vital Connection Between Health, Happiness, and a Good Night's Sleep (Bantam Dell Publishing Group, 1999).

Sleep Facts and Stats, National Sleep Foundation, USA. Aufgerufen am 22. November, 2008 http://www.sleepfoundation.org/site/c.hulXKjMolxF/b.2419253/k.7989/Sleep_Facts_and_Stats.htm.

Schlaf und Reisen: Business Traveler Statistics, British Airways, Statistik von Juli 2005; Entrepreneur, USA. Aufgerufen am 12. September 2008, http://www.entrepreneur.com/encyclopedia/statistics/article82014.html.

US-Militärstudien über Power Naps: E. Williams et al, »Human Performance«, Internal Government Report, nicht klassifiziert, JSR-07-625, März 2008.

NASA-Forschung über Energieschlaf: Michael B. Mann, NASA-Studie. Office of Aero-Space Technology National Aeronautics and Space Administration, 3. August 1999.

Zitat Tom Peters: Abdruck mit Genehmigung von Tom Peters. Für weiterführende Informationen siehe http://www.tompeters.com.

Lachen und Regeneration: L. S. Berk, D. L. Felten, S. A. Tan, B. B. Bittman, J. Westengard, »Modulation of Neuroimmune Parameters During the Eustress of Humor-Associated Mirthful Laughter«, Alternative Therapies in Health and Medicine, März 2001.

M. P. Bennett, C. Lengacher, »Humor and Laughter May Influence Health: III. Laughter and Health Outcomes«, Evidence-Based Complementary and Alternative Medicine, März 2008, S. 37–40.

M. P. Bennett, J. M. Zeller, L. Rosenberg, J. McCann, »The Effect of Mirthful Laughter on Stress and Natural Killer Cell Activity«, Alternative Therapies in Health and Medicine, März/April 2003.

N. Skinner, N. Brewer, »The Dynamics of Threat and Challenge Appraisals Prior to Stressful Achievement Events«, Journal of Personality and Social Psychology, September 2002.

Humor am Arbeitsplatz: University of Missouri-Columbia, »Light Humor in the Workplace Is a Good Thing, Review Shows«, November 2007. Online-Artikel, ScienceDaily, USA. Aufgerufen am 5. Mai 2008, http://www.sciencedaily.com-/releases/2007/10/071031130917.htm.

Lachen und Diabetes-Studie: T. Hayashi, S. Tsujii et al., »Laughter Up-Regulates the Genes Related to NK Cell Activity in Diabetes«, Biomedical Research, Dezember 2007, S. 281–285.

Paul Ekman über Mimik: Malcolm Gladwell, Blink: The Power of Thinking Without Thinking (Little, Brown and Company, 2005), S. 206 ff.

Kapitel 16

Herzattacken und Veränderung: Alan Deutschman, »Change or Die«, Fast Company, Mai 2005.

Tignum Benefit Attainment Process: Entwickelt mit Duncan Coombe, Experte in Unternehmensverhalten und Berater in Führungsfragen der Case Western University.

John Kotter über Verhaltensänderung: Alan Deutschman, »Change or Die«, Fast Company, Mai 2005, S. 54.

Aufgeben und Rückschläge: Seth Godin, The Dip: A Little Book That Teaches You When to Quit (and When to Stick) (Penguin Books, 2007), S. 33.

Performance und Zielsetzung: Geoff Colvin, Talent is Overrated. What Really Separates World-Class Performers From Everybody Else (Tantor Media, 2008).

Kapitel 17

Zusammenarbeit im Unternehmen: Ellen McGirt, »How Cisco's CEO John Chambers is Turning the Tech Giant Socialist«, Fast Company, Dezember 2008.

Clive Woodward und Mindset: Clive Woodward, Winning! The Story of England's Rise to Rugby World Cup Glory (Hoder & Stoughton Ltd., 2005).

Anne Mulcahy und Mindset: Bill George, »America's Best Leaders: Anne Mulcahy, Xerox CEO«, US News and World Report, November 2008.

Treppensteigen spart Energie: How Much Energy Does It Take to Use an Elevator for One Floor or How Much Money Does It Cost to Use an Elevator Lift for One Floor? Wiki/Answers, aufgerufen am 5. Dezember 2008, http://wiki.answers.com/Q/.

Treppensteigen verbrennt Kalorien: How to Estimate the Number of Calories You Burn Walking Up the Stairs, eHow. Aufgerufen am 5. Dezember 2008, http://ehow.com/how_4670381.

Studie über »Walkstations«: »Office of the Future« Environmental Study, August 2008. Online-Artikel, Mayo Clinic, USA. Aufgerufen am 5. Dezember 2008, http://www.mayoclinic.org/news2008-rst/4924.html.

Reduzierung des Luftwiderstands: Edmund Burke, High-Tech Cycling (Human Kinetics, 1996).

Kapitel 18

Unternehmensselbstmord: C. K. Prahalad, persönliches Interview mit Tignum, 19. Januar 2009.

Bernhard Lobmüller über Budgeteinschnitte: Persönliches Interview mit Tignum, 13. Januar 2009.

ROI-Messung: John W. Boudreau und Peter M. Ramstad, Beyond HR: The New Science of Human Capital (Harvard Business School Publishing Corporation, 2007).

Kapitel 19

Rita McGrath's view: Persönliches Interview mit Tignum, 26. Februar 2009.

Investieren in High-Performance-Unternehmen: Abdruck mit Genehmigung von Kurt Ehmann, Finanzberater für Financial Network, Los Angeles, Kalifornien.

Beschäftigungstrends: Matthew Guthridge, Asmus B. Komm, Emily Lawson, »Making Talent a Strategic Priority«, The McKinsey Quarterly, Januar 2008, S. 50–59.

Zitat John Maxwell: Abdruck mit Genehmigung von John Maxwell. Für weiterführende Informationen siehe http://www.johnmaxwell.com.